湛庐CHEERS

与最聪明的人共同进化

HERE COMES EVERYBODY

对抗焦虑 接纳自己

[加] 莎伦·贝格利
Sharon Begley 著
胡珅 译

CAN'T JUST STOP

An Investigation of Compulsions

中国纺织出版社有限公司

你了解强迫症与焦虑吗？

扫码鉴别正版图书
获取您的专属福利

- 17 世纪英国诗人弥尔顿在几乎双目失明的情况下仍迫切地渴望将头脑中的诗句记录下来，于是由他口述完成的《失乐园》问世了。这是真的吗？（ ）

  A. 真

  B. 假

扫码立即获取答案及解析

- 越来越多的科学证据表明，强迫行为其实是一种应对焦虑的本能反应。这是真的吗？（ ）

  A. 真

  B. 错

- 从进化论的角度来看，焦虑是被自然选择留下的情绪。这是真的吗？（ ）

  A. 真

  B. 假

目 录

我们都活在这个焦虑的时代

17 世纪英国诗人约翰·弥尔顿（John Milton）在创作《失乐园》（*Paradise Lost*）这部作品时，为自己设定的一项目标是向人类“证明上帝的权威”，而在 1658 年至 1667 年的诗篇创作期间，他几乎双目失明。弥尔顿只能将诗句口授给他的 3 个女儿或侄子，由他们进行笔录。每天清晨，他们都责无旁贷地将弥尔顿夜以继日创作的、描写人类堕落的一万多行诗句记录下来。匈牙利画家米哈伊·蒙卡奇（Mihály Munkácsy）于 1877 年创作的油画《失明的弥尔顿向他的女儿们口授〈失乐园〉》（*The Blind Milton Dictating Paradise Lost to His Daughters*），现悬挂在纽约公共图书馆主馆。这幅油画描绘的场景是：3 个女儿面对着父亲，围坐在一张华丽的桌子旁，共同见证这部具有开创意义的西方文学巨作的诞生。据一位不愿透露姓名的传记作家记录，如果某天早上做笔录工作的女儿或侄子迟到了，弥尔顿就会“抱怨说他就像奶牛胀奶一样急着要挤些东西出来”。把自己比喻成奶牛再恰当不过了，就像奶牛渴望将胀奶挤出一样，弥尔顿迫切渴望将头脑中的那些诗句记录下来，否则他就会一直焦虑不安。

20 世纪美国作家欧内斯特·海明威（Ernest Hemingway）与弥尔顿有着极其相似的写作欲望。海明威曾以他独有的腔调说："当我不写点儿什么的时候，我感觉简直糟透了。"这句话激发了无数后人对他的争相模仿。

催生两位作家的杰作的不仅仅是那些跃然纸上的创作冲动和写作天赋，还有来自某些更深层的、更隐秘的和更扭曲的东西。他们被迫写作，被迫将文字记录在纸上，为的是抛开他们心中令人绝望的精神上的痛苦。他们强迫自己创作的欲望非但从不具有削弱性或者破坏性，反而成就了他们在文学史上的不朽传说。好在读者也并未辜负他们的期望：一代又一代的读者或从弥尔顿描述的人类堕落的诗句中获得慰藉并承诺救赎人类，或从海明威笔下的美国青年罗伯特·乔丹（Robert Jordan）身上领悟到西班牙法西斯主义势力逼近时的那种自我牺牲精神。

人类行为的动机有无数种，涵盖了从物欲和性欲的基本动机，到自我满足感、名誉感、利他主义、同情心、嫉妒心、愤怒感、责任感和简单快乐等更为复杂的动机。但这些动机都不能解释那些我们无法抗拒的、令人费解的、被迫去做的行为，即"强迫行为"（compulsions）。强迫行为来自人类绝望的、欲罢不能的和扭曲的需求。这种需求使我们感觉自己就像是一艘充满蒸汽的船只，时时刻刻经受着亟待释放的紧迫感。焦虑就如同建筑水管里冰冻已久的水，终会爆发，强迫行为则恰恰是一个能够帮助人类释放这种焦虑感的出口阀。然而，虽然强迫行为可以缓解人的焦虑感，但实际上其所能带来的精神愉悦感却微乎其微。我们的大脑处于一种矛盾状态，一边迫切地希望阻止强迫行为，另一边却极度害怕停止强迫行为。

强迫性地反复查看手机上的短信，离开无信号服务区并重获信号的一瞬间就急切地刷新消息提示；疯狂地在电子游戏中闯关升级；无论坐拥多少财富和物质，都永无止境地追求更多。我们被迫做出这些行为，仿佛不这样做的话，就无法摆脱那种迫使弥尔顿反复思考萦绕于他脑海中的诗句以及促使海明威感到糟糕透顶的焦躁不安。

如此看来，强迫行为确实与“强迫性的”（compulsive）这个词源非常吻合。具有“强迫性”特征的人通常表现为频繁地、无法自控地阅读，玩社交网站（不停地刷手机、更新状态、上传照片）、偷窃、说谎、购物、吃东西。同样，我们用“强迫性的”一词来描述那些会造成某种行为黑洞的强制性动机，如小说、电视节目、广告、情节剧等。这些事物具有强大的吸引力，越是害怕沉溺其中，越是企图让自己脱身或转移注意力，我们便越会感受到焦虑感的蠢蠢欲动。唯有我们做出妥协，这种焦虑感才能得以缓解。被强迫的行为是由压力甚至是由压制引起的，通常与行为实施者的意愿相违背。让人欲罢不能的行为源于一种难以抗拒的、急迫的动力或欲望，虽然它常常与行为实施者的意愿、期望，甚至内心深处的欲望相悖，但是这种动力或欲望从未丧失其力量。人类的强迫行为恰恰是由这些致命的欲望造成的，我们正试着用这种看似极端的方式来饮鸩止渴。

焦虑时代的“疯子”

英国历史学家罗伊·波特（Roy Porter）于 1991 年发表了一篇题为《理性、疯狂和法国大革命》（*Reason, Madness, and the French Revolution*）的文章。他当时写下了这样一句话：“每个时代都有一些疯子。”自 1947 年美国诗人 W. H. 奥登（W. H. Auden）的长诗《焦虑的时代》（*The Age of Anxiety*）问世以来，我们所处的时代正在被微不足道但却真实存在的，既是社会的又是个人的恐惧所定义。尽管奥登是在日本的广岛和长崎核爆余波中完成了这首诗的创作，但是在他眼里，核浩劫所带来的惶恐远不及 21 世纪人类的焦虑所引发的恐惧。

人类的焦虑来源于全球变暖以及其他形式的环境破坏。这种环境破坏的力度之大使人类似乎变成了万能的“神”，取代了“自然”的力量，成为洪水、山火、飓风、旱灾、不可逆的海平面上升等自然灾害的罪魁祸首。有的焦虑可能来源于突然出现在路口、机场登机处、地铁站、音乐厅和马拉松终点线的恐怖袭击。这些恐怖袭击很可能就会将人们日常出入的场所瞬间变成血色杀戮场。也有的焦虑来源于飞速发展的科技，飞速到令人类大脑应接不暇。从普通的通信工具选择（用哪个软件聊天好呢？不然两个都用？还是……）到重要的决定（应该送妈妈到哪所医院，找哪个医生接受癌症治疗呢？），这些焦虑影响着人类生活的方方面面。人们无时无刻不在刷新主页，查看那条精心编辑的 Facebook 动态收获了多少赞，是否登上了热搜……这些行为足以燃起人类心中压抑已久的焦虑荒原，我们的血液仿佛像熔岩一样突然爆发，等待着一个突破口喷射出来。几十年以前，家长不会为孩子的择校问题而担忧；青少年和毕业生不会为找什么样的暑期兼职或报名哪一种课外活动这样的琐事而苦恼；在各种购物网站出现之前，人们也很少会在买东西时犹豫不决，而现在却总是想着“刷刷下一个网页，说不定有更合适的东西”，或是“我再看看别的网站，万一有更便宜的呢？”，难怪有些人在网上浏览了 517 双鞋后才会下单购买。

就在这些人们习以为常的焦虑如溃穴之蚁般腐蚀着美国社会时，还有一些焦虑正在以新的形式抛头露面。在人们亲身经历或仅是见证了2008—2009年全球范围内的金融危机和始于20世纪80年代的失业浪潮下萧瑟的美国就业市场之后，人们便视工作和财产保障为一种虚幻的、脆弱的和时过境迁的东西，更别提拥有一份稳定的职业了。无论是一线的生产岗位，还是办公室里的铁饭碗，都像20世纪90年代的公用电话亭一样，早已被时代所淘汰。21世纪，全球资本主义固有的不稳定因素正在悄无声息地渗透到生活的每个角落，远远超出了人类的控制范围。遵纪守法、以身作则可能都避免不了饭碗不保、无依无靠、食不果腹的下场，我们又怎么能不感到焦虑呢?

在很长一段时间内，抑郁一直是美国大学生群体中最为普遍的心理问题。然而到了2015年，焦虑取而代之，更为庞大的问题群体出现了。当然，这种心理问题对成年人[①]造成的困扰就更不必说了：美国国家精神卫生研究所[②]的研究数据显示，在每12个月的周期里，都会有18.1%的美国成年人遭受着焦虑的折磨，其严重程度足以构成焦虑症。而相比之下，只有6.9%的人患有重度抑郁。谷歌开发的书籍词频统计器（Ngram Viewer）可以用图表显示英语书籍中出现的词汇频率。令人唏嘘的是，从1930—2000年，compulsive一词出现的频率上升了整整8倍。

这也印证了波特的一句箴言：如果每个时代都有一些疯子，那么我们这个焦虑的年代的疯子就应该是那些强迫症患者。

越来越多的科学证据表明，强迫行为其实是一种应对焦虑的本能反

① 美国联邦法定21岁成年。——译者注

② 美国国家卫生研究院下设的研究所之一。——编者注

应。焦虑感把人们压得不堪重负，于是人们尝试抓住任何可以缓解焦虑的行为，甚至通过掌控感的幻觉来实现。我们改变不了所在公司要裁减近一半员工的决定，否则新的私人股本公司将拒绝接手这个负债累累的烂摊子。我们也否认不了自己的平凡渺小，在网络约会软件的茫茫人海里显得那么不起眼。我们也无法停止发电厂燃烧大量煤炭，由此产生的温室效应足以把一场场小风暴瞬间演变成夺命飓风。你看，我们的力量如此微弱，只能做些力所能及的小事，只能翻来覆去地洗手、刷手机、囤货、购物、刷网页、打游戏打到大拇指磨出茧。就像遇险者死命抓住救生索一样，人们把希望寄托在这些强迫行为上，因为只有专注于这些强迫行为，我们才能尽可能摆脱焦虑。就像克努特大王（King Canute）[①]无法控制潮汐，我们也无法操控社会、经济力量。于是人们试图抓住任何可能带来控制感的东西。从心理学的角度来看，强迫行为就如同弯路打滑：违背直觉，开始时很可怕，但最终（至少对一些人来说）还是有效的。

虽然在旁人看来，有些极端的强迫行为显得奇怪、不理智，还有点儿可怜，甚至几乎是自我摧残的，但这确实是人们在焦虑难耐、麻木不已时做出的本能回应。学术界正兴起一种对于强迫行为的新理解：究其本质，再疯狂的强迫行为都是为了自我适应而为的，是有用的，而且符合人性的本能。强迫行为其实就是生理上的自我镇定和发泄，表面上看似疯癫（至少可以说有点儿奇怪），实际上是一种自我解脱。

① 克努特，曾任英格兰国王、丹麦国王、挪威国王。克努特曾经是西北欧真正的霸主，是诺曼人征服时代的风云人物，他使丹麦国势达到鼎盛，史称“克努特大王”。——编者注

以强迫性运动为例，近一半的进食障碍者都会选择强迫性运动。这说明了什么呢？我们所看到的强迫性运动，其实背后都隐藏着一定的动机。毕竟，有什么是比控制自己的身体更容易的呢？

> 卡丽·阿诺德（Carrie Arnold）[①] 也认同这个观点。阿诺德是一名特别上进的大学新生。为了强身健体，她坚持锻炼。她告诉我，她之所以坚持锻炼也是由于从小到大第一次离家，以及面对学业的压力她会觉得“精神上有些紧绷”。每当焦虑情绪难以自制的时候，她就会“穿上跑鞋直奔健身房”。然而，她的运动习惯并不极端，维持在每天30分钟，每周4～5天的频率。
>
> 但过了几个月，阿诺德紧绷已久的神经突然爆发。“我开始运动到深夜，为了能有更多的时间运动，我甚至不再参加任何社交活动，”她回忆说，“这一切几乎都是为了缓解压力。”即使上课累到筋疲力尽，她还是会坚持跑几个小时。健身房成为她的第二个家，每天在跑步机上运动到大汗淋漓，不停地骑动感单车成了她的常态。那段时间，她每天大概就只有4个小时的睡眠时间。
>
> 阿诺德发现，这样的运动方式能够帮她抚平起伏不定的焦虑感。长时间下来，若某天有事耽搁了运动，她便会感到非常焦虑。大三结束时，她的这种强迫性运动已经失控：她每天的运动量甚至超过了正常人一周的运动量，此时的她已经骨瘦如柴，她的妈妈几个月之后再次见到她时，甚至吓了一大跳。“我

① 此书中所有提到的人物故事皆为真实案例，无任何捏造成分。姓和名均提到者系人物真实姓名。应受访者要求，个别案例仅提供名（部分为真实名，部分为化名）。

觉得我必须做那么多仰卧起坐，要消耗那么多卡路里，要是没有完成或者有人不让我那么做，我就会觉得非常失落。”阿诺德回忆道。她把自己的这种强迫性运动记录下来，编成了一本书《空腹奔跑：厌食症和康复日记》(*Running on Empty : A Diary of Anorexia and Recovery*)。她在书中写道：“而且我必须一直用一台固定的运动器械，否则我简直会疯掉。”虽然医生反复叮嘱她，要大幅减少运动量，但她说：“我还是停不下来。”这种在跑步机上运动的强迫行为，感觉就像皮肤奇痒无比，要痛快地挠一遍才能好受点儿。阿诺德呢？也只有到健身房去完成高强度、令其热血沸腾、疯狂至极的运动才能缓解这种感觉。

大学毕业后，阿诺德拼命投入运动中，就像溺水者拼死抓住救生圈一样。甚至半夜醒来时，她都会感受到一股强大的力量催促她赶快去运动。她在浴室里做蹲起，天还没亮就会到外面跑上几千米。“这是一种非常可怕的焦虑感，心底一直有个声音在告诉自己‘我要运动’，”她告诉我，“运动成了我管理生活的一种方式。我的心情越糟，就越想跑步。我的整个生活都在围着运动转，我没有朋友、没有社交。我唯一关注的就是今天跑了多少步、多少米，消耗掉了多少热量。”她曾试图逃出这个怪圈，但是“每当我运动完瘫坐在地板上，全身就微微颤抖，不自觉地抽泣。只有运动才能削弱我那极度紧绷的焦虑感”。

在我开始写这本书之前，我一直觉得这种威胁着人类生活的强迫行为只是个例，而且都是非常可怕的：强迫性地反复洗手；强迫性地打游戏打到手指抽筋；强迫性地购物直到刷爆银行卡；等等。但在研究和总结报告的过程中，我还发现了这样两件事。

首先，我试着去了解那些乍一看好像有点儿“疯癫”的人，他们的强迫行为似乎不无道理。他们之所以强迫性地去做一些事情，其实是为了对抗焦虑，他们拼命挣扎着，因为这样总比坐以待毙好得多。实际上，他们并不疯癫，也并没有缺陷；他们其实是在用尽全力来应对焦虑，这样总比任由焦虑将他们整个吞噬掉要好。跟那个爱囤货的人聊得越多，我思考得越多。我对他说：“是的，如果我也经历了你的故事，说不定我也会没完没了地往家里囤货，因为只有这样才能摆脱绝望的深渊。”因此，强迫性地做一些事情并不意味着一个人的大脑出现了问题。

其次，虽然那些有着极端强迫行为的人看起来好像异类，但本质上，无论强迫程度轻重，他们焦虑的来源都是一样的。为了缓解焦虑而积极表现是人类内心深处与生俱来的本能，亘古不变。认识到这一点，我改变了对自己和周围人的看法：曾经看似不经大脑的、自私的、操控的、破坏性的行为，现在看起来都变得可以理解了，这些行为不过是对恐惧和焦虑的回应罢了。而那些强迫行为程度较轻的人，虽然尚未达到精神病理学诊断标准，但心底的恐惧其实和重度患者是一样的。强迫行为对于重度患者和轻度患者所发挥的作用也都是一样的。只不过更严重的焦虑要靠更极端的强迫行为来发泄，即使有的时候这些行为是几近毁灭性的，他们也在所不惜。而程度较轻的焦虑，只需要保证手机不离手，按自己的标准洗衣服，坚持朝固定的方向摆放桌子就可以搞定了。

具备这种作用的强迫行为如同人类的想象世界一样，纷繁复杂，千奇百怪。

> 一个 65 岁的男子曾来到阿姆斯特丹的一家心理诊所就诊，原因是，16 年来，他一直无法摆脱一种强迫行为：无法自控地、

> 不停地吹哨，吹的是同样的狂欢曲子。他的妻子曾向一家心理诊所求助："这 16 年来，他一直在吹同一首曲子，听得我都快绝望了。"荷兰的一些精神科医生在 2012 年发表于《BMC 精神病学》（*BMC Psychiatry*）杂志上的一篇文章中记录道："这个人每天要吹 5 到 8 小时。"他身体越疲惫，吹得就越频繁。大家都叫他 E 先生。E 先生不是没尝试过自救，为了能让自己停下来，他也曾尝试过药物治疗。服用抗抑郁药物可以有所缓解，每天吹口哨的时间可以减少到 3 到 4 小时，但这种药物副作用很大。有一次医生去家里探望 E 先生，他们"一进门就听到了清脆而连贯的口哨声，他一直在吹同一首曲子，几乎没有中断"。医生们想研究一下这种奇怪的强迫症究竟从何而来，但是 E 先生反复强调，他强迫性地吹口哨并不是出于任何强迫心理。然而，"如果有人让他停止吹口哨，他还是会非常恼火、不安"。

如果用"令人费解"来形容 E 先生吹口哨的强迫行为，那么下面的这位威廉 · 利特尔先生挖洞的强迫行为则应该用"令人瞠目结舌"来描述。

> 英国的威廉 · 利特尔（William Lyttle）被称作"鼹鼠人"，原因是他有一个强迫性挖洞的习惯。利特尔从父母那里继承了一座房子，位于伦敦东区，他在房子下面挖了多条巨大的、蜿蜒曲折的深隧道，有的长约 20 米，深约 8 米。他在 2010 年去世前告诉记者："我本来只是想挖一个酒窖，没想到酒窖越挖越大。"地方政府发现后，担心房屋会倒塌，命令利特尔离开。施工者从隧道内清理出了 33 吨废弃物，其中还有 3 辆汽车和 1 艘小船。

这种极端的症状可能让人觉得，强迫症只是一种让他人饱受折磨的心理疾病，与我们正常人毫不相干。但研究数据所显示的则截然相反。斯坦福大学的研究人员在 2006 年的一项分析中发现，多达 16% 的美国成年人（约 3800 万）有强迫性购物的癖好。2% ～ 4%（多达 900 万）的人有强迫性囤货的习惯。在每 12 个月的周期里，就有 1% 的人遭受着强迫症的折磨。强迫症啊，真是一个戴着焦虑症面具的腹黑王子。

大多数人都面临这样的状况：明知自己正受到某种强迫行为的控制，其症状却又不足以构成精神障碍。事实上，有些强迫行为完全是为了帮助我们适应社会，帮助我们更有力地管理好生活、更高效地处理好工作（或许我们也在给自己这样的心理暗示）。在此之前，你可能从没听说过，世界上竟有人没完没了地吹口哨，在家里的房子下面挖隧道，或者一遍又一遍地做 CT 扫描。但我敢说，早晨一醒来就去拿手机这种行为对每个人来说都并不陌生吧。甚至，曾经有一位著名作家经纪人，在心脏手术结束的第一秒他就向医生索要他的手机。我们的强迫行为程度通常较轻，除非时时刻刻近距离地仔细观察，否则根本不会有人察觉。

你身边也可能会有艾米这样的人。艾米是神经科学专业的研究生，也是一个强迫行为治愈团队的组织者。我第一次见到她，是在 73 街的一家咖啡馆门口。这个女孩看起来很普通，走在人群中，甚至不会有人注意到她。我无意间瞥见了她的深棕色秀发，很漂亮，但看得出是假发。我本以为她不会告诉我她有拔头发的强迫行为。

她有些犹豫地向我介绍了自己。

“你是莎伦吗？”

“你是艾米，对吗？”

吃饭时，艾米说她从 12 岁起就开始拔头发。“这成了一种调节焦虑的办法。”她告诉我。生活中的压力太多了，比如为了考取纽约市一所重点理科高中，她必须拼命学习、努力赶超别人。她有时需要戴帽子来遮盖斑秃。10 年的时间里，她放弃了游泳的爱好。因为她不仅一直在拔头发，甚至连腿和胳膊上的汗毛都不放过，直到后来身体光秃得像条蛇一样，一根体毛都不剩。这就是拔毛癖（Trichotillomania）这种综合征的特点。尽管她因为拔毛癖被人嘲笑，但艾米一直靠这种行为来缓解她生活中无处不在的焦虑。“我陷入焦虑的困境中无法自拔，”她说，“每当焦虑来临，我就会拔毛发，这对我来说简直就像是一种奖励。拔完毛后，一切就恢复了正常，感觉自己回到了最初的状态，仿佛已经摆脱了高度的压力。”

艾米的拔毛癖治愈小组里有一位成员曾经是高尔夫球的狂热爱好者。然而，艾米说：“每次一拿起球杆，看到手腕和手背上的汗毛，他就必须放下球杆，开始拔毛。”另一个成员，一位犹太教拉比，被负罪感日夜折磨，然而这并不是因为拔毛这件事本身，而是因为他在安息日仍在工作（对他来说拔毛已经成为一种工作）。要知道，安息日就是犹太人的休息日，虔诚的犹太教信奉者在安息日当天是连灯都不能开的。

如果只是出于“求上帝保佑，让我免受于此”的心态，观察这些偏激的人类行为其实非常有趣。这些重度强迫行为让我有了一种新的认识：我一直在审视自己、家人、朋友和同事各种行为中的阴暗面。我们的生活也许并没有想象的那么极端，但这些行为确实反映了人类行为大范围的中间值。从多年来为这本书所做的研究和报告中，我渐渐发现，我们的一些行为，虽然算不上病态，也无从诊断，但并不是出于寻求快乐的目的，也并非出于好奇心或者责任感，更不是自我意识，而是出于想要消除焦虑的动机。这种动机可能会驱使你保留一大堆旧书旧纸在家，否则你会感到紧张，紧张得好像卧室的墙壁蒸发掉了一样。也许会让你一头扎进某个研究项目中，因为它可以减轻你对那些会对你自己、你的家庭，甚至整个世界产生威胁的潜在危险因素的严重焦虑；也许会让你像挑选精密军事武器一样，谨慎小心地购买每一件商品；也许会让你强制自己把毛巾悬挂成固定的样子。甚至可能会让你按照自己编排好的舞蹈动作来做家务，并在心里想象大舞蹈家乔治·巴兰钦（George Balanchine）投来赞许的目光。

每个人或许都有点疯狂

让自己过度沉浸于一件事的危险在于，你会渐渐倾向于从这件事的角度来看待整个世界，从而发现到处都可以看到它的影子。这样一来，明明很普通的行为都会被扣上病态的帽子。写完这本书以后，每次从 19 楼的新闻编辑室去 16 楼的自助餐厅吃饭时，一走进电梯，看到同事们拿着手机狂发短信、刷邮件，我就会自然而然地冒出一个想法：看！这些都是强迫行为。2012 年 10 月，桑迪飓风席卷而来，当时全城公共交通系统瘫痪，我决定搭便车去上班。现在回想起来，那其实也是有点强迫性色彩的行为。如果不是看到我丈夫把房间囤得满满当当，我可能根本就不会关心他有哪些藏书。特别是美好的星期六下午在家休息时，我总是想：“赶紧把这些旧书送人吧！”特别是那本 1966 年的畅销书《生态学与野外生物学》（*Ecology and Field Biology*），几十年来他都没看一眼吧？

错过某些东西（比如没看到工作短信）的焦虑，遗漏工作的焦虑，丢失回忆的焦虑……焦虑的模样千姿百态。

换句话说，我们所做的大部分事情，无论好坏，都与病理性的强迫行为有着相同的动机。从这个视角来看，我们所看到的自己和他人的行为，那些看起来百思不得其解的、令人懊恼的、自我摧残性质的，或者只是单纯的愚蠢的行为，比如为什么洗碗机里盘子和碗怎么摆放她都要小题大做？为什么非要把桌子收拾好她才能开始工作？为什么每年一月份，一看到邻居们扔在路边的圣诞花环，她就忍不住把上面的红色蝴蝶结摘下来拿回家？这些行为现在都变得可以理解了。而我之所以开始理解上述这些行为，是因为我意识到强迫行为本身并不是一种精神障碍。不可否认，某些强迫行为的表现形式可能是病态的，这些患者都在遭受着极大的痛苦，需要治疗和帮助。但是，很多“强迫行为”都只是人类心理特征的外在表现，与想要被爱、被在意和想要标新立异的人类欲望一样平常。

我们大多数人可能都以为，只要有摆脱强迫行为的意愿，就一定可以做得到。我们可以在工作时关掉手机，抵制住薄荷巧克力饼干的诱惑，或者看到我们最喜欢的商店橱窗里张贴着“降价大甩卖”的海报时控制住自己的双腿，不进店狂购。但是，心底仿佛有个小小的声音不停地在问：“你，确定吗？”探究具有强迫行为的人的思维方式和生活经历，粉碎了我们很多人在面对困扰他人的极端行为时那种自以为是的优越感。同时，这也揭示了我们人性中的很多共通点。

第 1 章

别怕，强迫症只是我们对抗焦虑的方式

大概在 30 年以前，“瘾”是一个非常流行的字眼。人们出于对某事的强烈兴趣而过度沉溺其中的现象，都会被贴上“成瘾”的标签，比如“我购物成瘾”。有的人还会对织毛衣、做瑜伽、慢跑、工作、冥想、赚钱（有些书中曾提到过“赚钱成瘾”的案例）、玩魔方（1981 年《纽约时报》中的一个故事曾讲到，魔方是一种“令人上瘾的发明”）等成瘾。神经生物学家曾经发现，吃巧克力上瘾的人对托伊舍松露极度渴望时的脑回路和吸毒成瘾者对尼古丁、鸦片等物质犯瘾时的脑回路是一样的。神经生物学家的这一发现引起了流行社会学家对成瘾问题的关注。不知从何时起，我们这一代人开始沉迷于邮件、工作、玩网络游戏《愤怒的小鸟》、发 Facebook 动态……我们过度做的这些事情都变成了难戒的瘾。但在很长一段时间里，研究人员一直无法将精神病学层面的“成瘾”概念与人类行为真正地匹配在一起。2013 年春天，这一科研壁垒终于被打破，美国精神医学学会出版了最新版的《精神障碍诊断与统计手册》（*Diagnostic and Statistical Manual of Mental Disorders*，简称 *DSM*），并首次认定了一种成瘾行为：赌博障碍。这本书被誉为精神病学领域的“圣经”。

赌博之所以会被列入成瘾行为，是因为它符合了三个标准。数十年来，这三个标准一直被用来定义成瘾的特征。第一，人们刚开始尝试这种行为或物质时精神极度愉悦。一旦有了第一次体验，尝试者很快就会上瘾。第二，成瘾的人会一再纵容自己，依靠越来越多的某种东西或行为来获得同样的快感。第三，停止成瘾行为会引发痛苦的戒断症状，就像戒毒一样令人痛不欲生。

从这些标准来看，21 世纪人们对电子产品的依赖似乎并不像“成瘾”。人们在使用电子产品时的感觉也跟“成瘾”不太一样。主要是因为其中缺少了“成瘾”标准中必不可少的享乐元素。至少对我来说，强迫性地反复查看邮件的感觉更像是强迫症患者不停地洗手、一再摆正照片时的那种体验。这些行为更像是你迫不得已要做的事情，而不是发自内心想去做的事情；这些行为也许可以减轻焦虑（如果我能在 5 秒内回复那封邮件，那个难搞的资源是不是就不会被竞争对手抢走了？），但并不能为人们带来快乐。

这些都是强迫行为，还算不上是成瘾。

强迫行为和成瘾有何区别？在日常生活中，人们经常将二者混为一谈，比如“强迫性购物”与“购物成瘾”，谈起时都会提到“冲动”这个词。但本书主要讲的是强迫行为，而非成瘾。让我们来看一下专家们是如何解读它们之间的区别的。

一句话概括就是：它们之间难以想象的微妙差异简直模糊到令人大失所望。

强迫行为、冲动行为与成瘾行为

非常感谢那些友好接受我不断提问的朋友们，没有他们，我那些层出不穷的问题将永远无法得到解决。但遗憾的是，在收集了众多人的答案之后，强迫行为的科学轮廓对我来说仍不够清晰。曾经有人尝试着向我解释："嗯，成瘾行为是由神经元和荷尔蒙之类的东西控制的，而强迫行为的根源在于心理，只不过是受生理机制的支配。"在 2008 年发表的一篇文章中，文章的作者不经意地造出了"冲动强迫性的性行为"一词，并把它定义为"一种成瘾行为"。三个概念在文中同时出现：冲动的、强迫性的、成瘾的，三者的混淆被展现得淋漓尽致。

强迫行为、冲动行为、成瘾行为，三者之间的分界线一直都在发生着转变，如同人们的时尚品位一样，不断变换着。但它们之所以如此混杂不清，实际上是由美国精神医学学会及其不断修订的《精神障碍诊断与统计手册》所造成的。《精神障碍诊断与统计手册》畅销了几十年，其各个版本中对饮食失调、焦虑症等综合症状的定义均将成瘾、强迫和冲动的概念杂糅到了一起，给读者一种三者可以相互替代使用的错觉。《精神障碍诊断与统计手册》甚至没有给强迫症划定一个明确的范围。如果没有其他资料的话，第一次看到"强迫症"这个名词时，顾名思义，大部分人可能都会以为这是一种强迫障碍，然而事实并非如此。早期版本的《精神障碍诊断与统计手册》曾对强迫症进行了描述，称其具有反复发作、持续不断去做某事的冲动的特点。美国精神医学学会专家在编写第 5 版《精神障碍诊断与统计手册》时，把病态上网、病态购物命名为"C-I 上网""C-I 购物"，其中 C 指"Compulsive"（强迫性的），I 指"Impulsive"（冲动的）。他们认为，过度的行为同时具有"强迫性"和"冲动"这两种特征：冲动是最直接的原因，而强迫性的动机则会让这种行为持续下去。

回想一下我在引言中提到的艾米的拔毛癖，你便可以知晓这个分类究竟有多么混乱了。1987 年，拔毛癖作为一种冲动控制障碍被写进了第 3 版修订版《精神障碍诊断与统计手册》中，盗窃癖、纵火癖和间歇性爆发症等也一同被列入了这一分类中。这些行为都反映了一个共同的特点：冲动。耶鲁大学的精神病学家马克·波坦扎（Marc Potenza）对该领域颇有研究，我曾经专程去他位于康涅狄格州纽黑文市的办公室里拜访过他。他将“冲动”定义为“快速、无计划，且不顾负面后果的行为”。但 1994 年第 4 版补充了两个拔毛癖的确诊标准：第一，“在拔毛发之前或试图制止自己拔毛发的一瞬间感到突如其来的紧张”；第二，“拔毛发的时候感到愉悦、满足和舒缓”。这两点恰巧都是强迫行为的判定标准。直到 2013 年，第 5 版才将拔毛癖从冲动控制障碍这一病症分类中移除，并将它作为“其他强迫及相关障碍”写进了强迫症一章的结尾部分。矛盾的是，所谓的强迫症，其关键特点就是焦虑感导致了一种行为，这种行为又可以反过来缓解相应的焦虑感，但第 5 版偏偏删除了之前定义的“拔毛发之前的紧张感和拔毛发时的缓解感”这两个拔毛癖诊断标准。

与拔毛癖相比，病态赌博在精神病学领域中的分类更加模糊、混乱。1994 年第 4 版《精神障碍诊断与统计手册》将强迫性赌博（我的重点是“强迫性的”）与盗窃癖、纵火癖等一起归类为“不属于其他任何分类的冲动控制障碍”。同样，人们认为赌徒也会冲动赌马，在某种不为人知的机制控制下，会强迫性地一直赌下去。2013 年第 5 版将赌博认定为成瘾行为，至此，“冲动的”“强迫的”“成瘾的”这三个元素都在赌博中得以体现：以前被称作“强迫”行为并被归类为“冲动”行为，最终成为第一个被正式划分到“成瘾”范围的一种行为障碍。

对赌博的新分类方式看上去很有道理，因为它确实符合了毒品成瘾的三个固有特征：最初为了一时的快感，逐渐对某种物质或者体验过程产生强烈的欲望；纵容；戒瘾。在刚开始接触赌博的人看来，病态赌徒对赌博的着迷程度丝毫不亚于瘾君子对毒品的依赖。虽然对事物的渴望程度是一种很难量化的主观感受，但确实有一些实验结果表明，赌博成瘾时，人的大脑运作机制与酒精、尼古丁、止痛药、毒品成瘾时大致相同。当一个病态赌徒观看掷骰子、轮盘赌或其他赌场游戏视频时，其大脑皮层和大脑边缘系统区域产生的反应，几乎与毒品成瘾者观看吸毒视频时的混乱大脑一模一样。此外，病态赌徒对自己的赌博行为无限地纵容，程度丝毫不亚于酗酒者对酒、瘾君子对毒品：为了从赌博中获取短暂的愉悦，他们会越赌越大。到最后，当他们试图戒掉或一点点抽身时，那种感觉就跟戒毒一样撕心裂肺。欲望、纵容、戒瘾：病态赌博是名副其实的成瘾行为。

英国谢菲尔德大学的认知科学家汤姆·斯塔福德（Tom Stafford）专攻强迫性打电子游戏行为的研究。他说，“成瘾”和“强迫”这两个词被混为一谈的某些原因在于，它们都是日常生活用词，而且都可用作医学临床术语。“很多人都不把沉迷于运动、购物、玩手机这种现象当回事，”他跟我说道，“其实强迫性地去做这些事情的行为与酒精成瘾之间并没有明确的界限，但我还是更倾向于用‘强迫’这个词来描述这些行为。”

给人们造成困惑的不仅仅是用词混乱。乔治·华盛顿大学的教授兼临床心理专家、变态心理学畅销教科书作者詹姆斯·汉塞尔（James Hansell）说：“这确实在科学界引起了很大的争论，成瘾和强迫行为之间到底有着怎样的异同？”他停顿了一下，似乎在寻找一种恰当的表达方式，继续说道：“其实有一个实质性的特征可以区分强迫行为和成瘾。”[①]

后来在哥伦比亚大学医学中心的一间办公室里，我又拜访了哥伦比亚大学的心理学家卡罗琳·罗德里格斯（Carolyn Rodriguez）。她说，事实上，很多研究人员都认为，人们赋予过度行为的学术定义以及对过度行为的理解“一直在发生着变化。我们正在以新的眼光看待那些常用的术语，如成瘾、强迫行为、冲动控制”。我问她强迫行为能否给人带来愉悦，罗德里格斯教授翻看着她的患者心理记录簿，回答说：“通过与他们交谈，我发现‘强迫行为能带来愉悦’这种说法是不准确的。它只不过能缓解焦虑而已。”这种缓解可能给人带来一种还不错的感觉，但这种感觉还是不同于成瘾所能带给人的愉悦感。强迫行为可以让焦虑情绪消退，这个消退过程就像被人猛烈摇晃过的汽水瓶在瓶盖被打开的一瞬间冒出大量的泡沫一样。那些有着强迫感觉的人，心痒无比，仿佛大脑里真的长了一根毒藤，不知不觉地蔓延至全身。她告诉我，她的一位患者“很讨厌詹姆斯这个名字，为此他感到焦虑不已。如果他在报纸上看到这个名字，就会用笔写下爱德华来盖住它。他甚至一看到这个名字就感觉像是闹了眼病，要滴几滴眼药水心里才能舒服点儿”。罗德里格斯教授停顿了一会儿，说：“这些人真是太痛苦了！”

还好，越来越多的专家学者认识到了这种混淆不清的局面，想要对成瘾、强迫、冲动控制障碍这三种状态进行明确分类。除了达到划分整齐的效果外，他们还有一个更为现实的目的：如果治疗师搞不清操纵患者生活的究竟是强迫、成瘾、还是冲动控制障碍，他们就无法对症下药，因为三种问题的治疗方法是截然不同的。“我们确实需要给患者制订一个

① 在我们此次交谈后不久，汉塞尔教授于2013年突然逝世，享年57岁。

有效的治疗方案。”耶鲁大学的波坦扎教授说。

最终它们被分成下面这三类。

刚开始上瘾的时候，人的大脑中会闪过一丝精神愉悦感，伴随而来的还有一丝想要冒险的心痒。例如，赌博或喝酒令人愉快，但也会让人面临危险（因为赌博可能会让人搭上全部的房租钱，喝酒可能会让人醉得像个傻子一样）。但他们喜欢的就是这种感觉，赢了钱的赌徒欣喜若狂，宿醉一夜的酗酒者飘飘欲仙。吸烟成瘾的人抽上一口尼古丁就会感觉精力充沛、头脑清醒。就这样，成瘾者摄入的剂量越来越多，其行为次数也逐渐增加，于是最终成瘾。这时候，成瘾者的需求量之大远远超出了初次尝试时的剂量，但任凭摄入多少，当初的那种愉悦感却怎么也找不回了。有吸烟者恸诉，上瘾了以后，一天内即使抽到第 43 支烟，也找不回从前抽第 3 支烟时那种爽的感觉了。成瘾者的兴奋阈值越来越高，只能依靠不断增加的剂量来解决，比如越来越多的毒品和越来越可怕的赌注，最后陷入了进退两难的境地。尽管投资所产生的精神愉悦收益越来越少，但若停止成瘾行为，接踵而来的就是身体颤抖、烦躁、情绪低落等戒断反应，于他们而言，那更是一个无限凄惨和痛苦的世界。愉悦、纵容、戒瘾，是成瘾的最重要的三个特征。

冲动行为是指毫无计划甚至不假思索的行为，为的是寻求快乐和一时的满足感。冲动行为往往暗藏着某种冒险的心理，就比如脱口而出：“嘿，我敢打赌，从这个悬崖上跳下去，水面肯定会炸开花！”这个冲动行为者便是想要通过冒险来换取一种自我满足感。纵火癖和盗窃癖都是典型的冲动行为，二者都是为了追求愉悦感和兴奋感。因此，冲动可能是导致行为成瘾或物质成瘾的第一步。某种东西（一种刺激）一旦出现就会引发人的反应。这种刺激从人的原始大脑中枢出发，激发了运动皮层，途中并不经过认知或情绪大脑皮层，这说明人的某些反应并不是有意识而为之的。例如，把别人丢在路边的漂亮沙发搬回家；从甜点架子上拿下那块诱人的樱桃芝士蛋糕等。这整个过程都不会经过控制高级认知功能的大脑区域，行为者也就根本不会意识到家里已没有地方再容纳一个沙发、吃下这块蛋糕会让自己有负罪感。他们只有在后来自我反思的时候才会想到这些。和成瘾一样，冲动行为的本质也是为了“追求愉悦”。2013 年，在国际强迫症基金会年会上，我有幸跟执行董事杰夫·西曼斯基（Jeff Szymanski）聊了几句。他说：“‘我偷完东西就溜走了’‘我点了把火，把消防车都招来了！’，类似的情况还有‘我赌博赢钱了’。这些都不是为了减轻焦虑。”这些人任由冲动支配，期盼着获得一种愉悦感、满足感或兴奋感。我们抱着“确定”只点一杯脱脂拿铁咖啡的心态走进咖啡店，而冲动却驱使我们顺手抓了一块含有 500 卡路里的松饼来到了收银台。跟成瘾行为一样，冲动行为里也隐藏着能够带来某种愉悦的诱惑。当人们一次又一次地屈服于内心的强烈欲望，并承担着随之而来的恶果时，冲动行为已经悄无声息地发展成了冲动控制障碍。

与成瘾和冲动行为相反，强迫行为是为了避免不好的结果而做出的反应。强迫行为源于焦虑不安，跟快乐与否没有什么必然的联系。强迫行为者一次又一次地重复着强迫行为，以减轻潜在的负面后果可能带来的焦虑。但强迫行为本身往往是很无趣的，或者至少可以说，无论重复多少次，它都不会带来什么有益的回报。简单来说，这种焦虑背后的想法就是：如果我不这么做，就会发生一些糟糕的事情。如果我不时刻盯着手机，我就不能第一时间看到电子邮件，就不能及时回复老板的临时约定或紧急要求，就不知道此时此刻究竟发生了什么事。如果我不查看未婚夫的网站记录，我就不知道他有没有欺骗我。如果我不认真整理衣柜，我的家就会乱得无处下脚。如果我不去逛商场，别人就会以为我买不起那些漂亮的物品，说不定还以为我穷得无家可归呢。如果我不好好保存每一件旧物，而是听从家人的建议把它们全部都清理掉，我就会觉得自己失去了依靠，就好像最珍贵的记忆也被一起打包扔进了垃圾场一样。

每一种强迫行为都是行为者为了逃避某种痛苦或焦虑而做出的举动。西曼斯基在 2008 年担任国际强迫症基金会执行董事之前，曾就职于麦克莱恩医院强迫症研究所（McLean Hospital's Obsessive Compulsive Disorder Institute），专门负责治疗强迫症患者。他说："强迫行为就是意图减少强烈的焦虑感的行为。"不同于需要人们战战兢兢地承担风险的成瘾行为，他表示："强迫行为是可以规避风险的。"它是源于避免伤害和损失的动机，目的是缓解担心伤害发生而引发的焦虑感。是的，我必须这么做才能平息我的恐惧和焦虑。人的大脑中有一个专门负责监测潜在威胁的脑回路，这里便是触发强迫行为的根源所在。在某个漆黑的夜晚，你独自走在空无一人的马路上，此时的脑回路会收到来自视觉皮层的信号：前方某个路口可能正潜伏着一个可疑的人！并立即通知你"危险，危险！"西曼斯基说："这就是焦虑，是一种意识到某种不对劲儿的感觉，它提醒你可能会遇到某种危险。于是你产生了一种强烈的情绪，并试图用尽浑身解数来摆脱它。"

在采访西曼斯基后不久，我走了很远一段路，到达纽约布朗克斯的蒙特菲奥里医疗中心（Montefiore Medical Center），去拜访西蒙·雷戈（Simon Rego）。雷戈是专门研究强迫症的心理学家，他对我说："只要这种行为的作用是减轻压力、焦虑或阻止你所担心的灾难发生，那就是强迫行为。人们会一直重复某种强迫行为，直到'感觉好起来了'为止。

强迫行为来自一种感觉：如果我不这么做，接下来发生的事情就会让我觉得更恐怖。从痛苦中解脱出来的一瞬间无疑是痛快的，有的人会通过用头狂撞石墙来实现解脱，而这种痛快跟成瘾行为给人带来的愉悦感并不相同。”

总而言之，强迫行为就是人们为了抑制焦虑而做出的行为，这一点在强迫症中体现得最为明显。强迫行为总是与特定的痴迷现象关联在一起，且往往始于这种特定的痴迷现象。这种痴迷现象足以引发焦虑，令你无法摆脱。你满脑子都是手脏了的念头，于是就会强迫性地反复洗手；你总是以为煤气灶没关，于是你就会一个劲儿地回家查看煤气；你始终难以摆脱这样的想法：如果踩到马路上的裂缝，家人就会统统遭殃，所以你就会小心翼翼地盯着路面往前走，不敢有片刻的马虎。

> 强迫症患者为缓解焦虑而保持自我折磨式习惯的例子数不胜数。一天，我来到纽约布鲁克林某公寓探望戴维先生，还没等我进门，他就急着向我道歉，说他没有在我来之前洗好澡。他说，之所以没洗澡是因为时间来不及了，他洗澡时总是会有一种被迫要搓洗每一处皮肤、哪里都不能错过的感觉，所以每次洗澡都要花上几个小时。戴维先生的这种强迫性洗澡行为还不算最严重的，更有甚者每洗一次澡都会把楼里热水器的热水全部用光，到最后即使冷水浇身，冒着发烧的风险，他们也还是会坚持洗完。

这个漫长的分类过程终于要总结完了，此时我已经确定了这一点：强迫行为与成瘾行为是不同的，因为强迫行为最初的动机是为了减轻焦虑，而不是找乐子，强迫行为所需的投入不会增长，但成瘾行为的需求则会变大。强迫行为是一种有动机的行为，其背后的情绪是一种心痒难挠、痛苦难耐的感觉，甚至是一种预感，如果你不妥协，这种预感就会愈演愈烈。就像詹姆斯·汉塞尔所说的那样："强迫行为是一种自我疗愈的方法，有些痛苦的情绪是通过实施强迫行为而使其麻木或者得到抚慰，甚至得以避免的，但焦虑感却一直隐藏在其中。"强迫行为就是一种自我安慰，能有效地抑制痛苦的蔓延——"现在放心了，我在下班电梯上那 15 秒钟内又查看了一遍手机，虽然我在工位的电脑上已经查看过了，但是这样心里就更有底了。等一等，可能又来了一封新邮件……"强迫行为就这么有条不紊地运作着，慢慢成为人们的一种习惯。我总是会担心自己没能第一时间读到短信，但如果我强迫性地反复查看手机，这种焦虑感就会消除。所以我会一直这样做的。

被焦虑驱使的强迫行为

我本以为分类可以到此结束了，但特拉华大学的一名心理学家斯科特·卡普兰（Scott Caplan）提醒我："记住，'成瘾'和'强迫'只是人类发明的语言，它们在本质上可能并没有那么泾渭分明。"卡普兰教授专攻沉迷网络游戏和过度上网行为的研究。

卡普兰教授的话不无道理，起码在我看来，成瘾是完全有可能发展成强迫行为的。最初的成瘾行为是为了寻求兴奋和快乐，在对冒险和回报的强烈欲望的驱动下，久而久之就有可能演变成强迫行为，目的也会随之变为平息因纵容和戒断而产生的焦虑、烦乱和痛苦。成瘾者强迫性地使用某种物质或者做出某种行为，有人甚至会不停地用锤子敲打自己的头，即便只有在停止的那一刻，他们才会因平息下来而感到快乐。加州大学洛杉矶分校的心理学家妮科尔·普劳斯（Nicole Prause）说："这种对回报的渴望慢慢会变得越来越可恶、贪婪，于是人们开始利用某种物质或采取某种行动来减轻它所产生的负面影响。可能你原本并不想这么做，但只有这么做才能让自己回到正常的情绪和心理状态。"就这样，成瘾行为变成了强迫行为。

这个分类中还存在这样一个问题：同样的行为，可能对第一个人来说是强迫行为，对第二个人来说是冲动控制障碍，对第三个人来说却是成瘾行为。例如，一位难以自控的购物狂冲进商场，她在开车回家的路上，控制不住地就开进了商场的停车场里。实在按捺不住，决定"就去看看有没有什么好东西在打折"。最后却没能守住钱包，买到停不下来。但对于其他购物狂而言，购物只是一种强迫行为，如果不买东西，他们的焦虑值就会上升到难以承受的水平，只有买东西才能使之缓解。

人类的行为如此复杂多样，想要实现完美归类确实很难。强迫性运动就是其中很棘手的一个。20 世纪 70 年代，慢跑热潮席卷美国，学术界对过度运动的研究也始于这个时候。但科学家们很快发现，他们很难对正在研究的具体内容进行准确的定义。对于某些群体来说，过度运动的现象是"运动成瘾"。而对于其他群体来说，这是种"强制性运动"或"强迫性运动"，甚至还可以说得更高大上一点，是怀着一颗竞争之心的"献身"运动，是对健康的执着追求和对挑战的无限渴望。①

① 虽然命名方式各异，但在健身房里骑单车、跑椭圆机等行为都不属于过度运动的范畴。研究人员通常会在运动爱好者里选择样本，让志愿者自愿参与研究。真正的过度运动者仅占 3% 左右。

学术术语的繁杂交错其实说明了这样一个事实：实际上，科学家们也不知道他们正在研究的究竟是成瘾行为（以追求精神愉悦为动机）还是强迫行为（以依靠运动来平息焦虑为动机），抑或是别的什么东西。2002 年，佛罗里达大学的研究人员对过去 29 年发表的 88 篇关于过度运动的研究文献进行了综述，他们发现，以前的多个研究里存在各种不同的问题，有的“对照组不一致甚至不存在”，有的“对运动依赖性的判断标准存在差异”，还有的“对运动依赖性给出了错误的或不恰当的评估”。这篇文献综述在《体育运动心理学》（*Psychology of Sport and Exercise*）杂志上发表。换句话说，科学家们虽然曾尝试着去探索极端运动，却缺乏了基本的学术严谨态度。这些实验看似内容丰富，但实际上就是科学垃圾。

虽然漏洞百出，但这些研究总结了人们过度运动的原因，从而为后面基于经验的分类提供了一些帮助。研究表明，出于各种复杂的心理原因，人们可能会通过锻炼来惩罚自己的身体。有些人的动机是想要掌控自己命运的一部分，即身体和健康。有些人是想要证明自己具备反抗正常人生理规律的能力，即他们认为的超能力，“休息是弱者的需求”，或者具备坚强的意志力，能够战胜低级欲望，不再自我放纵地混日子。还有些人原本只是想靠运动来改善自己的健康状况，但越发持久和频繁的奔跑却渐渐给他们带来了快乐——一种上瘾般的愉悦感受。还有些人是为了获取外界的回报，如比赛奖牌和他人的钦佩等。然而，即使原因各异，但有一点始终是相同的，出于这些动机的极端运动者并没有痴迷到离不开运动的程度。

但与之相反，强迫性运动者通常是出于内在的原因、为了改变情绪或稳定情绪而运动的。他们将运动视为生活的重心，认为运动是缓解无法忍受的焦虑的唯一方法。如果不能运动，他们就会备受煎熬。这些强迫性运动者最初可能是为了强健体魄而运动，但他们始终没有那么喜欢运动，而之所以能够坚持下来，只不过是借此来平息令人备受煎熬的焦虑罢了。宾夕法尼亚州立大学的人体运动学家丹妮尔·西蒙斯·唐斯（Danielle Symons Downs）制作了一个运动依赖量表，治疗师和患者本人可以根据此量表来评估运动是否过度。唐斯解释说："我们知道，人们有着各种各样的运动动机，人们进行过度运动也是出于多种原因。为了避免无法忍受的焦虑而这么做看来也是有道理的。"由此，我们也就不难理解卡丽·阿诺德这些人为什么会强迫性地运动了。

当然，成瘾行为和强迫行为之间的界线可能确实是很模糊的，因为如果一个人被强行戒断所喜爱的东西或想做的事情，也会引发焦虑。但是，成瘾行为源于快乐和愉悦，强迫行为源于焦虑。正如2002年发表于《体育运动心理学》杂志的那篇文献综述所指出的那样："强迫性运动者在不跑步时会比非强制性跑步者更为焦虑。"如果他们错过了一次运动，他们便会感到更烦躁、更糟糕。2011年，由英国拉夫堡大学的卡罗琳·迈耶（Caroline Meyer）率领的研究小组在《国际进食障碍杂志》（*International Journal of Eating Disorders*）上发表了一篇文章，文章提及，任何强迫行为无疑都是为了"缓解消极情绪。强迫性运动的主要特征之一便是行为实施者的消极情绪，例如人们在无法运动时所产生的焦虑感、抑郁感和内疚感"。

这一切的根源在哪里呢？正如迈耶所说，正是一种追求完美主义的心理和其他强迫型人格障碍使人们不惜冒险，强迫自己去运动。值得一提的是，强迫性运动者往往会比其他人更害怕犯错，这些人给自己设定的成功标准和道德标准极高，总是习惯性地对自己的行为产生怀疑，即使在轻度强迫症患者身上，我们也能看到这种高度自觉性。①

“追求完美主义是实施强迫性运动的最明显征兆之一。”迈耶在报告中写道。不完美的东西难免会存在，但若被完美主义者看在眼里，他们便会焦虑得坐立不安，只有运动才能使他们平静下来。于是，他们便强迫自己运动，最终的结局就是走向自我摧残的极端。

在一个拿着锤子的人眼里，所有的东西看起来都像钉子；对于一个专注于强迫行为现象和科学研究的学者来说，我们所做的一切似乎都是由焦虑所驱使的，而且我们每一个古怪的极端行为看起来都是强迫性的。为了论述各式各样的强迫行为存在的普遍性，我从美国国家精神卫生研究所等权威机构收集了所有我能找到的最为可信的数据。数据显示，近年来精神疾病患者的确诊数量呈现出井喷式增长的态势，但这可能并不像看上去的那么简单。一方面，精神病学家一直在向广大民众传递一个信号：我们大多数人其实都患有精神流行病，只是未被确诊而已。数百万人对此深信不疑，他们坚信自己患有精神疾病，并迫切地寻求专业医生的诊断。另一方面，诊断标准的降低也是导致精神疾病确诊率上升的一个直接原因。多年以来，精神病学家更改了诊断标准：把某种感觉或者症状的累计时长从 6 个月降至 3 个月；把表现的症状从 9 种降至 6 种；满足条件的患者都有资格接受正规的诊断。

《精神障碍诊断与统计手册（第 4 版）》修订组主席、精神病学家艾伦·弗朗西丝（Allen Frances）告诉我，精神卫生领域选用的“流行病”

① 轻度强迫症也是典型的强迫型人格障碍，通常是由追求完美主义所造成的，第 2 章会做具体的讲解。

一词，正反映了“诊断标准不断改变的趋势。并没有那么多的人患有精神疾病，而是判断是否患有精神疾病的标准发生了变化”。同时不要忘了，精神障碍是无法通过大脑扫描、血液检测，或其他客观的生理指标来进行判定的。相反，精神疾病学和心理学上的诊断几乎完全依据患者的自述。患者的某一句描述恰巧与《精神障碍诊断与统计手册》中列出的诊断标准重合并不难，因为制定这些标准的专家宁愿把没病的人误诊为“精神疾病患者”，也不愿漏掉一个病例。在某种程度上，我们好像只是在无病呻吟而已。

每次跟极端强迫行为者对话时，我都觉得自己好像在盯着一个明亮的太阳，他们散发出的极其耀眼的光芒使整个星球都瞬间黯然失色。我渐渐开始理解强迫行为，它源于内心想要抑制极度焦虑的迫切需求，这种强迫行为非常极端，甚至会让生命、爱情和职业生涯脱离正常的轨道，但我还是想不通，给普通日常的怪癖扣上强迫行为的帽子究竟算不算夸大其词？这种说法虽然听起来偏激、令人反感，但确实有些没那么极端的强迫行为如日夜隐身的外星人一般，潜伏在我们身边的每一个角落……如果我们仔细观察，甚至也能从自己的身上找到。我们所做的很多事情，无论出于何种目的，都与强迫行为有着相同的出发点。通过这个角度来审视我们自己和他人，那些看似莫名其妙的行为就都变得可以理解了。而我之所以得出这样的结论，是因为我终于明白了这一点：虽然强迫行为的个别表现形式确实是精神障碍，而且这种患者应该及时就医并采取专业治疗，但我们大可不必草木皆兵，并不是每一种强迫行为都是精神障碍。大多数强迫行为都只是人类共同心理诉求的一种表现而已，就比如我们每个人都渴望内心的平和与安定，都想要被关注和被在意。如果这些也算是精神疾病，那岂不是大家都疯了。

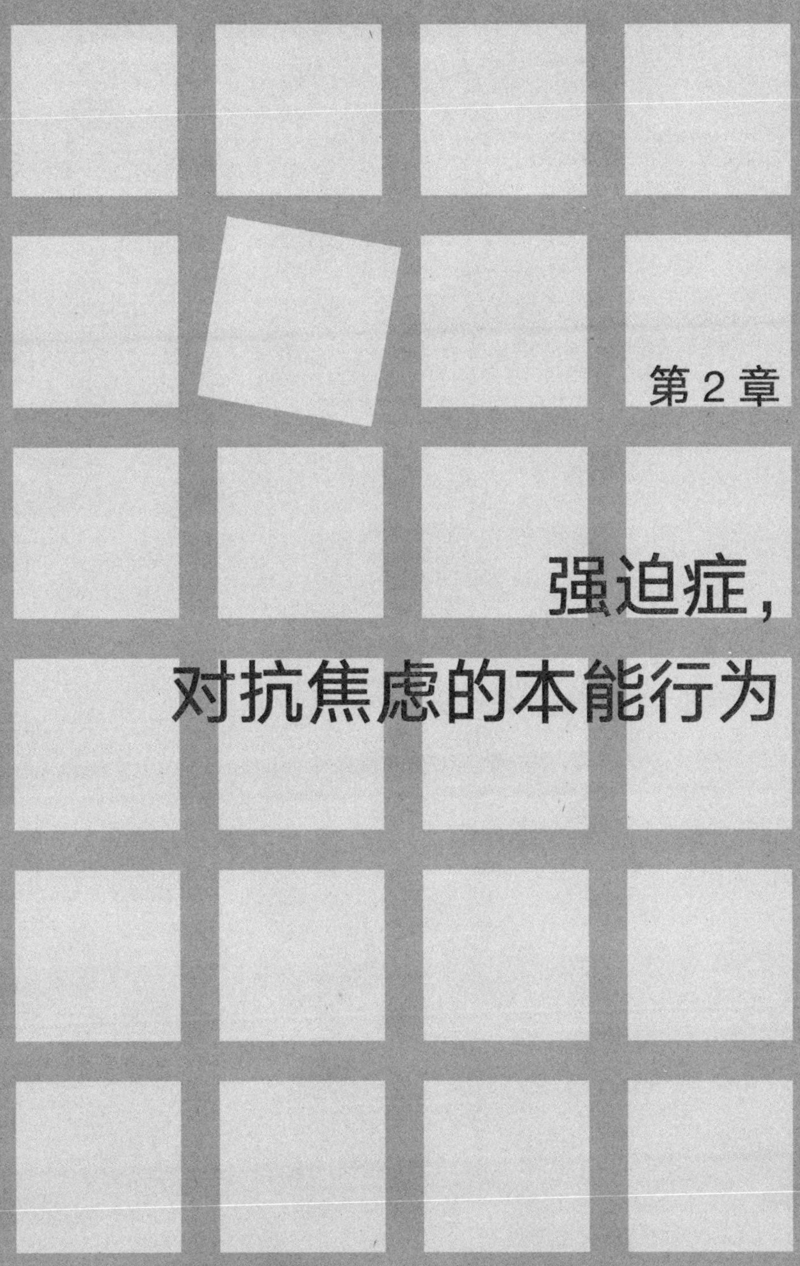

第 2 章

强迫症，对抗焦虑的本能行为

2017 年 7 月，国际强迫症基金会年会在亚特兰大的凯悦酒店举行。当天早上，1100 名与会者在酒店门口排起长队，等着一点点挤进会场。但入场以后，人群分散开，大家各自找到座位就座后，就对接下来的会议安排并不关心了。一个个激动人心的颁奖仪式正在有序进行：在新泽西州成立强迫症治愈小组的一对老年夫妇荣获公共服务奖……对囤货行为进行开创性研究的几位科学家揽下科研奖……而台下的听众却都在忙着跟邻座聊天或是低头玩手机。

过了一会儿，莎拉·奈斯里（Shala Nicely）大步走上台，她仿佛是一股强大的电磁脉冲，顿时切断了会场的无线网络，台下的听众纷纷放下了手机。奈斯里就像一只囚困在笼中的老虎一样在台上踱来踱去，一边娓娓道来："那是 1975 年的一个炎热的夏日午后，当时我才 4 岁。我满心期待着妈妈带我去公园喂鸭子。当时我们正站在路边准备过马路。"突然不知从哪儿窜出来一辆汽车，奈斯里和妈妈猝不及防地被撞倒在血泊之中。奈斯里的腿被车轮轧得血肉模糊，像是一块在砂石上被煎的生牛排一样。“那天我们差点儿死了！”她说，“我的大脑意识到这个世界非常、非常危险。为了保护我，我的大脑下意识地将这世上所有的危险都呈现给我看。”

奈斯里无休止的噩梦很快就开始了。在梦里，她无数次看到自己的父母被压在断头台上，砍刀就要落下的那一秒，她从梦中惊醒，她知道，只有她才能拯救他们……为了将那个惊悚的画面从脑海中抹去，她努力去构想另一个令人震撼的场景：一位彪悍的骑士策马狂奔，前来救援。但有时，即使奈斯里的脑海中涌现出前来救援的勇猛骑士，她还是会担心父母无法脱离危险。这种万分急迫又难以抗拒的感觉，就好像是恐怖分子闯入家中，把你的孩子、父母亲、兄弟姐妹都扣为人质，用枪指着他们说，如果你不按照他说的做他就会立马开枪。“这种灼心、无助、绝望的感觉会越来越强烈，直到你的内心被恐惧填满，”她说，“你听从他的一切指示。”这里的“他”其实就是大脑传递给奈斯里的信号，警告她如果不照做的话，灾难将会降临到她的父母身上……嗯，多年来她被迫要做的事一直在变，但是一直没变的是奈斯里心里那份不为人知的执念：“千万不能把脑海里那个幻象告诉任何人，因为如果说出去了，它就真的会发生。所以无论如何都不能让别人知道。”

奈斯里在20多岁的时候去看了心理医生，她终于知道，原来自己患上了强迫症。但她根本无力反抗，索性就任由它摆布，去做着那些看起来毫无意义的仪式行为，例如，“数数字4”。奈斯里数数必须数到4，娃娃、书、毛绒玩具也都必须摆成4排，做所有事情都要跟数字4搭边，因为她觉得只有这么做才能让父母脱离险境。当被焦虑感压抑得无法喘息时，奈斯里甚至会用 4 的倍数，如 16 和 32，来予以回击。

奈斯里曾兼任某公司销售代表和营销经理，每天工作 13 ～ 15 小时。对她来说，疯狂地投入工作是遏制头脑中焦虑想法的唯一办法。因为只要她全神贯注地去做一件事，她的大脑就无暇顾及那些危险的想法了。看心理医生并没有给奈斯里带来任何的帮助。每见一个医生，奈斯里都会把她数 4 的强迫行为从头到尾描述一遍，就像背诵荷马史诗《奥德赛》一样长篇大论。但是，她说："他们只是告诉我停止这种想法。"（总体来说，强迫症患者可能需要与之斗争 14 年至 17 年之久才能得到最后的确诊；国际强迫症基金会曾指出，大部分的强迫症患者在求助过至少两位医生以后，才能找到一位能提供正确疗法的医生。）

强迫行为者最常听到的反馈就是"快停下吧！"，接下来的一句话通常是"你疯了啊！"但停下对奈斯里来说却是最难做到的事情。每天开车去上班的路上，她的大脑经常会问自己是否确定并且百分之百确定刚才听到的咔砰声真的只是碾压过的一个坑洼而已，会不会是撞到人了？要不要掉头回去看看？等等，这想法也太荒唐了！不，如果她立即回去的话，可能还来得及抢救伤者；好吧，还是回去看看吧；啊哦，刚才是在哪里来着？……无数次，奈斯里就这样折腾一早上，最后上班迟到。她说，这种强迫行为就像恐怖电影中的一处沼泽地里冒出的毒气一样，"正在摧毁我的生活"。

在奈斯里接近 40 岁时的某一天，她仿佛听到强迫症在耳边低声耳语，我觉得你的猫咪弗雷德在冰箱里，快要被冻死了。拜托，你在想什么呢？弗雷德怎么会跑到冰箱里？奈斯里的正常大脑反应马上反驳。但她又转念一想，当然了，去看看也没什么大不了的。其实也费不了什么力气，去看看就彻底放心了！显然，冰箱里根本就没有弗雷德的身影。这时强迫症又开口了：我觉得你应该再检查一下。奈斯里知道弗雷德肯定不在那里，但她没有离开，而是再一次拉开了冰箱门，四处查找，检查了所有的储藏格、橙汁罐之间的空隙，确定弗雷德没有躲在冰箱里。然后又一次被迫打开冰箱，就这样一遍又一遍地查看。此时的奈斯里已经完全受制于强迫症了。在这个过程中，奈斯里看到弗雷德蹑着脚从身边经过，走进客厅。她突然冒出了一个更可怕的想法：也许弗雷德会趁她不注意，瞬间移动到冰箱里。于是她再次打开冰箱检查。后来她告诉我："我也觉得这种想法太可笑了。我知道猫咪不在冰箱里，但不知为什么，我就是走不开。"

总觉得哪里不对劲儿，无法控制的行为欲望

20 世纪 80 年代以前，强迫症是一种相对罕见的精神疾病，据估计，其患病率仅为 0.005% ～ 0.05%。也就是说，在某个繁忙的夏日周五，纽约时代广场上来来往往的 2 万人群中，只有 1 到 10 个强迫症患者。然而，在接下来的 30 年里，强迫症的患病率却飞速攀升，其中的原因也引发了热议（是因为确诊标准降低？还是因为多数病例从前未被发现？）。根据美国国家精神卫生研究所现在的估算，约有 1.6% 的美国人会在某个年龄段患上这种神经精神疾病，每年约有 1% 的美国成年人，即 200 万到 300 万人发病，且男性和女性面临同样的发病风险。儿童患病率约为成年人

的一半，即每 200 个未满 18 周岁的人里面只有 1 名强迫症患者。一般来说，强迫症多发病于 10 至 12 岁或青春期后期及成年初期。在这两个阶段中，大脑中的神经元会快速发育，神经元之间迅速形成连接并且得到修饰，同时大脑皮层中无用的突触将被清理掉。这个快速发育的过程会很容易导致错误的发生。

美国精神医学学会对强迫症的一条基本描述非常简明：强迫症患者出现痛苦的、反复的、持久的想法或精神幻象，即强迫观念，它是一种干扰性的并且几乎总是“自我矛盾”的感觉。何谓“自我矛盾”？首先，这种想法并非出于患者的真实意念，它更像是一种外界想法，在侵入人的大脑后，通过一个木偶操纵者恶意拉动大脑的神经元而产生。这种想法与患者真实意念中的自己以及自己觉得正确的想法相冲突。其次，大脑的某一部分知道这种想法根本不切实际①。举几个最常见的例子，感觉手上沾满细菌、感觉某些东西“不对劲儿”、感觉灾难要降临在你爱的人头上等。因此，虽然服从这种想法能减轻焦虑，但患者并没有因此而获得快乐或满足感。他们感觉就像是在听从那个木偶操纵者的指挥，自己的大脑完全不受控制了。

人类与生俱来的大脑让每个人成为独一无二的个体。但从外界侵入大脑的想法也不甘示弱，它们让人类的精神疾病愈演愈烈。就像阿尔茨海默病的早期阶段，患者明知道自己正在失去记忆和思维却束手无策一样，强迫症发作时，患者虽意识到自己的想法很疯癫，但却无法自控。其实绝大多数强迫症患者都知道，刚从身边走过的猫不可能出现在冰箱

① 有 2% ～ 4% 的强迫症患者意识不到自己的想法不合逻辑或不理性。因此，他们认为引发自己实施强迫行为的想法是正确的。这种情况下的强迫观念并不是自我矛盾的。

里，已经检查过5次的煤气灶不可能还是开着的，不把手搓洗到生疼的干净程度也不至于让他们感染艾滋病。但他们还是觉得这些小概率事件有可能会发生，毕竟概率“再小”也不等同于零。这就足以引发一种世界末日即将来临般的恐惧，只能通过某种特定的行为来缓解。强迫症患者就像是在悬崖边开车前行一样，汽车突然打滑的一瞬间，由于太过恐惧和无助，他们根本无法理智地去想怎么防止车滑到悬崖底下去。

强迫症的另一个要素是：强迫症患者被迫做出一些重复的、仪式化的强迫行为，因为他们担忧如果不这么做，困扰着他们的可怕的事情就会成真。他们按照强迫观念的指令去实施相应的强迫行为，不然的话他们就会深受焦虑的困扰，操纵焦虑情绪的皮质醇就会在大脑中分泌出来，就像有毒物质从超级基金污染场（Superfund site）[①] 溢出一样。强迫症患者被迫做出的强迫行为五花八门，宛如最具哥特色彩的想象世界般令人意想不到。根据强迫症医院诊所的报告，最常见的两种强迫行为分别是：由于担心细菌和其他污染物而反复清洗和害怕某事存在危险诸如煤气灶没关而反复检查。

> 对老一辈美国人来说，最有名的强迫症患者当属美国著名的企业家和电影制作人霍华德·休斯（Howard Hughes）了。休斯晚年过着隐居的生活，原因竟然是他怕细菌怕得要命，也因此拒绝与外人接触。这种强迫症导致他前前后后耗费了数十亿美元的积蓄。他甚至连“准备水果罐头”这样一件小事，都会要求员工按照9个烦琐的步骤来完成，其中第三步是必须在开罐前数次清洗瓶罐表面，待充分浸泡后撕下标签，确保瓶身

① 超级基金污染场是指美国的一级严重土壤污染场所。——译者注

> “被反复擦拭，以便清除掉一切灰尘颗粒、标签碎屑等污染源”，还要“用大量的洗涤泡沫刷洗罐口周边的纹路部分”。第五步是“将罐子里的水果盛到无菌餐盘时，要确保整个过程中包括手在内的任何身体部位都不能直接出现在罐子或盘子上方。尽量让头部、上半身和手臂等部位与其保持至少 30 厘米的距离”。①

清洗本是一个正常的行为，但是在强迫症患者的大脑里被过度放大，久而久之便演变成了一种常见的强迫行为。检查原本也是出于一个合理的动机，但在强迫症患者的大脑里出现得过于频繁，渐渐发展成一种“担心某种危险会发生”的强迫观念，逼迫着患者不得不去反复检查门或煤气灶、开车返回去看看咔砰声是不是撞倒了路人等。直至最后长舒一口气：“还好没有危险！”再举个例子，很多人都会在夜里有种不放心：“呃，我锁门了吗？”

> 从 20 多岁独居开始，汤姆·索米亚克（Tom Somyak）每晚都在这种不放心中度过。他半夜三更逼着自己从床上爬起来，拖着困乏的身体走下楼，一次又一次地检查前后门锁和门闩有没有锁好，直到自己被折腾得疲惫不堪，头脑中那个挥之不去的恶魔般的想法才能平息下来。
>
> 每天早上去上班之前，那种反复检查的迫切需求令索米亚克几近崩溃。“我锁门了吗？”他被迫转身，反复确认已经检查过无数次的牢牢锁着的门。这种强迫感在白天发作起来无异于夜晚，他同样需要在数次检查以后才能放心，严重时他甚至一

① 精神病学家伊恩·奥斯本（Ian Osborn）在其 1998 年出版的《恼人思绪和秘密仪式》（*Tormenting Thoughts and Secret Rituals*）一书中详细讲述了休斯的强迫行为。

早上要返回家8次。回忆起近20年前的这段日子，索米亚克说："就是总会感觉哪里不对劲儿，我也从没尝试过反抗，就只是顺从着这种感觉去检查。"于是就导致了一遍又一遍地检查。

儿子的出生给索米亚克的生活带来了一些改变，他不再把全部的注意力都放在锁门上，转而开始担心别的危险。索米亚克每天早上都会亲自为上学前班的儿子准备午餐。一天早晨在准备儿子的午餐时，他突然神经紧绷：我刚刚摸了冰箱门，现在直接用手拿面包片做三明治。如果手上的细菌沾到面包上怎么办？于是他洗了洗手。接着他找出厨具，但担心那些厨具上次清洗得不够彻底，于是他又把厨具重新清洗了一遍。过了一会儿，他拿起果汁盒，心想这盒果汁之前在超市里还不知道被谁碰过，于是把果汁盒也清洗了一遍，唯恐把致命病菌带到孩子的食物里。"为了确保孩子的食物卫生，我花了好大精力，"索米亚克回忆道，"其实我知道，孩子每天都在地板上爬来爬去，难免会接触污垢和细菌，但这并不重要。我还是会继续这样做来保证他的安全。"索米亚克每次做午餐都要花上1个小时。他说："我知道我有些反常，但我当时认为，以后肯定会慢慢好起来的。"

中间有几年的时间，他的强迫症状减轻了许多，但之后却又以另一种形式复发了。这在强迫症患者中并不罕见。2001年，有人将含有炭疽杆菌的信件寄给纽约和华盛顿的数个媒体人和政界人士，最后造成了5人死亡，17人感染炭疽病，成为美国历史上最为严重的一次生物武器恐怖袭击，这也成了索米亚克的一块心病。索米亚克在得克萨斯州奥斯汀成立了一个强迫症治愈团队。这些炭疽病毒信件应该不至于会攻击一个强迫症治愈小团队吧。但索米亚克还是不放心，毕竟已经快 10 年过去了，这个案子还没有破案。[①] 而且谁知道恐怖分子还会流窜到哪里，接下来还会对谁下毒手呢？

于是，索米亚克不得不这么做：他不允许任何人把路口信箱里的信件直接带到屋子里。他的拆信仪式极为复杂，要花上一个半小时左右的时间才能完成。拆信前他会穿上旧衣服、戴上旧手套，然后用消毒水清洁信件表面可能直接接触皮肤的地方，接着再用一个专门的袋子来放信件……"如果我们收到的信件是跟炭疽病毒信件从同一个分拣机分拣出来的怎么办？"他问我。这个问题也不完全是杞人忧天的：康涅狄格州的 94 岁居民奥蒂莉·伦德格伦（Ottilie Lundgren）曾收到过含有致命剂量的炭疽杆菌的信件，巧的是同时收到信件的其他几个人也都得上了炭疽病。但索米亚克的担忧已经达到了一种极度病态的程度。他说："就像一个更夫在仓库里守夜，听到警报时，他就必须查明原因。这就是强迫症患者的感受。他们感觉到自己的身体被这种焦虑感填满，必须找到根源才行。"

追求"正好"的强迫行为与反复检查的强迫行为其实很相似。大多数人都认识到反复检查的强迫行为是由其背后潜在的威胁所导致的，比如无人看管的煤气灶一直点着火，家里没人而大门忘了锁上。与此类似，追求"正好"的强迫行为是源于认为某个事物存在问题或偏离计划

① 美国联邦调查局官方宣布已经找到了恐怖袭击者，称嫌疑人在罪行被证实之前已自杀。但这个消息并不一定可靠，这也就意味着破案仍遥遥无期。

的动机，患者觉得必须把一切调整得“正好”才行。他们同样会受到不理性的仪式行为的折磨，被迫默数在走到工位的途中经过了几扇门，按照字母顺序摆放厨房里的瓶瓶罐罐，或在出门之前以一个奇特的顺序依次摸几个物体。

人们那种“总觉得哪里不对劲儿”的感觉并不是从对细菌的过度担忧开始的。有些感觉“不对劲儿”的人坚信，某种走路、说话甚至思考的方式也会造成令他们难以承受的悲剧。追求正好的强迫行为还有很多极具想象力的表现形式，奈斯里对猫咪弗雷德被困于冰箱的过度担忧就是一个典型的例子。她也是为了追求一切正好：突然间，某种东西出问题了的感觉控制了大脑，随之而来的焦虑感便渗入了神经元的每个缝隙中。如果不遵守强迫指令，那么不堪的后果将令她恐惧到窒息。追求正好的强迫行为程度较轻时，通常是由于物体摆放错误而引起的，虽然只是焦虑者自己觉得摆放错了。

梅根追求“正好”的强迫行为在她 4 岁时就露出了苗头。每次到了收拾玩具的时间，特别是收拾乐高积木和得宝积木时，她从不会把玩具一股脑儿丢进收纳盒里，而是把它们全都铺在卧室的地上，深吸一口气，然后仔细研究积木的不同颜色。她观察到了有红色、蓝色、绿色和其他一些颜色，还观察到了积木有不同的形状。于是梅根瞄准了一个位置，试探着拿起一个红色四点积木块，并把它准确无误地放在那里，开始堆积。接着她又挑出一个蓝色四点积木块……但是，等一下，这个颜色和红色搭配吗，不然把它跟蓝色的放一起去？犹豫了半天，梅根的视觉渐渐变得麻木了，她也说不出这些积木块究竟该怎么摆放才最合适。梅根试验了无数个组合方案，一个声音不停地在她的耳边回荡：等等，你确定可以这么摆放吗？可能不太合适啊。

梅根告诉我："我必须把所有的积木都摆得正好。父母觉得我太顽固了，但我觉得并不是这样，只是我这种追求'正好'的强迫执念非常强大。我宁愿将玩具散落一地，也不想摆得有一丁点儿不协调。我的人生陷入了追求'正好'的焦虑之中，几乎每一分每一秒都是这样度过的。"

我们见面的时候，梅根在美国中西部一所大学的生物实验室里工作，那时她给自己设定了一个"凡事只做一次"的原则，以此来控制她的强迫行为。这个原则可以让有强迫症的人一次性把东西分好大类，然后照常去做其他的事情，这样他们就不至于为此浪费太多的时间了。如果某天下班轮到别人来收拾实验仪器，梅根会尽量控制自己的不适感；要是梅根发现有人看懂了自己的整理方式，她那种追求"正好"的焦虑感就会好很多。

强迫症是最广为人知的强迫行为，但人们熟悉它并不代表能够真正地了解它。强迫症本是一种精神障碍，却被当代流行文化包装成了一种精明的、惹人喜欢的、有人格魅力的怪癖。像电视剧《神探阿蒙》（*Monk*）中的侦探阿蒙一样，他必须把图片摆成直线，把桌子上的餐具对齐，把茶几上的杂志摆成对称的两摞，确保一切都"正好"才行。在倾听了这么多强迫症患者的心声以后，我的脑海中回想起奈斯里曾说过的一段话："你永远也看不到一个人的内心世界，所以你永远不会知道他们有多么恐惧，也永远不会知道他们在焦虑感的折磨下经历了怎样的失意潦倒、万念俱灰。大多数人对强迫症的理解仅仅是依据他们从表面上所看到的东西。如果有人说‘哦，我有点儿强迫症’，他们很有可能根本就不知道强迫症究竟是怎么一回事儿。”

如果一个想法尚未让你体验到自己的孩子被人拿枪指着脑袋般的恐惧感或血管下一秒钟就要爆裂的紧张感，如果它还不至于让你无法正常生活，还没到必须把焦虑的根源解决掉才能去做其他事情的地步，那么，它就不是强迫症。国际强迫症基金会执行董事杰夫·西曼斯基告诉我：“强迫症一定是一种难以抵抗的、频繁出现的、干扰性的情绪，它会让你无法正常生活，压垮你的身心，让你想方设法去摆脱它。”

强迫症的诊断标准之一就是强迫行为导致患者在社交或工作中“出现显著的痛苦或障碍的临床症状”且非常“费时”。因此，“有点儿强迫症”的说法不仅是科学术语使用不当，就像说“有点儿怀孕”一样，也是对真正的患病者极大的不尊重。但有一点毋庸置疑，强迫症与其他精神疾病一样，从轻到重，程度不等。

在很长的一段时间内，精神病学家一直认为，强迫症的强迫特征就是由强迫观念引起的。举个例子，因为你总觉得手上布满了病菌，所以才会反复洗手。但后来的研究提出了另一种可能性。至少对于部分患者来说，反复出现的洗手冲动是先于对污染物的过度担忧而产生的，并不是过度担忧而导致的结果。但我们也搞不清这种反复出现的冲动到底来自何处，也许它只是一种过度化了的日常习惯而已。当大脑试图解析反复洗手这一行为时，就会自然而然地把担心污染物视为最合乎逻辑的缘由——我每隔几分钟洗一次手一定是因为手上的细菌太多。在这种情况下，强迫症的起因和核心特征应该是强迫行为，而非强迫观念。

我必须这样做，否则就不能避免灾难

从进化论的角度来看，焦虑的大脑系统自古以来就存在。在漫长的“优胜劣汰”自然选择的过程中，焦虑之所以能够被保留下来并得以不断进化，是因为焦虑有利于焦虑者的生存和繁衍，所以它代代相传。焦虑是人类本能的、情绪化的感觉，比理性的、有意识的大脑感知出现得还要早，它能够帮助人们感应到某种问题的存在。我们的祖先也曾受益于此。但不知旧石器时代的古人类究竟是因为没有感受到悄然而至的焦虑，还是感受到了却没有采取行动，而最终沦为了捕食者的猎物，没能得以进化和繁衍。而那些注意到焦虑并积极寻找其根源的人类则幸存了下来，继续繁衍生息，因此有了现在的我们。人类应对焦虑的大脑本能反应也被传承至今，即先服从焦虑的一切指令，然后再提出质疑（或根本不提出任何质疑了）。

至于奈斯里等强迫症患者为何对焦虑的反应如此激烈，答案目前尚不明确。科学家们对强迫症大脑回路的研究比任何其他强迫行为因素的研究都更为透彻。但遗憾的是，这些科学家所解读的只是大脑“如何反应”，而不是“为什么”这么反应。强迫症大脑回路的真正起因仍然缺乏足够的科研证据支撑，每一位科学家都不过是通过生活经验和遗传学知识而含糊其词地做出了解释。

焦虑是这样一种东西：当它过于猛烈、难以承受时，我们会不惜一切代价去努力缓解它。这时我们会在大脑里形成一个成本效益分析，若付出一点无足轻重的“代价”就可以大幅缓解焦虑，那这个付出就很值得。奈斯里无法摆脱猫咪弗雷德有可能被冻在冰箱里的想法，这种想法就像塔斯马尼亚恶魔（Tasmanian Devil）[①] 的爪子抓了辣椒后产生的灼热感一样，让她心神不宁，坐立不安。一个小举动就可以让这一切好起来。只要她听从大脑的指令去打开冰箱，就可以确定弗雷德没有被冻在冰箱里，从而放下心来。但确实，在奈斯里关上冰箱门的那一刻，这种想法就会再次出现。冰箱门打开又关上，关上又打开，奈斯里为平复这个想法所付出的代价越来越大。直到有一天，她终于负担不起巨大的时间成本和痛苦成本了，也终于被折磨得无法正常做事了，一切却都为时已晚。就在这时，强迫症患者的大脑知道实施一种强迫行为很有用。此时只要听从拿着枪指着你女儿脑袋的恐怖分子的命令（奈斯里的比喻），就可以让女儿免于一死，那奈斯里当然就会毫不犹豫地照做。

> 戴夫·阿特拉斯（Dave Atlas）也曾在心里做过成本效益分析，其中的利弊对他来说显而易见：他的大脑中时常会闪现家人处于险境的想法。于是他千方百计地阻止这个恐怖的想法变成现实。
>
> “我有很多过度担忧的想法”，阿特拉斯告诉我，“都是希望我自己和家人能够避开险境。如果我在网上无意间看到了一张鲨鱼照片，就会觉得这很不吉利，必须马上敲三下木头，并默念‘我的家人不会有事的，我的家人不会有事的’才行。或者当我走在街上，突然想到家人可能遭遇了一些倒霉的事情，这种想法每天会出现二三十次，我就必须敲打三下我的头才能摆

① 塔斯马尼亚恶魔，学名袋獾，现今仅分布于澳大利亚塔斯马尼亚省。袋獾是全世界体型最大的肉食性有袋哺乳动物，同时也是澳大利亚塔斯马尼亚岛特有的生物种类。袋獾以它那独特的嚎叫声和暴躁的脾气著称于世，塔斯马尼亚最早的居民因为被夜晚远处传来的袋獾可怕的尖叫声吓坏了，因此称其为“塔斯马尼亚恶魔”。——译者注

脱掉这种想法。如果有人随口说一句：‘噢，我的天！’这也会让我觉得家人们要遭殃，所以我必须面朝天空，双手合十，仿佛是为了祈求神灵不要再威胁我的家人。”

我们坐在曼哈顿金融区的一家星巴克咖啡店门口聊着天，我了解到，阿特拉斯的生活并没有因为强迫症而完全停滞。他那时正做着一份医疗保健信息技术方面的工作。但这种干扰性的强迫想法就像一个一直在哭闹、只为吸引大人注意的幼儿一样，不停地分散着他的注意力，让他无法集中精力去做事。就在他描述那种被人掐着嗓子眼儿般的焦虑感时，一辆出租车在交通堵塞的沃特街一路加速，绕过一辆行驶缓慢的货车，突然间前方变成红灯，司机一个急刹车，停在了离一位行人不到 10 厘米的地方。我不假思索地脱口而出：“噢，我的天哪！”阿特拉斯立即做了他保佑家人平安时所必须做的动作。他很自然地就把脸转向天空，双手合十，随后快速地敲打了三下他的头。

在与阿特拉斯聊完以后，我步行到纽约上城区，又去见了莉娅。莉娅刚刚大学毕业，马上要到一家日托中心工作。我们穿过 42 街，准备前往奥驰亚（Altria）集团总部附近。这一路上，她走路都格外小心翼翼，时时盯着中央车站的田纳西大理石地面、大街上的沥青路，拖着脚步，好像是害怕被绊倒一样。我们找到一张桌子坐了下来，她开始向我解释其中的原因。

“我必须让一切都保持均衡，”她说，“如果我不小心踩到了一样东西，比如一张纸，我就必须再找一张形状和大小相同的纸踩一下。再比如，如果我不小心踩到了地上的裂缝，我就必须再踩第二条裂缝来平衡一下。如果我不这么做，我的爸爸就会遭殃。”

有一次，莉娅在一家咖啡馆里买饮品，烟雾警报器突然响起，消防员及时赶到并命令在场的所有人迅速撤离。慌乱之中，莉娅没顾得上避开地上的裂缝和散落一地的垃圾。“这样就不均衡了。”之后发生了什么呢？一个井盖炸开了。“我的理智告诉我并不是因为不均衡才发生这种情况的，但我还是‘宁可信其有，不可信其无’，你能明白吗？”她说，“做这些事情其实也不需要花费什么成本。”只需要走路时格外注意一点，用一些特殊的步态就行了，而且，只要能够消灾，做出一点小小的牺牲根本就算不上什么。

她在地铁上也会做出同样的强迫行为。每次地铁进站，广播报站时，莉娅就会感到一股强烈的焦虑感在体内上升，令她喘不过气来。她必须摸一下身边的扶杆才能下车，“我会用左手摸一次，再用右手摸一次，”她实事求是地告诉我，“我就是觉得不这么做的话，后果就会很严重。如果我不这么做，我爱的人就会遭殃。”

强迫症并不是焦虑症

多年来，强迫症的分类问题一直困扰着美国精神医学学会，就像音乐学家们一直争论着鲍勃·迪伦（Bob Dylan）究竟属于民谣歌手还是摇滚歌手一样。1980 年出版的《精神障碍诊断与统计手册（第 3 版）》将强迫症与广泛性焦虑症和恐慌症等焦虑症归并在一起，因为强迫症和这些病症一样，呈现出难以抵抗的恐惧感和忧虑感，并伴有出汗、血压升高、心跳加速等症状。甚至在 1994 年出版的第 4 版中，强迫症仍然被官方定义为焦虑症的一种。

然而，从 2000 年开始，数十位精神病学家对之前的强迫症分类提出了质疑，从而推动了 2013 年《精神障碍诊断与统计手册（第 5 版）》的进步。这些专家学者们的讨论非常深奥，对外行人来说是很难理解的。他们主要质疑的是焦虑在强迫症中究竟占据着怎样的核心位置。一种观点认为，焦虑是强迫观念和强迫行为的原因。而另一种观点则认为，焦虑是强迫观念的一种表现症状，是强迫观念和强迫行为之间的过渡。例如，“世界上到处都是细菌”的想法引发了焦虑，这种焦虑会驱使大脑去寻求一种办法来消除这种令人厌恶的感觉，也就是去实施强迫行为。最终，第二种观点胜出了。焦虑不是强迫症的原动力而是中转站，始于强迫观念并引发强迫行为。这一认识为强迫症的重新归类提供了有力的证明，强迫症不应该属于“焦虑症”的一种，而应该是单独的一类。

还有一个发现给了专家委员会很大的启发：焦虑症和强迫症的大脑回路不同。大多数焦虑症都与大脑杏仁核有关，杏仁核能引发恐惧感并激活相关的大脑回路。相比之下，强迫症是大脑“忧虑回路”过度活跃的直观表现，这个回路是由大脑额叶皮层和纹状体组成的，我将在第 11 章中详细讲解。这两个结构在正常大脑中都具有发起仪式行为和监测异常现象的功能。更重要的是，研究人员并未在其他任何精神疾病中发现这一大脑回路的过度活跃表现。在近来这类发现的支持下，精神医学学会正式将强迫症从焦虑症的分类中移出，并将其定义为单独的一类精神疾病。

反复清洗和检查等强迫行为，是针对焦虑的内容而采取的一种解决办法，比如担心猫咪弗雷德在冰箱里被冻住了而去打开家里的冰箱。但是其他强迫行为，特别是那些你坚信只有做了才能确保一切正常运转、家人才能活下去的行为，与焦虑的内容并没有什么逻辑联系。它们纯粹只是一些奇怪的仪式行为，只是你的大脑已经说服了你，你坚信可以借此来抵御灾难，如以某种特定的方式摸东西、走路、数数等。诸如此类“神奇的”强迫行为通常是不易被人察觉的。某种想法引发了无法忍受的焦虑，但也只有这种想法可以与焦虑抗衡。这是一场发生在人的大脑神经囚笼里的斗争，正如卡莉所经历的那样。

无法解释原因的强迫行为

我和卡莉约在 7 月的一个周五傍晚见面。卡莉提前给我发了一封电子邮件说，她穿着机器人 T 恤衫和牛仔裤，所以那天在布莱恩公园，我一眼就认出了角落里的她。我们走上台阶去买饮料时，我问她：“你要喝什么？”这让她想到了一个数字，22。几秒钟之后，她回答说要一瓶水，我又问道：“纯净水还是气泡水？”这时她想到了第二个数字，13。当我说“我猜那边会有座位”时，第三个数字，30，在她的脑海里出现了。

这些数字是我跟她说的每句话中所包含的单词字母数。

卡莉是一名作家兼编辑，她在 16 岁时被诊断出强迫症，但其实在此之前的很多年，她就已经得上了这种病。她告诉我，从四年级开始，她在与人聊天时就会数每句话里有多少个单词，就像钢琴演奏者看着五线谱就知道指位一样，她能够自发地把每句话都转换成一个数字。不久后，她不再满足于数单词，于是便开始数字母。如果你问她喜不喜欢乔恩·邦·乔维（Jon Bon Jovi）乐队[①]的歌曲《我会为你守候》（*I'll Be There for You*），她的回答不是喜欢或不喜欢，而是准确地说出歌词里有 93 个字母，撇号也算在其中。毋庸置疑，她肯定有着一套自己的计数规则。

她还会强迫自己列举出“一个个清单”。例如，美国所有的州、加州大学的所有分校（如伯克利分校、欧文分校等）、俄亥俄州的所有公立大学、电视连续剧每一集的名称［她可以说出《脱线家族》（*The Brady Bunch*）全部 117 集的名称］、麻省理工学院的全部专业和宿舍楼名，而且她给每一个专业都配了编号，那天我们聊天时她一口气说了一遍全部的专业：环境工程专业是 1 号；机械工程专业是 2 号；材料科学与工程专业是 3 号；等等。如果不小心忘了其中一个，她就会因没说全而产生焦虑感。因此，她会想尽一切办法努力想起来。要是她身边没有电脑而无法上网搜索的话，她整个人就会呆滞住。“有一次，我忘了七姐妹女子学院中的第七所是什么，我在床上躺了半个小时，直到我想起瓦萨尔学院，才又继续去做别的事情，”卡莉一边说着，我们一边绕过黄昏中路边的乞丐，“如果我想不起来，我的猫就会活不了了。”

她记得很清楚，这种焦虑并没有直接导致什么严重的事件发生。相反，这种精神上的强迫行为产生于一种信念：如果不

① 乔恩·邦·乔维，1962 年出生于美国新泽西州，是美国新泽西州流行金属、硬摇滚乐队邦·乔维（Bon Jovi）的创始团员和主音，也是一位作曲家和演员。——编者注

数句子中有多少个单词和字母，不列举每一项，那么她自己或家人就会遭殃。她说，这个信念在她的头脑中一直挥之不去，如果不做这些强迫行为的话，她就会越发焦虑。上课时，数老师的话中有多少单词或字母，给她的数学、历史等学科的学习增加了很大的难度，这就如同边打鼓边游泳一样，可想而知有多么艰难。但庆幸的是，卡莉最终凭借自己优秀的写作才能和顽强的意志力顺利完成了大学学业。

卡莉的强迫行为不只限于数单词和字母。读到或听到癌症一词也会引发卡莉的焦虑，她很担心自己所爱的人会得癌症。她每次都会用一块具有魔力的橡皮将这种令人闻风丧胆的字眼擦除掉，这已经成为她无法摆脱的一种强迫行为。在一位朋友被诊断出患有“甲状腺癌”时，卡莉在谷歌上对这种疾病进行了搜索，接着她会关闭页面，再在搜索框输入“溃疡性结肠炎”。她认为，这个无大碍的病会把之前癌症页面的威力消灭掉，而且她会选择一个与前者首字母相同的疾病输进去。粉红色是卡莉的眼中钉，原因是乳腺癌防范宣传的主色调就是粉红色。遇到粉红色时，她就会立即将目光投向别处，让自己全神贯注地盯着另一种颜色看，从而将眼中的粉红色过滤掉。她说：“每到10月，也就是乳腺癌防治月，整个世界仿佛都笼罩在粉色的泡泡糖中，你肯定能想象得到，这对我来说有多么煎熬。每次看到粉色，我都要赶快想想别的什么事，比如搜索‘结肠炎’。”

对于强迫症患者来说，新的强迫行为会出现，有时旧的强迫行为也会消失，但专家尚且无法解释其中的原因。目前也还没有人研究过为什么强迫症患者会被迫去实施某些特定的强迫行为。强迫症通常与患者亲历的事情相关，这些事情可能来自患者的个人生活，也可能是他们曾经目睹的事情。马克·亨利（Mark Henry）的强迫症来自一部电影。

> 11 岁时，亨利随家人搬到了另一个州。在新家，他偶然看了一部 1973 年的电影《驱魔人》（*The Exorcist*）。从那以后，他就开始觉得这个陌生的、不时吱吱作响的新家闹鬼了。但是亨利想出了一个办法来吓唬鬼：从镜子前经过时，他会盯着镜子看一会儿。如果他洗完澡，急匆匆地从浴室跑回了卧室，忘了看镜子，那种喉咙里涌出的焦虑似乎会渗入他身体的每一个细胞里，他便不得不再跑回镜子前，补一遍有着魔力般的看镜子仪式。
>
> 很快，亨利觉得单单看镜子已经不够了，他不得不再增加几种驱鬼仪式。按照固定的次数穿过房门，直到感觉一切恢复了正常；以某种特定的方式穿衣服，直到他觉得魔鬼被吓走，明天不会再来了。比起看镜子和穿房门，最后一种仪式更是麻烦。亨利有时必须把校服和内衣通通脱掉才能完成这个仪式。他要求自己穿衣时必须想着"积极向上的想法"，只要有消极想法冒出来，他就必须从里到外脱掉全部的衣服，然后再重新穿一次。"这种恐惧感时而模糊，时而清晰，"他说，"发作起来的时候我的心脏怦怦直跳，整个人都坐立不安。"
>
> 一天早上，他像往常一样进行穿衣仪式，但不知怎的，他突然僵硬地站在衣柜前的地板上，一动不动，最终没能顺利穿好衣服。亨利的父母被儿子的情形吓傻了，于是第二天把他送进了一家精神疾病医院。住院期间，亨利用光了全部的家庭医疗保险，但医院提供的只是看护服务。强迫症需要借助连续的

疗程，通过认知行为疗法来进行治疗，但遗憾的是，很少有医院能提供这种疗法。

35 岁左右时，亨利发现自己又新增了几种强迫行为。那时他正在清理新公寓里的一些暖气管道，突然间他生出一种令人发愁的强迫需求：要给身边所有东西清洁消毒。他坚持认为衣服上到处都是玻璃碎屑，于是把所有的旧衬衫、牛仔裤、袜子和内裤都扔掉了。他甚至觉得头发毛囊里也塞满了玻璃碎屑，于是剃光了头发，因为他觉得这样就能让细碎的污染物畅通无阻地排出了。他无法忍受床单和毯子的纤维碎屑在眼前漂浮，于是把它们打包丢进了垃圾桶。他觉得自己的车也很脏，于是把车也卖掉了。他觉得公寓里的每一个角落似乎都爬满了脏东西，于是索性住进了一家酒店。他容不得酒店房间里有一丁点儿脏东西，只要发现了就会立即要求换房间。亨利的贴身衣服必须是丝绸的，因为丝绸给人的感觉会相对干净一些。回忆起那段时间，亨利说："就像一列失控的货运列车，飞速行驶与前车相撞，我的强迫行为也一个接一个地纷至沓来。"

亨利也组织了一个强迫症治愈团队。他很了解强迫症的成因是什么，也知道遗传基因和个人的创伤经历对强迫症易感人群有着怎样的影响。莎拉・奈斯里在车祸中与死神擦肩而过，随后大脑便告诉她世界非常危险，她必须看清各处潜伏的危险才能生存下去。而当同样面临危险时，亨利的大脑则处理得略有不同。在亨利 7 岁时，有天晚上他很想看卡通片《粉红豹》，当时家里的一位长辈正在看晚间新闻，并坚决地回绝道："不行！"接下来的场景令他一生难忘，这位长辈抓起亨利的脚踝，

> 亨利就像一只被砍倒的小鹿一样被拖进卧室里，接着被皮带殴打得皮开肉绽。他告诉我："当时我还只是个小孩子，根本就不知道该怎么办。但强迫症会使你觉得有些事情是你能控制的。每次完成镜子仪式或者穿衣仪式时，在那些短暂的瞬间，我觉得，是的，我能做得到，我可以把鬼从房子里驱赶出去。焦虑包围着我，并驱使我做出这些奇怪的仪式来与之对抗，其实这跟实际的、肉眼可见的、身体上的威胁并没什么不同，就像我又要挨打一样恐怖。我没有能力抵挡住现实中的威胁，但我可以让另一种形式的恐惧感消失。"

像亨利一样，大多数强迫症患者从发病到确诊都会经历多年的时间。这看起来很奇怪。将每隔几分钟就洗一次手、每隔一小时就检查一次门锁的迫切需求确认为强迫症会很难吗？当然，强迫症并不总是这么明显。其实对初级保健医生和临床心理学家来说，将由过度担忧脏东西和追求均衡所驱动的强迫行为确认为强迫症并不难。但强迫症的症状并不总是如此绝对。当强迫症以不同的形式出现时，特别是由过度追求"正好"的观念驱动时，初级保健医生的误诊率高达 50%。临床心理学家也差不多如此。2013 年纽约叶史瓦大学（Yeshiva University）的一项研究发现，当给随机挑选的 2550 名美国心理学会成员展示一些强迫症患者的片段并询问他们将如何诊断这些症状时，39% 的成员未能从中诊断出强迫症。

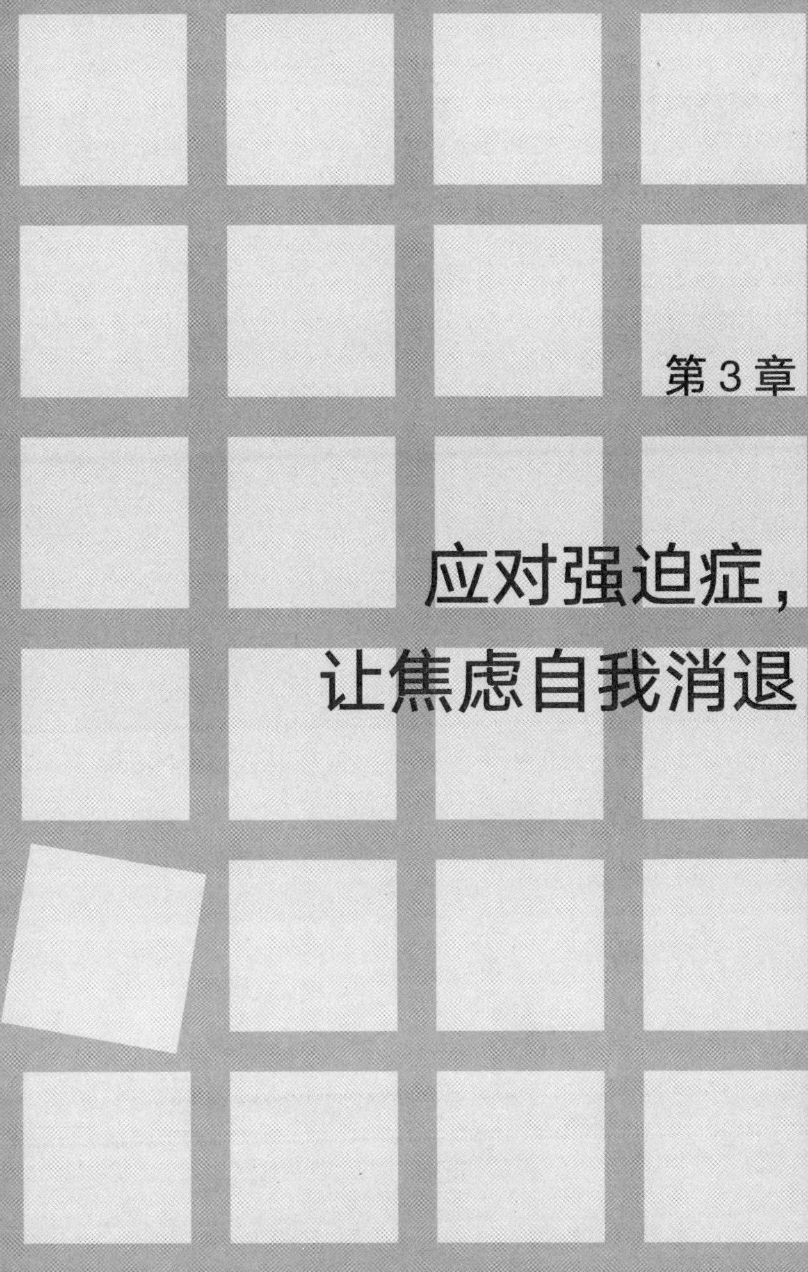

第 3 章

应对强迫症，让焦虑自我消退

苍蝇、虫子，伊桑第一次开口说话时竟然冒出了这样两个单词。你可能以为伊桑是受到了昆虫学家父母的熏陶才会如此，但其实不然。他好像天生就对生物生理学有着独特的理解，所以总是想象着吞下那些活的 6 只腿小虫子是何等恐怖，甚至似乎能感受到吞下那些东西后头部立即爆裂的场景。他还有一些很常见的强迫症，例如，他坚信要想避免睡着时呕吐，就要随着电子闹钟上小时和分钟之间分隔点的闪烁节奏眨眼，分隔点亮起时闭眼，分隔点熄灭时睁眼。可想而知，伊桑被这个方法折磨得夜夜失眠。20 世纪 80 年代早期，在伊桑 6 岁的时候，他陷入了一种自我折磨式的强迫行为中：一遍又一遍地检查自己身上是否有患重大疾病的迹象。

一开始，伊桑每次头痛都怀疑是自己长了脑肿瘤，每次发烧都怀疑是自己犯了脑膜炎。从高中起他就养成了一个习惯，每天上学会随身携带 3 个体温计。因为一个有可能会不小心摔碎，而且只有一个备用好像也不够，因此需要准备 3 个，以备不时之需。这样可以随时测量体温，就像青春期的男生随手摸下巴上长出来的胡子一样频繁。

20 多岁时，伊桑在南佛罗里达州从事演艺事业，拍了多条家喻户晓的广告，并在几部电视、电影中担任配角，从而声名鹊起。但在他 30 岁出头时，这一切却被强迫症击得粉碎。“我的强迫行为变成了做 CT 扫描。”他告诉我。他总是有种被压抑得喘不过气来的感觉，总觉得自己的头“可能”撞到了什么东西，造成了头颅出血。他对这种想法有 99% 的把握，而来自理智部分那 1% 的不确定显然发挥不了什么作用。就好像真的会有生命危险一样，伊桑开始频频跑往医院急诊室，告诉医生他的头真的被撞到了，要求马上做 CT。更有甚时，在做完 CT 扫描起身的那一刻，他都觉得，可能，只是有可能，他的头撞到了扫描机器，便又开始恐慌。还没等站起来，他就冲医生大声喊叫:“我现在需要重做一次 CT！”

研究人员也不确定该如何医治这种没有任何疾病迹象的强迫行为。有些症状，诸如患者认为自己病情严重而产生的晕头转向的焦虑，与恐慌症吻合。还有些症状，诸如检查患病症状的强迫观念和寻求治疗的强迫行为，与强迫症吻合。然而，近几年，有关强迫症的研究集中在了这样一种观点上：寻求体检和治疗的强迫行为实际上是一种独立的病症。美国精神医学学会称之为“疾病焦虑症”（illness anxiety disorder），其定义是尽管患者没有相关症状，但仍认为自己患有某种严重的疾病。该学会估计，在任一时间段内，至少有 1.3% 的美国成年人患有疾病焦虑症，而且患病率似乎仍在持续上升。大多数人都或多或少地受到对于身体健康的焦虑的影响。2015 年发表在《正念》（*Mindfulness*）杂志上的一篇研究文章指出，在任一时间段内，普通人群中都有 5% 的患者出现临床反应。

大量研究表明，有约 8% 的疾病焦虑症患者同时患有强迫症，这一比例高于普通人群中的强迫症发病率。这种疾病焦虑症以前被称为疑病症（Hypochondriasis）。但这也说明，疾病焦虑只是一种显著的强迫行为，而并非强迫症的必要临床表现。但疾病焦虑症患者确实更容易患有广泛性焦虑症［根据 2000 年《北美精神病诊所》（*Psychiatric Clinics of North America*）杂志中的一篇文章显示，患病率为 73%］、重度抑郁症（患病率为 47%，约为普通人群患病率的 2 倍）或恐惧症（患病率为 38%，普通人群患病率约为 23%）。为什么说寻求治疗的强迫行为不是强迫症？主要原因在于其带来的感受与强迫症有着一定的差别。强迫症患者通常知道自己的焦虑与实际情况不符（即强迫观念的自我矛盾性），并且想要极力摆脱掉这种焦虑。但寻求治疗的强迫行为者则不同，他们通常认定自己患有严重的疾病。伊桑就是这样的，他被某种感觉驱动着去完成相应的行为，而这种表现完全符合了强迫行为的定义：绝望的焦虑迫使他做 CT 扫描之类的筛查、诊断检测，只有这样做才能减少焦虑。但和其他强迫行为一样，只是短暂地减少焦虑罢了。

我问伊桑，他寻求治疗的强迫行为是否源于童年时期的创伤性疾病或意外事故，他似笑非笑地回望了我一眼。其实伊桑并没有那种坎坷的经历，他的记忆中只有对吞下虫子然后头部爆裂的恐惧。这恰好印证了关于该强迫行为的最新研究成果。几十年来，精神病学家一直认为，导致这种强迫行为的根源在于过去的患病经历，或是强迫行为者本人的亲身经历，或是他们目睹的亲人的经历。但正如德国的一个心理学家团队在 2014 年发表的一篇论文中所写的那样：“（对这种观念的）实证研究并不足以说明问题。”事实上，在对 240 个志愿者样本（其中约 1/3 健康样本，1/3 疾病焦虑症样本，1/3 其他焦虑症样本）进行研究后，该研究团队发现，疾病焦虑症样本小组中童年时期患过重病或经历过其他创伤的人的数量，高于健康样本小组中的对应人数，但与其他焦虑症样本小组中的对应人数并没有什么明显的差异。也就是说，童年时期的疾病和创伤很有可能会导致患者日后的焦虑，但并不是引发疾病焦虑症的绝对因素。

伊桑并不关心他的强迫行为到底源自哪里。医生告诉伊桑的父母应该把他送进精神病院，而且他可能余生都必须待在那里。后来，伊桑来到了波士顿郊外的麦克莱恩医院强迫症研究所，被关在那里两个月接受治疗。在 2011 年 1 月的一个疗程期间，杰森·伊莱亚斯（Jason Elias）博士要求伊桑使劲儿撞自己的脑袋，这便是著名的暴露与反应预防治疗法（exposure-and-response prevention），它是强迫症的标准治疗手段之一。其方法是将患者暴露于诱发其强迫行为的刺激中（如果这个刺激是细菌，就让患者触摸公共场所的门把手），不断加重刺激（在患者能忍受触摸门把手后，让其尝试触摸公共卫生间的马桶），且不允许患者实施惯用的强迫行为（洗手）。由于伊桑的强迫行为是寻求医治，所以相应的治疗方法就是让其头部受到无伤害的、无目的的击打……然后尝试阻止他去医院急诊室进行 CT 扫描。

伊桑回忆说："一开始我是拒绝的，但医护人员说，如果我不撞头的话，他们就会叫来保安。"绝望之下，他终于开始撞自己的头，好像他"撞的次数越多"，治疗师就越高兴一样。但与此同时，伊桑一直被一种前所未有的痛苦感折磨着，他终于决定在疗程中的某一天悄悄逃离强迫症治疗所，独自一人走上波士顿寒冷的大街。

暴露与反应预防治疗法

在纽约布朗克斯的蒙特菲奥里医疗中心，临床心理学家西蒙·雷戈的办公室门半开着，他弯下身子，用手拍打着地毯的一个角落说："这里怎么样？你尝试摸一下这里，这里没有人踩过。"过了一会儿，他站起来，用手去摸墙上的电灯开关。"再来摸一下这里？"他问道，"或者再来摸一下这把椅子的背面？或者再摸一下座位，这里有人坐过！""再来试试门内侧的把手好吗？这个把手只有我一个人触碰过。那门外侧的把手你敢摸吗？你会不会觉得门外侧的把手更脏，因为办公室的对面就是候诊室？"

那是暑假的第一天，雷戈在办公室里走来走去地忙活着，在送走了下午三点就诊的患者后，他才安坐下来与我交谈，他试着让我明白暴露与反应预防治疗法并不像伊桑所认为的那么恐怖。暴露与反应预防治疗法起源于 20 世纪 60 年代，当时英国心理学家维克多·迈耶（Victor Meyer）将研究受惊吓的动物的方法应用到了人类身上。如果将老鼠困住，并让其长时间暴露于令其恐惧的东西面前，那么很长一段时间后，老鼠就不再那么恐惧了。迈耶曾在第二次世界大战期间担任英国战斗机飞行员，后来战斗机于法国领空被德军击落，于是迈耶沦为了战俘。1966 年，迈耶在英国伦敦的米德尔塞克斯医院（Middlesex Hospital）第一次在患者身上尝试了暴露与反应预防治疗法。当时的那位患者对污染物有着很严重的恐惧心理，她每天大部分的时间都会用来打扫卫生。在休克治疗、药物治疗和心理治疗都没有见效的情况下，迈耶和护士将引发她焦虑的东西暴露在她面前，而且更重要的是，不允许她在此期间洗手或打扫卫生。他们断掉了她房间里的水源。4 周后，她的焦虑开始消退。8 周后，虽然她的强迫性清洁行为仍未完全戒掉，但已经不像以前那么耗时耗力了。至今，暴露与反应预防治疗法仍是最为常用的强迫症治疗手段之一。

暴露与反应预防治疗法以患者的心理为基础对其进行治疗。强迫观念使强迫症患者相信灾难迫在眉睫，只有实施特定的行为才能避免，诸如检查门锁、抓着地铁杆、把从外面沾到手上的病菌清洗掉等。由于实施强迫行为会消除焦虑，于是大脑便会意识到强迫行为在减轻令人难以承受的焦虑方面非常有效，从而渐渐习惯于第一时间做出强迫行为，这就像如果你看到一个蹒跚学步的孩子在消防通道的边缘摇摇摆摆地走路时，你也会立即采取行动去救他一样。

暴露与反应预防治疗法就是让你眼睁睁看着这个小孩，却不允许你做任何事，你忍耐着，坚持着，过了很长时间后，小孩爬到了安全地带，脱离了危险，你终于放下心来。你看，你并没有遵循强迫行为，但一切也都好起来了。当然，治疗师并不会真的将幼儿置于危险之中，只是患者自己会认为情况很危险而已。暴露与反应预防治疗法让患者逐渐暴露于引发其焦虑的情境或事物中，并期待患者摒弃实施相关的强迫行为。从理论上来讲，这个过程就是让患者等待焦虑自动消退的过程，以此来让他们意识到，焦虑可以消退，也迟早会消退。在进行暴露与反应预防治疗时，随着焦虑程度上升，却没有任何灾难发生，患者的大脑就会有所察觉。“你的大脑告诉你，你即将面临生命危险，但你没有采取任何措施来保护自己，”国际强迫症基金会的西曼斯基说，“于是你渐渐就有了辨别能力，知道什么事情可能发生，什么事情根本就不可能发生。你不会因为摸了门把手后没洗手就生病。你的大脑经过训练后逐渐意识到，发生那种可怕的事情的概率极低。”

使用暴露与反应预防治疗法的治疗师们设计了一张恐惧程度测量表。如果某位患者有着细菌无处不在的强迫观念，那么治疗师就能从该患者使用公共马桶后没洗手的反应中发现很多东西。这张测量表可以用来描述患者触摸到某种东西时的焦虑程度，比如治疗师办公室里的一个门把手。测量等级从高到低依次是：10（我要死了）；9（我可能会死）；8（也许只摸这一次我不会死）；7（这种感觉太可怕了）；6（这种感觉很糟糕）；5（我不喜欢这种感觉）等，一直到 1（我一点儿也不觉得困扰）和 0（心态平和、安静）。治疗师会控制自己，不在旁边说任何类似"没关系，你知道的，那里不会有致命细菌"的平抚患者焦虑的言语。患者必须经历让人喘不过气的紧张的焦虑感，因为这是让他们降低自身的敏感程度并逐渐对此适应的唯一途径。就拿我自己来说，把家里的恒温器长时间保持在 10 摄氏度，我就感觉不到屋子里冷了。

这就是雷戈在房间里走来走去，一会儿摸一下电灯开关，一会儿摸一下地毯上的斑点，一会儿又摸一下门边框的原因。这些都是他要求患者去做的事，然后他会对照测量表对患者进行测量。按照这张 10 级量表，"我们希望患者能够表现出足够高的等级，这样我们才能发现问题，"他解释道，"好，如果你觉得摸椅子对你来说是 4 级，那就做好准备，把手放在上面，一直放在那里。此时你有什么感觉？那是一种怎样的体验？一段时间内，你能明显感受到焦虑的增减。如果你没能坚持住而把手拿开了，那又是为什么？在拿开之前你有着什么样的感觉？"

一个完整的暴露与反应预防治疗过程通常包含 16 个疗程。患者每周接受一个疗程的治疗。每个疗程约 45 分钟，并辅以家庭作业。患者需要自己在家中完成暴露与反应预防治疗，最理想的情况是坚持每天都做。而且患者最好不断改变暴露事物或场景的形式。例如，一个人若有担心开车轧到行人的强迫观念，就要让自己尝试在各种场景下开车，在市区街道上、在高速公路上，在夜间、在白天，在下雨天、在晴天，载着乘客、独自一人开车，等等。每次路过减速带等障碍物时，阻止自己原路返回检查。"经历了多种场景以后，大脑便学会了总结概括。"西曼斯基说。大脑也渐渐地能够平息某种强迫观念所引发的焦虑，抑制实施强迫行为的欲望了。

这个治疗方法对莎拉·奈斯里来说很有效果。在治疗师的帮助下，她训练自己，让自己盯着冰箱。她能感觉到自己对猫咪弗雷德可能在冰箱里的焦虑在持续上升，但不再靠打开冰箱门检查来缓解焦虑。有时，奈斯里对自己的暴露与反应预防治疗在外人看来简直过于极端。她强迫自己在公共场所去抓门把手，即使她并没有想要开门。她甚至还会强制自己坐在地板上吃东西，每周几次，以此来克服她对污染物的过度担忧。"为了控制自己反复检查的强迫症"而让自己彻底暴露于细菌下，"就算会得上感冒或别的小毛病也是值得的，"奈斯里说，"我还是有强迫症，但它现在只是偶尔发作，不再像以前一样一直困扰着我了。"

平均来说，强迫症患者在咨询过三位治疗师以后，才能找到一个有能力医治的治疗师，并且从发病起，约延误 14 年才能找到有效的治疗手段。就拿卡莉（那个有数字母强迫行为的女人）来说，她咨询过的几位强迫症专家似乎都对暴露与反应预防治疗法并不了解。难以想象，这种情况居然还是出现在纽约这样一个精神疾病并不罕见的地方。有的治疗师使用催眠术对患者进行治疗，但并没有证据能够证明它的有效性。在亚特兰大国际强迫症基金会年会上，我随机找了几位治疗师聊天，几乎一半的治疗师竟然对暴露与反应预防治疗法一无所知，包括那些声称自己治疗过强迫症或准备治疗强迫症的治疗师。他们对如何实施这种治疗法的了解也就更无从谈起了。“从事强迫症治疗的治疗师不需要通过什么许可证考试，”纽约市儿童精神研究所强迫症治疗专家、心理学家杰瑞·布勃里克（Jerry Bubrick）说，“有的临床治疗师拿起一本强迫症指南研究一会儿，然后就敢妄言自己会治疗强迫症。强迫症治疗目前没有任何标准，相关部门也没有出台任何问责制度。”更糟糕的是，很多病症没有好转的患者都是在埋怨自己，他们并不会把问题归咎于治疗师。

但就算患者找到了有能力医治的治疗师，也不意味着他们一定能够被治愈。有 1/4 到 1/2 的强迫症患者会在某些情况下降低自己的暴露与反应预防治疗标准，因为他们根本就无法忍受治疗过程。

研究表明，积极配合的患者在接受暴露与反应预防治疗后，症状可以减少 60% ～ 80%。请注意，这个百分比针对的是积极配合者，不包括那些连暴露与反应预防治疗的一个疗程都无法坚持完成的患者。这也从侧面反映了一种令人不安的可能性，即只有那些耐得住暴露与反应预防治疗法的严格要求、那些能够从中真正受益的患者，才有希望被治愈。

那么其他强迫症患者呢？由于缺乏有资质的治疗师，许多强迫症患者最终只能接受初级保健医生的治疗。这些医生随便开一张帕罗西汀（Paxil）、左洛复（Zoloft）、百忧解（Prozac）等抗焦虑的处方给他们，便应付了事。然而，服用了这些强力药物的患者都会由于其副作用而表现出相似的症状，昏昏欲睡、神经紧张、恶心、失眠，而且对性生活的兴趣就如同屋顶坑洼里的雨水蒸发一样急剧下降。

正念认知疗法

有一种治疗方法，即正念认知疗法（mindfulness-based cognitive therapy），可以替代药物和暴露与反应预防治疗法。强迫症患者普遍认为，这种方法更有效，也更容易接受。所谓正念，起初是一种冥想法，即让患者走出自己的精神世界，冷静地审视自己大脑中的想法，不加任何判断，也不掺杂任何情绪。而“认知疗法”是正念的实质所在，即让患者评判自己的想法。例如，加州大学洛杉矶分校的神经精神病学家杰弗里·施瓦茨（Jeffrey Schwartz）开创了一种独特的强迫症正念治疗法。简单来说，就是让患者学会告诉自己，他们的强迫观念是错误的大脑信号，并不是真实的危险信号。

“正念治疗法充分利用了强迫观念的自我矛盾性。”国际强迫症基金会的西曼斯基说道。因为对于97%的强迫症患者来说，他们从大脑中得到的“总觉得哪里有些不对劲儿”的信息，是与其真实意念中认为正确的东西相悖的。正念治疗法就是让患者抢先监控到这些大脑信息，这样他们就更容易把这些想法作为异常的神经噪声处理，不予理会了。如此看来，正念治疗法似乎很简单，很容易操作。施瓦茨等人也已经证实，患者通过该方法的治疗，其大脑功能发生的改变与接受药物治疗时的改变相当。这种方法的作用过程使强迫症患者大脑内过度活跃的区域平静下来，严格来说，该区域是最有可能导致强迫症的异常区域。针对伊桑所患有的这类疾病焦虑强迫症，德国美因兹大学的心理学家弗洛里安·韦克（Florian Weck）率领的研究团队对两组患者分别施用认知疗法和暴露与反应预防治疗法。12个月后他们发现，两组患者的缓解率均能达到55%。这一发现被收录到了2015年发表于《神经精神疾病杂志》（*Journal of Nervous and Mental Disease*）的一项研究报告中。

在当下这个网络疑病症（Cyberchondria）盛行的时代，正念认知疗法的出现，对于那些习惯于用谷歌搜索症状并认为自己得了可怕的不治之症的患者来说是一个好消息。研究已经证明，正念认知疗法确实能帮助患者平息由身体感知所造成的担忧、思虑和过度警觉，让患者意识到自己只是起了几颗皮疹而已，并不是感染了什么可怕的寨卡（Zika）病毒。

牛津大学的精神病学家曾研究过一个案例，一名 40 多岁的已婚男子十几年前曾做过一个大型心脏手术，从那以后便一直遭受着对身体焦虑的折磨。他经常测试呼吸，任何一点不正常的迹象都能被他及时捕捉到。有时只是无大碍的呼吸急促，他都会当作中风或其他病症的前兆，觉得只有马上就医才能防止病发。但是在接受了正念认知疗法治疗以后，他认识到："那种患病的场景只是自己的大脑臆造出来的。"几位研究人员在 2015 年发表于《正念》杂志的一篇论文中解释到，他可以通过思维训练，将那些可怕的场景识别为毫无根据的幻想，并把触发焦虑的身体感知正视为合理的轻微疼痛或不适。在完成了为期 8 周、每周 2 小时的治疗之后，"他开始意识到大脑中出现的那种想法'只是凭空想象'而已，而他之所以会被这些想法左右，是因为他接受了它们，允许它们出现在大脑里，且'没有将它们赶走'，"研究人员记录道，"他就身处在'此时，此地'，与幻想中的那种境况毫不相干。"8 周后，他对身体的多重焦虑都消失了。

这又让我想起了伊桑，那个从暴露与反应预防治疗中逃跑的患者。

> 伊桑坚信，如果不立即就医，他很快就会死掉。但如果寻求医治，他就又会被麦克莱恩医院赶走。伊桑躺在人行道旁，

抓起一块锋利的石头戳自己的头。突然一种惶恐的感觉涌上心头，于是他开始编造故事。他一边假装自己摔倒在冰面上，受了重伤，一边练习着准备跟紧急医疗救护技术员（Emergency Medical Technician）说的话。他觉得应该装得更像点，于是二话不说一头扎进了雪堆里。他栽在雪堆里面足足有 25 分钟，四肢体温急剧下降。终于，一个过路人叫了 911，伊桑如愿以偿地做上了 CT。

后面的事情也如我们所料，强迫症治疗所识破了伊桑的诡计，把他赶了出去。治疗师们觉得，家人的严厉是治愈伊桑的最后一线希望了，好在他的父母愿意全力配合实施强迫症治疗所的计划。他们严肃地通知伊桑，如果他回到佛罗里达州的家中，他们就会报警，让警察以私闯民宅罪逮捕他。恍惚间，伊桑在波士顿南部找到了一间昏暗的破旧公寓，倒在床上，躺了整整 6 天。

躺了整整 6 天，并不是你以为的那种除去上厕所、到厨房吃零食或到门口拿比萨外卖外一直躺着的 6 天。而是躺在床上整整 6 天，不吃不喝，就连撒尿都撒在床垫上。“死亡似乎是我唯一的出路，但我又不想死。”他说。他认为不死的唯一办法就是下床，去街角的超市转转。庆幸的是，想要活下来的意愿最终战胜了强迫症疾病带给他的想死的冲动。他幡然醒悟，意识到活下来要比实施强迫行为重要得多。他重新回到麦克莱恩医院，坚持完成每周 3 天的暴露与反应预防治疗，并开始逐渐好转。他在吉他店找到一份工作，与一个女孩开始交往，最后终于能够像正常人一样生活了。2011 年，伊桑搬到洛杉矶，在那里他做起了作家、导演和制片人。2014 年，国际强迫症大会在洛杉矶举行，伊桑走上讲台，以主讲嘉宾的身份出现，讲述着他背后那些不为人知的故事。

伊桑的强迫症并未痊愈，但至少他不会再因 CT 扫描的强迫行为而无法生活了，这就足够了。在麦克莱恩医院备受煎熬的日日夜夜，在寒风凛冽的街头不堪回首的痛苦经历，让伊桑感悟很深。他开始明白，伊桑就是伊桑，不应该被频繁做 CT 扫描这样的病理性强迫行为所羁绊，更不应该把它带到如此美好的生活中。

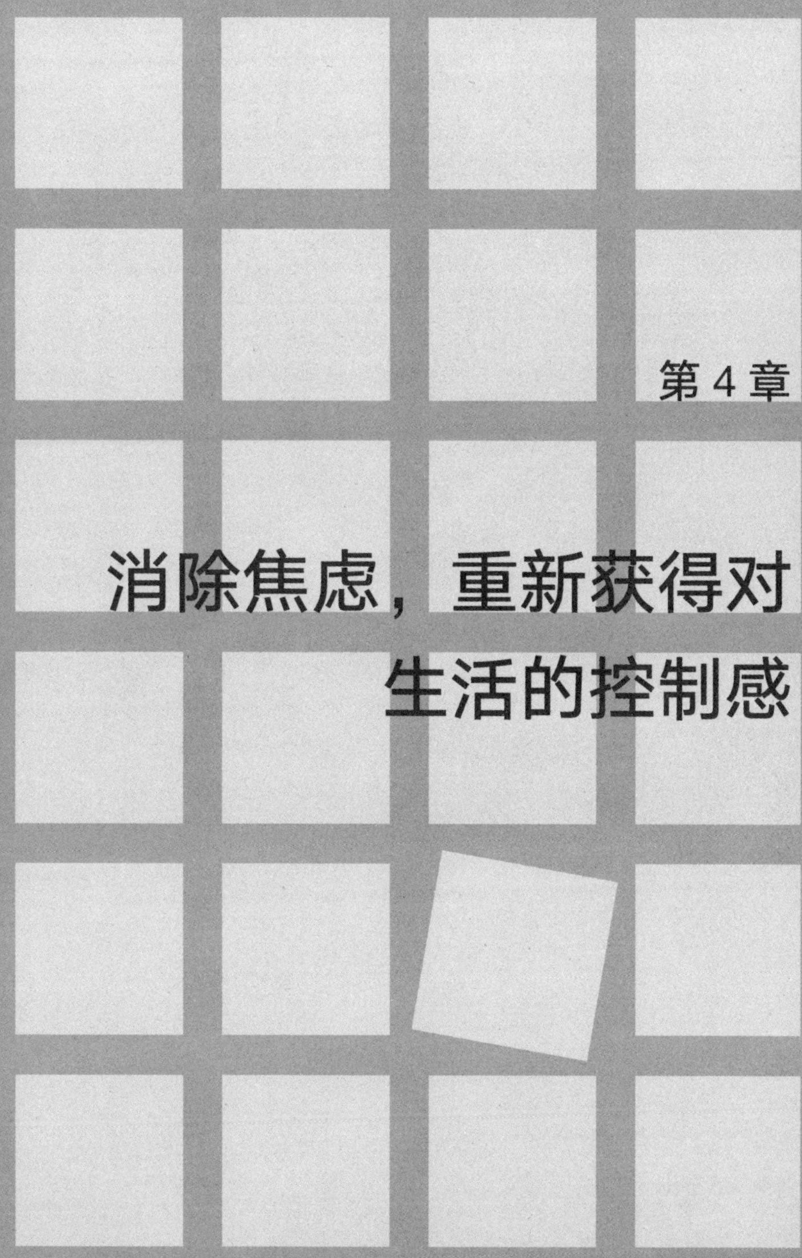

第 4 章

消除焦虑，重新获得对生活的控制感

起初，比安卡完全不明白自己为什么会被迫把家收拾得干干净净、井然有序。在她三层的大房子里，每把椅子都必须摆放在指定的位置上。浴室里的浴巾必须按照一定的方式折叠、摆放好，浅色的一堆靠外侧，深色的一堆靠里侧。待洗餐具必须严格按照固定的顺序装进洗碗机：全部正面朝下，大盘最先摆放并放在里侧，小盘放在外侧，咖啡杯、玻璃杯放在上层，按照从大到小的顺序依次从里到外摆放。厨房里，大号玻璃杯必须精准地放置在厨柜上层右侧，在下层小号玻璃杯的正上方，中号玻璃杯放置在大玻璃杯左侧；同色瓷杯挂在悬挂架上，其他颜色不匹配的瓷杯统一放到置物隔间里。但她并不强制要求房间里的布景一成不变。就算邻居家的小孩、继子继女、孙子孙女来家里玩，把屋子弄得乱七八糟，她也不会像强迫症患者看到餐椅与餐桌没有正好成直角时那样，焦虑难耐。“我心里知道，只要重新收拾一下就可以恢复到原来的样子了，所以我不会太过焦虑，”她说，“但心底的这个想要重新收拾的欲望会非常强烈，我必须把每一件东西都放回到原来的位置上。我以前常常问自己，接下来我还会遭遇什么？我要面临的下一个灾祸是什么？这一套体系起码能让我管好我家里的这一亩三分地。”

几年来，比安卡的轻度强迫行为渐渐延伸到了家务之外。在她做钢琴调音师的那些年里，每次调音时，她都能感受到一股莫名的力量，驱使她检测每一个琴键的音调，甚至她连已经调过的音也要重新检测一番。她焦虑地重复着调音，任何一个琴键都不放过。一般来说，调音师调一次音大概需要60分钟，但比安卡却经常要花费两个半小时。任何一个不易察觉的偏高或偏低的音调都会刺激到她的大脑，令她感到仿佛头皮遭受了蚊虫叮咬一般，奇痒无比、难以忍受。比安卡的轻度强迫行为还表现在她早晨的例行活动上。她每天早晨6点钟起床，练45分钟瑜伽，然后在家附近骑车75分钟。“这一套例行活动对我来说很有意义，”比安卡说，“但更重要的是，我已经习惯了，做这些事让我觉得身心舒畅。”

通过与她交谈，我了解到，比安卡的这种强烈的控制欲望其实源于她童年时的情感经历。比安卡成长于20世纪五六十年代的欧洲。那时，幼小的她对自己的生活几乎没有任何发言权，即使是最日常的小事，譬如穿什么衣服、留什么发型、卧室里放什么家具，她都无权自己决定。“就连我的朋友、我的日常活动都是由别人替我选择的。”她说。这种命运掌握在别人手中的感觉令比安卡非常不安，但更让她提心吊胆的是，她永远不确定每天早上醒来时，她要面对的是什么样的妈妈。她妈妈的情绪变化无常，一会儿暴怒，一会儿温柔体贴，一会儿又冷冰冰，这让比安卡感到很茫然，她感觉自己就像是一只漂泊在海上的小船，找不到父母的情感避风港，不知该在何处靠岸。

比安卡想要尽自己最大的努力去改善这一切，于是她想出了一个办法，这个办法在她童年时期度过的一段田园生活中得以落实。比安卡小的时候，每年夏天，全家人都会去往一个旧农庄度假。他们每次来到这里，都会给房子通风换气、清理灰尘、扫蜘蛛网、修剪草坪，再用耙子把碎草清扫干净，这样就可以住进去了。面对这么一大堆活，比安卡的妈妈不知该从何下手。“她一想到要干那么多的活就会特别郁闷，我对她说，‘我们不一定要一口气把所有的活都干完。这一路折腾了好久，我们都太累了。我们可以先把一小片草坪清理出来，准备一张桌子、几把椅子就够了，只要能先好好歇歇就行’，”比安卡回忆说，“那时我突然意识到，虽然我不能兼顾到每一件事，但只要有一小片整洁的地方能够让我静心思考就足够了。”

在比安卡 20 岁出头的时候，她与丈夫离婚，独自一人带着孩子离开瑞士，来到美国生活。然而，到了陌生的国度，生活还是一如既往的混乱、喧嚣，于是她想要建立一个平静、有序的个人空间的动机就更加强烈了。比安卡挣扎着为自己和孩子寻找出路，任何一个能给生活带来转机的机会她都会牢牢抓住。

“对我来说，让每一样东西各归其位，同时按照固定的方式做事非常重要，就算是摆放椅子、挂咖啡杯这样的小事都马虎不得，”比安卡说，“这能够让我平静下来，让我感觉到自己可以控制一些东西。但我知道，要让每件事都合我的意是不可能的，我可以容忍一些混乱，只要有一个井然有序的小角落，我就满足了。”就像农场草坪上清理出来的那一小片地一样。“如果什么都不管的话，我就会感到很紧张、很焦虑，直到把一切都整理好，我才能感觉好起来。”她总是这样提醒自己，她已经不再是那个什么事都要被别人牵着鼻子走的小女孩了。

人人有怪癖

2000年前后，精神病学家似乎对精神疾病有了更敏锐的洞察力，在他们眼里，好像到处都有精神疾病的影子。有一个研究小组称，有些人很注重藜麦扇贝的完美摆盘、追求某种面包的最佳口感，但这并不仅仅是因为他们热爱美食，而是因为他们患有“美食家综合征”（gourmand syndrome）。另一个研究小组称，有些父亲离异后忽略了孩子，没有给予孩子足够的父爱和经济支持并不是因为他们游手好闲或不想尽职尽责，而是因为他们患有“环境依赖综合征”（environmental dependency syndrome），无法将注意力集中在不在眼前的人或事物上。1997年出版的《人人有怪癖》（*Shadow Syndromes*）一书中也提到，有些人总是过了截止日期才上交报税表格，但这并不仅仅是因为他们做事拖沓、没有计划，而是因为他们患有一种尚未定性的成年人注意缺陷障碍（attention deficit disorder）。

《人人有怪癖》一书的作者之一、哈佛大学医学院的精神病学家约翰·瑞迪（John Ratey）让“人人有怪癖”这句话流行起来。这句流行语揭示了轻度精神疾病的存在，其理论依据是，过去被视作古怪、反常、罕见的人类行为、想法和情感，实际上都是精神障碍的表现。各种精神折磨病症名词纷纷问世，而精神病学家这么做的目的，似乎是想让人类意识到，我们每个人都有点疯癫。

意料之中的是，社会上的强烈反对声接踵而至。批评家们认为，这是治疗师的一种牟利手段。哈佛大学的心理学家理查德·麦克纳利（Richard McNally）在 2011 年出版的《什么是精神疾病》（*What Is Mental Illness*？）一书中写道："他们从患者的疯癫里看到了钱。"精神病学领域最杰出的代表人物之一、《精神障碍诊断与统计手册》前编辑艾伦·弗朗西丝博士在 2010 年《精神病学时代》（*Psychiatric Times*）杂志上发表的一篇文章中感叹道："曾经被视为人们日常生活中正常的疼痛和烦恼，现在却被贴上了精神障碍的标签，甚至需要依靠药物进行治疗。有些人有自己的一套做事标准，虽然过去在旁人看来也有点奇怪，但大家都能理解，然而现在他们却被视为病人。"弗朗西丝博士和合作研究人员认为，并非所有的个性和怪癖都是精神障碍的发病迹象，即便它是由强迫行为的强烈焦虑引发的，也不一定是。

然而，赞成拓宽精神疾病界限的批评家指出，精神健康与精神疾病之间的分界线很容易随着文化潮流的变化而发生变化，并对"人人有怪癖"这一论断的科学依据提出了质疑。1850 年，路易斯安那州一位名叫塞缪尔·卡特莱特（Samuel Cartwright）的医生向州医学学会汇报称，他发现了一种迄今无人知晓的疾病。他提议将其命名为漂泊症（drapetomania），该词源于希腊语 *drapetes*（意为"逃亡的奴隶"）和 *mania*（意为"疯癫"）这两个词。他在新奥尔良州的一本医学杂志上解释说，漂泊症这种精神疾病一旦发作，黑奴都敢从奴隶主眼前逃跑，因为只有疯子才敢尝试逃离奴隶制度。漂泊症最主要的症状是逃走，其次是不想被他人占有，否则，漂泊症患者便会感到不满、闷闷不乐。在我们嘲笑那个科学尚不发达的愚昧时代时，请别忘了，直到 1973 年，同性恋才被美国精神医学学会从精神障碍中移除。

从人类怪癖中发现精神疾病的尝试彻底失败了，因为长期以来精神病学一直坚持一个标准，那就是只有引起痛苦和导致功能障碍的行为，才能被划定为精神疾病症状。这样看来，很多人微不足道的强迫行为都不符合这一标准。因为强迫行为的典型特征就是能够帮助人们发挥自身功能并且消除焦虑。强迫行为能够起到缓解焦虑的作用，而不会让人感到痛苦。它们对行为实施者有益，而不会导致功能障碍。仅此一条就可以判定，比安卡不符合精神疾病的诊断标准。

虽然倡导“我们每个人都有点疯癫”的运动在很大程度上失败了，但精神健康是一个统一体的观点却被保留了下来。这种认识在很大程度上反映了神经生物学和遗传学这两个研究领域中的发现。虽然我们通过神经影像可以观测到多种导致精神障碍的大脑活动以及大脑回路的模式，但其反映的东西并不够明朗。同样，近 20 年的遗传学革命也证实，精神疾病的发病风险是由多个基因共同造成的。除了极少数的例外，单个基因的存在不足以导致某种精神障碍，而单个基因的缺失也并不一定就能保证患者幸免于该精神障碍。“统一体的观点是遗传学领域的一个重大认知突破，”斯坦福大学的神经科学家罗伯特·萨波尔斯基（Robert Sapolsky）曾对我说，“它表明，与行为和情绪相关的基因的中量遗传负荷①会造成某种人格障碍，少量遗传负荷会导致某种个性怪癖，而若一个人体内的遗传负荷微乎其微，那他就会是一个正常人。”例如，心理学家所说的“猎奇心”的特点是由 12 个左右的基因共同决定的，但是很少会有人同时拥有这 12 个基因。然而，有些人有 10 个此类基因，可能就成了毒品成瘾者，而有些人只有 1 ～ 2 个此类基因，可能重复看同一部电

① 遗传负荷是生物群体中由于有害等位基因的存在而使群体适应度下降的现象。所谓适应度是指生物能生存并把它们的基因传给后代的相对能力。——译者注

影两次就会烦躁，他们大多情绪多变、易兴奋、急性子、爱放纵，他们很可能会成为人类探险家、创新者、思想先进的潮人。同样，神经质也是由多个基因的存在而造成的。青春期的孩子晚回家一会儿就一直紧张地看手表的妈妈可能携带 1 ～ 2 个此类基因[①]，而出现功能障碍的广场恐惧症（agoraphobe）患者却很可能有 12 个此类基因。

“人人有怪癖”这个理论刚提出时，所有这些人统统被贴上了患有精神疾病的标签，无论程度轻（譬如探险家、担心孩子的父母）还是程度重（瘾君子、广场恐惧症患者）。但现在，精神病学家认识到，没有任何一种精神状态是孤立存在的。每种状态都处在统一体的某个位置上，在古怪性格和病理疾病之间，在异常行为和精神障碍之间，在顺应大流和极其疯癫之间。但它们之间的界线也在随着医学的进展和文化潮流的更替而不断发生变化。“精神障碍”这个专业术语其实仅适用于这一统一体上的一小部分。无数普通的日常行为悄悄地游移在健康与疾病之间的分界线附近。只有反证法才能推翻大部分人都是“精神病患者”的论断。比安卡等轻度强迫行为者的行为远未达到临床医学的诊断标准。

许多研究曾表明，焦虑会驱使人们去建立一个小的私人空间，并由他们对其进行管控。举个例子来说，马丁・朗（Martin Lang）在康涅狄格大学读人类学专业的研究生时，曾做过一项实验研究，该实验由来自捷克马萨里克大学（Masaryk University）的学生志愿报名参与。其中一部分志愿者的任务很具有挑战性。他们要给艺术专家小组做一个 5 分钟

---

① 特别是因为，轻微神经质警觉基因很可能是通过让我们的大脑注意潜在的威胁，而具备了适应能力。

的演讲，描述面前桌子上摆放的金属装饰物。另一部分志愿者的任务则相对轻松。他们只需观看这件艺术品并进行思考。研究人员通过心率监测器和加速度计（用于测量手腕活动水平）对每位志愿者进行观察。61名志愿者同时开始执行任务。3分钟后，研究人员要求他们用湿布擦拭自己面前的物品，直到擦干净为止。最后，研究人员以艺术专家突然有事为托词（虚构的），通知那些被分配了演讲任务的志愿者演讲取消了。

演讲组志愿者称，他们比只需观看、不用做演讲的那组志愿者更为焦虑，心率监测器所显示的数值也证实了这一点。他们的脉搏确实加快了，而且加速度计上的数值也更为直观。演讲组志愿者焦虑十足，而另一组未感到丝毫压力。两组志愿者擦拭金属艺术品的方式也有所不同。马丁·朗和其合作研究人员在2015年《当代生物学》（*Current Biology*）杂志上发表的一篇文章中描述称，前者擦得更频繁、更有目的性，且更细致，可以说更具强迫性。他们写到，“当面临复杂的、不可控的、难以预测的情况时”，人的大脑毫无防备，于是就会变得焦虑。为了缓解这种担忧的精神状态，人们就会被迫做出某些行为，那些行为可能与焦虑来源毫不相关，但却能帮助他们“重新获得对局面的控制感”。马丁·朗等人总结道：“恢复这类控制感或许可以减轻焦虑。”

也许你从未遇到过这种面对着专业人士描述一件艺术品的任务，但你很可能体验过因即将到来的谈判而焦虑的感觉。除了做几个小时的准备工作以外，你没有其他可以控制局面的办法，于是强迫性地把卧室抽屉重新整理一番。你还可能因要见男朋友的父母而感到紧张，于是强迫性地把浴缸擦得干净明亮。你一定认识很多有类似强迫行为的人吧？他们可能是马路对面的陌生人、隔壁卧室的家庭成员、瑜伽课上的健身伙伴、同床共枕的伴侣……甚至可能就是镜子中的你自己。

强迫型人格障碍并不等于强迫症

心理学领域中被广泛使用的“人格五因素模型”（Five Factor Model）通过五重特征维度，即平易近人、（对新事物的）经验开放性、神经质、外倾性和尽责性，来对每一种人格加以定义。这五种人格特征的表现程度轻重不一，它们结合在一起，便构成了人类世界纷繁复杂的人格类型。虽然心理学家对该模型的合理性褒贬不一，但它确实反映了一个公认的事实，即每个人都具备以上五种人格特征，人与人之间的区别只是程度的轻重。与强迫行为关系最紧密的因素，是尽责性。

尽责性强的人最明显的表现是守规矩、做事谨慎、尽职尽责，尤其是在对家庭和社会的道德和责任问题的处理上。与此同时，这类人往往还争强好胜、注重秩序，并且目标坚定。相反，尽责性弱的人则大多无忧无虑、任性、无计划、崇尚享乐主义、不负责任、拒绝约束、粗心大意。尽责性极强的人工作卖力，有着不易动摇的道德准则和处世观。而那些尽责性不强不弱的人，可能会去参与当地某个无关紧要的选举投票，或在别人结伴去开派对的时候，仍坚持听完一个客户的讲座，或严格遵守垃圾分类的标准方式。越靠近人类行为统一体极端的人，越注重秩序，甚至每做一件事都要有固定的规则和清单。他们为实现目标而付出努力，久而久之变成了对职业、生产率的强迫性献身者，即人们口中的工作狂。他们提升能力的欲望也越发膨胀，渐渐发展成为完美主义者。在这种极端的情况下，尽责性超出临界值，演变成强迫型人格障碍（obsessive-compulsive personality disorder，简称 OCPD）。

现在，这个统一体出现了断档。极端的尽责性可能是强迫型人格障碍，但极端的强迫型人格障碍却不是强迫症。强迫型人格障碍并不代表强迫症。一方面，令外行人甚至专家都感到惊讶的是，几乎没有强迫症患者同时也患有强迫型人格障碍，反之亦然。也就是说，几乎没有强迫症患者做事特别认真、守规矩、有责任感，而且很少有患有强迫型人格障碍的人受到强迫症患者所特有的那种被压抑得喘不过气的紧张焦虑的困扰。20 世纪 80 年代早期，布朗大学医学院的精神病学家史蒂文·拉斯玛森（Steven Rasmussen）及其合作研究人员发现了一组惊人的数据，称只有不到 20% 的成年强迫症患者同时患有强迫型人格障碍，而患有强迫型人格障碍的成年人中只有 20% 同时患有强迫症。而到了 20 世纪 80 年代后期，虽然精神病学家放宽了强迫型人格障碍的诊断标准，也只有 30% 的成年强迫症患者被诊断为同时患有强迫型人格障碍。强迫症患者中最常见的人格症状甚至不是强迫型人格。早在 1993 年，由艾奥瓦大学医学院的精神病学家唐纳德·布莱克（Donald Black）领导的研究小组做出的一项出人意料的研究发现，当强迫症患者出现人格障碍时，该障碍恰好为强迫型人格障碍的可能性很小。同年 8 月，这一结论被收录到了《美国精神病学杂志》（*American Journal of Psychiatry*）中。

事实上，强迫型人格特征并不是强迫型人格障碍患者所特有的，甚至在他们身上并不常见。恰恰相反，它们像西方婚礼上洒落的大米一样，遍布于人群之中。例如，大约有 3/4 的强迫型人格障碍患者都具备一个特征，即习惯于要求别人完全服从自己的做事方式。这其实不足为奇。这种特征在自恋型人格者和被动攻击型人格者中占比更高。

另一方面，还有一个差别也凸显了强迫症与强迫型人格障碍之间的脱节。强迫型人格障碍患者的强迫行为，与强迫症患者的强迫行为，相去甚远。你可以费些口舌来说服强迫症患者，让他们知道自己的恐惧是经不起实践检验的错误感觉。比如，你可以用医用测纸擦拭她的双手，让她看到自己的双手确实没有被病菌覆盖；你可以让他踩人行道上的裂缝，让他明白即使这样做自己的妈妈仍然活得好好的；当然，你还可以让奈斯里亲眼看到猫咪弗雷德在客厅里，而不是在冰箱里。相比之下，强迫型人格障碍患者的强迫行为通常与现实联系密切。例如，把潮湿的浴室防滑垫挂起来确实可以避免发霉，关闭空房间的灯也确实可以减少能源浪费。这样说起来，在《拯救地球的 50 种方式》（*50 Ways to Save the Planet*）和《保持家中无菌的 10 个小妙招》（*10 Tips for a Germ-Free Home*）之类的文案中，这类“规则”数不胜数，例如，把洗碗机装满再启动运行；刷牙时关掉水龙头等。如果坚持食用有机食品、喝蒸馏水、小心处理生鸡肉或每天运动 55 分钟都是强迫型人格障碍的表现，那恐怕大多数美国中上阶层的人都符合强迫型人格障碍的诊断标准了。

最重要的是，强迫症患者仿佛是在外部力量的作用下实施的强迫行为，强迫行为给患者造成了一种自我矛盾的感觉。然而，对强迫型人格障碍患者来说，强迫行为是自我和谐的。他们觉得自己的强迫行为很理智，其中的道理也显而易见、没什么好质疑的，而那些道理就是他们的核心信念、价值观和需求的直观表达，只是别人认为他们疯疯癫癫而已。由于自我矛盾与自我和谐的区别，强迫症和强迫型人格障碍给患者带来的感觉截然不同，未达到强迫型人格障碍的强迫性症状就更不用提了。强迫症患者认为，实施强迫行为是由于外来因素闯入了他们的神经系统而造成的，但强迫型人格障碍患者或自觉性极强者则认为，强迫行为就是他们真实自我的表现。

莉萨用强迫自觉来描述自己。对于急需修理电脑的人而言，莉萨就是全世界最棒的女修理师。她告诉我，当手头有一台无法运行的笔记本电脑时，“大部分人都会说，‘把电脑拧开，重新格式化硬盘就好了'"。重新格式化是挽救一台报废电脑最快的方案，比如一台蓝屏死机的电脑。但这样做会删除已存储的文档、设置、程序以及自动连接的无线网络。"我是不会这样做的，"莉萨说，"我甚至有点儿自豪，因为我会坚持找出病毒和其他问题。虽然每次都会花费我很多时间，但就算让我每小时只赚 25 美分我也愿意，我不会抱怨的。为了按照我认为正确的方式把事情做完，有时候我简直快把自己逼疯了。"

莉萨说，这种工作态度最能赢得老板的"偏爱"。这也是强迫型人格的好处：做起事来认真细致、有条不紊，同时用高标准要求自己、追求卓越。然而，综合来看就不那么尽如人意了。莉萨说："你就会想每件事都亲力亲为。"因为你觉得没有人能达到你的标准。尽管有不利的一面，但她还是认为那种自觉性是经过深思熟虑的，且完美地凸显了她的价值观和智慧，她无法摆脱。"我想不通为什么有人会觉得这种方式不对。"她说。一想到降低做事标准，莉萨就会陷入焦虑，然后要靠实施强迫行为来消除焦虑。"对于像我这样的人来说，忍受持续不断的焦虑很正常。我只是想按照正确的方式做事，确保一切正常而已。"莉萨说。

疯狂的规矩

每个人都有自己的喜好和习惯，但在强迫型人格障碍患者眼里，世界上只有他们的选择才是唯一合理的选择，就好像只有他们的选择完全符合了《十诫》和牛顿运动定律中的道德、科学和逻辑标准。强迫型人格障碍患者把它们视为必做的不二选择。他们认为自己的行为不仅正当合理，而且绝对比其他处理事情的方式要好得多，所以当有人偏离自己的行为方式时，他们对此既不能理解也无法接受。强迫型人格障碍患者对自己的行为有着“充分的理论支持”，一位化名为保罗的受访者解释道。他运营着一个有关强迫型人格障碍的主题在线论坛。那是爱思考的人才会有的强迫症。具有强迫型人格的人恨不得用博士论文级别的逻辑、理论和道德论证来证明自己实施强迫行为的选择是正确的。

> 朱莉每天都在经历着这样的事。她告诉我，她第一次与后来成为她丈夫的男友约会时，就隐隐约约感觉到他“非常挑剔”。但结婚多年以后，用“挑剔”这个词来形容他似乎已经不够用了。作为一名技术文档工程师，朱莉的丈夫对生活中的每件事都有一套“系统的处理办法”。例如，如何把毛巾卷成卷塞到女儿卧室的门缝里才能保证夜里的挡光效果最好；如何收垃圾最省力气（不能把用过的胶带直接扔到垃圾袋里，因为垃圾袋的两侧可能会粘在一起）；如何整理百叶窗的拉绳最保险，以免勒到人。“他说他花了 45 年的时间想出了处理各种事情的最佳方案，”朱莉说，“如果你不按照他的方法去做，他会觉得你很蠢。更糟糕的是，如果你做得不对，他就更无法忍受了。”

强迫型人格障碍患者的强迫行为原本是一种明智的选择，但就这样不知不觉地演变成了一种严苛的命令，其原因在于，和其他强迫行为一样，强迫型人格障碍患者的强迫行为也是源于焦虑。强迫型人格障碍患者认为，处理任何一种事情都有不容置疑的正确做法和显而易见的错误做法两种选择。只有他们自己的方法才是正确的做法。按照他们自己的方式做事才能够保证一切万无一失，否则后果将不堪设想。严格遵守规矩就像是吃下了一颗定心丸，他们坚信这样可以让混乱的世界变得井然有序，并且灾难永远不会降临到他们头上。但若无视这些规矩，一种被压抑得喘不过气的焦虑就会油然而生。

具有强迫型人格的人通常分为两种：一种人默默地遵守着自己的行为准则，不会将其强加于他人；而另一种人则想让所有人都遵守自己的行为准则。强迫型人格障碍患者将他们的各种准则称为“疯狂的规矩”。以保罗的在线论坛为例：

- 将叉子和刀装入洗碗机时，必须确保尖头朝下。
- 遥控器必须始终放在电视机顶部，即使是坐在沙发上看电视时也不例外。
- 在餐厅就餐时，永远不要和同伴点同一道菜。这样大家就可以多品尝几道菜肴。
- 每次使用完花园喷水管后要将其卷起，喷水手柄要朝向“正确”的方向。
- 开车途中，必要时越过双黄线，以尽量确保在弯路上保持直行。

即便你对其中几条疯狂的规矩似曾相识，你也未必符合强迫型人格障碍的诊断标准。根据《精神障碍诊断与统计手册（第 5 版）》，被确诊为强迫型人格障碍的患者必须满足下列 8 个标准中的 4 个：过分重视规则和细节；因过度追求完美主义而影响工作的完成；因过度专注于工作而无暇顾及休闲娱乐和人际交往；道德感过强，谨小慎微，不会灵活变通；过度囤积；花钱过于吝啬；因为觉得别人无法把事情做好而不愿把任务委派于他人；以及常见的刻板和固执。

用于测试是否患有强迫型人格障碍的卡莫测验（Cammer Test for OCPD）使用起来更加方便，答题者可以自行判断自己与其中 25 条陈述的相符程度。评分等级分别为：从不，1 分；有时，2 分；经常，3 分；几乎总是，4 分。

卡莫测验

1. 我喜欢按照自己的方式做事。
2. 我对达不到我的标准或期望的人感到不满。
3. 无论任何事，我都坚持自己的原则。
4. 我对环境的变化或人的行为改变感到不安。
5. 我对自己的财产计算得非常精确。
6. 如果没有完成任务，我会感到沮丧。
7. 我要让自己买的每样东西都物尽其用。
8. 我希望自己能把每件事情都做到尽善尽美。
9. 我遵循严格的程序来完成每天的任务。
10. 我做事一丝不苟。
11. 我为混乱的日程安排感到不安。
12. 我会提前计划好时间，所以从不迟到。
13. 环境脏乱会对我造成困扰。
14. 我把所有待办事项列成清单。
15. 轻微的身体疼痛和不适会引起我的担忧。

16. 我习惯于为一切紧急状况做好准备。
17. 我严格履行自己的义务。
18. 我希望从他人身上看到有价值的道德标准。
19. 当发现自己被别人利用时，我会深受打击。
20. 如果别人用完东西以后没有将其放回我原来摆放的位置，我会感到很不安。
21. 我保留旧物，因为以后可能还会有用。
22. 我对性生活很抵触。
23. 我发现自己总是在工作，放松的时间很少。
24. 我很重视个人隐私。
25. 我制定预算并严格执行，不会入不敷出。

如果其中的几条让你停下来思考，等一等，这么做有什么问题吗？（我在读到第 6、12、16、17、21、23、24、25 条时就这样想），那么你就会发现“人人有怪癖”这一论断的缺陷所在。精神障碍的确诊需要有一连串的症状表现，但这并不代表只要符合其中的几条症状表现就可以被确诊为某种轻度的精神障碍。很显然，卡莫测验中的很多条自我描述都能起到有益的作用，甚至能够为社会的良性运转奠定基础。

事实上，卡莫测验的标准得分在 50 ～ 70 分。如果你的得分在此区间内，即便发现自己会强迫性地做其中的很多事，你仍不属于强迫型人格障碍患者，因为强迫型人格障碍患者至少需要达到 75 分。举个例子，如果从第 1 条到第 7 条你的回答都是“几乎总是”（得 28 分），剩下 18 条的回答都是“有时”（得 36 分）。这样的组合在外行人看来确实很像强迫型人格，但其实不然，64 分仍无法构成强迫型人格障碍。尽管如此，美国国家卫生研究院《2001—2002 年美国酒精使用及相关疾病的流行病学调查》（2001—2002 National Epidemiologic Survey on Alcohol and Related Conditions）对 43 093 位美国成年人进行了访谈，发现强迫型人格障碍患者约占 7.9%（当时近 1500 万人），从而成为患病人数最多的人格障碍。10 年之后，明尼苏达大学医学院的精神病学家乔恩·格兰特（Jon Grant）带领其团队做了进一步估测，在与数千名成年人面对面访谈后得出结论：强迫型人格障碍的终生患病率为 7.8%。男性和女性的患病风险相同，其中年轻人、亚裔、西班牙裔的患病概率相对较低，受教育程度为高中及以下的人群患病概率明显较高。

我的强迫性主要体现在超市购物中。每个人都知道怎样买东西会更划算，很简单，买特价商品、买单价最低的大包装商品、使用优惠券、不冲动购买购物清单以外的商品等。我丈夫很少为家里采购，他为数不多的几次进超市采购的经历都没有遵守购物规矩，最后导致花销巨大。我对购物的强迫性要求源于我担心钱被花光的焦虑。其实我也知道，就算他在购买瑞士奶酪时不小心拿了比超市自营品牌贵 79 美分的卡夫牌奶酪，也不会对我们的生活造成太大的影响，更不至于让我们陷入靠抵押维持生计的窘境。但我仍固执地认为，每一分钱都必须省着花，否则就离连温饱都难以搞定的下场不远了。

- 空气清新剂必须位于马桶水箱的右侧，淋浴时必须放倒。
- 衣柜里的衬衫必须正面朝向左侧。
- 到达目的地之后才能停车。若遇到红灯则右转，即使你并没有打算右转。

- 每次进出浴室不要走同一条路，否则地毯会被踩坏。
- 纸币整理平整，头像面统一朝上，1 元在最上，5 元其次，接下来 10 元，按照面额从小到大依次叠放，用夹子夹好。

以上是贝夫的男朋友洗澡时总要遵循的一些规矩。起初，他的规矩非常简单合理，但到了贝夫向他提出分手的时候，他的洗澡规矩已经从最初简单合理的打开排气扇这一条增加到了十几条。贝夫无数次受到男友的责备，要么是因为她把淋浴间的门留成了 20 厘米半开而不是他规定的 15 厘米，因为他认为这是最佳距离，不仅能让热气从淋浴间内排出，而且又不妨碍浴室的使用；要么是因为她没有把毛巾挂好，没有把浴垫放回原来的位置。一起到餐馆吃饭时，贝夫的男朋友甚至不允许她点菜，因为他觉得他点的菜贝夫一定会"非常喜欢"。他总是神神秘秘的，贝夫不明白他为什么要这样。"患有这类障碍的人觉得他们可以控制任何人，"贝夫说，"甚至到了那种连自己喜欢的食物也要强加于人的程度。"各个备选方案他们都会仔细研究一番，所以会觉得他们的决定就像《消费者报告》（*Consumer Reports*）中推荐的优质冰箱一样靠谱。

对具有强迫型人格的人来说，如此极端的尽责性似乎总是很有道理，他们选择的生活方式似乎总是如此完美，比其他方式更好、更明智、更有效和更省时省力。"有时感觉这一切是因为自己热衷于追求完美和体面，"正如强迫型人格障碍主题在线论坛上的一位网友所说的那样，"找到最体面、最细致周到的做事方案，真的能给人一种满足感。这样可以保证秩序，保持和谐，从而避免混乱无序的局面发生。但有时，这似乎又反映了一种完全不理智的恐惧感，是患者面对自己和他人的无能时做出的无奈之举。”还有一位成员说：“这些规矩看似疯癫，但确实可以帮助我们更好地适应这个世界。”

甚至一个简单的折书角动作都会引起强迫型人格障碍患者的焦虑和不安，在他们看来，这丝毫不亚于亲眼看到别人拿着凿子破坏米开朗琪罗的《大卫》雕像。他们会解释说，折书角会把一本整洁有序的书“弄乱”，还会“破坏书的原貌”，把“好好的一本书变得不再完美，让人难以接受”。他们认为我们是不应该随便改变书的原貌的。与此类似的举动还有：

- 每周必须从不同的方向修剪草坪。
- 在给汽车自助加油时，在即将加满且金额达到整数或至少零头为 0.5 或 0.25 的瞬间拔下加油枪。将每次加油的日期、汽车里程数、加油量、每加仑汽油的价格、总消费金额和加油地点都记录在一个专门的小本子里。
- 按照食物产地的时区来摆放厨柜里的食物，首先是夏威夷的菠萝，随后是美国的热狗面包和意大利的面条，最后是日本的酱油。包装标签全部朝前，按照真实的世界地图顺序来摆放。
- 下车前，确保车内所有旋钮或刻度盘，如温度、风扇、音量控制钮等保持在竖直或中间的位置。

我还想要再补充一点。如果把强迫型人格障碍比作一条单人被子，那么人的行为和人格就像是一张超大双人床，二者很难实现完美匹配。人的很多行为都包含了一些强迫型人格障碍的成分，但其实该行为本身根本不是强迫型人格障碍。具体而言，有的人坚持遵守规矩，而有的人在规矩被打破时异常愤怒，这些都体现了控制行为的本质，甚至还反映了实施行为者对他人的蔑视，而这种蔑视就是自恋行为，甚至是心理虐待行为的标志。

在恋爱关系中，有这样一类男友，他们禁止女友在指定的时间段内接朋友或家人的电话。例如，周一至周六晚 8：30 之后，以及周日全天，因为他们不希望两人宝贵的“相处时间”被任何人打扰。这其实就是自恋者极强的控制欲的体现，而非强迫型人格障碍患者表现出的自觉性、追求完美主义或注重秩序等。很多妻子或丈夫给我讲述的各种“强迫型人格障碍规矩”也大多如此。如“听从我所说的一切，任何事情都不例外”“把一切事物保持成我喜欢的样子，我喜欢的才是最合理的”“任何朋友都不能占用你的时间，因为我随时都可能需要你，我永远是第一位的”“我下班回家时，让孩子在前门立正站好迎接我，就像小时候我妈妈等待我回家时一样”。再强调一次，这些都不是强迫型人格障碍患者被焦虑所驱使而做出的强迫行为，而是自恋者和极强控制欲者所下达的任性的、专横傲慢的命令。

那么，强迫型人格障碍究竟是否属于精神疾病呢？我并不是说那些制定“疯狂的规矩”、自觉性极强的人大脑不正常。他们没有看到什么幻象，也听不到什么奇怪的声音，他们并未出现功能障碍，也通常不会对自己的强迫信念和强迫行为感到不满。但是精神病学家确实将强迫型人格障碍归类为一种精神疾病，自法国神经科医生菲利普·皮内尔（Philippe Pinel）那一时代起就一直如此。皮内尔最显著的成就是解放了沙普提厄医院（Hospice de la Salpêtrière）[①] 中的大批精神病患者，并倡导

① Salpêtrière 意思是“硝酸钾”，是制造火药的重要成分。——译者注

以人道主义的方式对精神疾病进行治疗。沙普提厄疯人院是由 17 世纪中期法国国王路易十四在一个废弃的火药厂上建立的[①]，里面住着一万多名贫民和妓女，还有精神残疾者、癫痫患者以及其他神经和精神病患者。皮内尔发现，思维偏离正常轨道的人的数量之大令人震惊，他指出精神疾病患者不一定表现为疯癫，这里所谓的"疯癫"是指患者出现错觉或幻觉、智力受损或出现其他推理能力上的缺陷。皮内尔认为，人的理智与"情感缺陷"可以并存，因此即使一个人的情绪严重失控，其理性思考能力也可能是完好无损的。于是，某些人格就这样变成了"人格障碍"。

20 世纪初期，美国和欧洲的精神病学家绞尽脑汁，终于提出了人格病理学的多种表现形式。浅薄、自大以及不可靠都符合其标准，此外还有"过度"挑剔他人、爱发牢骚、冲动、缺乏安全感、喜怒无常、易怒、不成熟、冷漠、死板、顽固等。自从 1952 年《精神障碍诊断与统计手册》问世以来，该手册的每一个版本都会涵盖人格障碍的分析。多年以来，强迫型人格障碍的诊断标准变得越来越低。1980 年出版的《精神障碍诊断与统计手册（第 3 版）》要求符合 5 项标准中的 4 项，而 1987 年出版的《精神障碍诊断与统计手册（第 3 版）（修订版）》则要求符合 9 项标准中的 5 项。艾奥瓦大学的精神病学家布鲁斯·福尔（Bruce Pfohl）和南希·布卢姆（Nancee Blum）在 1995 年出版的《〈精神障碍诊断与统计手册（第 4 版）〉中的人格障碍》（*The DSM-IV Personality Disorders*）一书的一章中指出，放宽标准会导致强迫型人格障碍的患病率直接翻倍。但是他们也表示："目前尚不确定这是否代表着一种科学上的进步。"的确如此。每种人格都会演变成精神障碍吗？科学家们对这一问题的探讨在工作自觉性这一点上达到了高潮。

① 该疯人院因此得名：硝酸钾是制造火药的重要成分。

工作、工作，还是工作

强迫性工作是强迫型人格障碍的 8 个诊断标准之一，具体表现为对工作和产出的过度投入，甚至为之放弃了人际交往和休息的时间。“这是一种非常隐蔽的强迫行为，因为行为者会因此而得到回报。”得克萨斯州奥斯汀一家网站公司的经营者米歇尔这样评论道。她的公司绝对是当下这个物欲横流的社会里的一股清流。21 世纪的美国，所有人都在为功成名就而辛勤工作着，甚至连读高中的孩子也不得空闲，为美化简历，他们被父母逼着重修大学的预修课程，“具有三头六臂的工作狂”之类的称号似乎已经成为优秀者的荣誉徽章。但米歇尔却反其道而行之，命令员工不要努力工作。“在这种文化氛围中，”米歇尔说，“试图从工作狂的状态中抽身，就像在酒吧里保持头脑清醒一样困难。”

有的人只要不工作就会感到极度焦虑，这种焦虑习惯很可能是在童年时期就养成的。特别是在特定的人群中，至少是中产阶级人群中，父母受过良好的教育，通常生活在城郊或市区。“孩子们必须参加各种课外活动，保持快节奏，”米歇尔说，“这简直像疯了一样！”例如，给孩子们报名上幼儿瑜伽课和音乐欣赏课，预约与同龄人的玩耍时间，参观博物馆和科学中心，等等。“到了高中，孩子们的生活更是被各种活动占据了”。大部分的孩子只是机械地完成各种活动，根本就感受不到任何的乐趣。要知道，当焦虑取代了乐趣或其他积极情绪，成为某种行为的推动力时，这种行为就可以被定义为强迫行为。如果你在现场观看一场非正式的足球或棒球比赛，随便找几个孩子聊聊，特别是替补球员，问他们为什么来参加比赛，我敢保证你得到的答案大部分都是“我必须完成课外活动才能考上好大学”，而非“我喜欢足球”或“我喜欢棒球”。父母往往会比孩子们更积极主动，忙于安排他们上音乐课、做志愿者工作、组建体育队、担任辩论小组队长、参与编辑学校年鉴杂志等，于是本该属于孩子们的焦虑就这样转移给了父母，而本该无忧无虑的孩子们也就这样成了父母实施强迫行为的傀儡。

米歇尔从小学起便开始了强迫性的工作，这一切都是源于焦虑的驱动。“我一直想靠好成绩来吸引别人的注意。我知道，只有有所作为的人才配得到他人的关注。上大学的时候，我兼职做餐馆服务员。我走路越快，完成的活就越多，赚的小费也就越多。”一旦闲下来，她就会无比焦虑，感觉自己的身体被绷紧，亟待爆发。为了减少空闲时间，米歇尔会尽量把日程都排满，迫使自己奔波于各项任务之间，一刻都不得停歇。“我一直在走来走去，”她说，“我连看电影都坐不住，看着看着就会不自觉地站起来。我根本无法坐下来放松。除非让我一边看电影一边做点儿什么别的事情，否则我就根本看不进去；看书也是如此，除非与工作相关，或者能从中学到什么东西，否则我也根本看不进去。无论做什么事，我必须觉得有所收获才行。即使外出度假，我也要保证时时刻刻都有安排。我总是对出游同伴说，来来来，我们得去海滩、去打网球，总之我们必须在路上。”那种驱使着强迫症患者对齐相框、默念魔法数字的“正好”的感觉，在米歇尔的世界里却以另外一种形式出现，即孜孜不倦地投入工作中。

一旦停下工作，一种百爪挠心般的焦虑感便会涌上心头，这是在 9 月的一个阳光明媚的早晨，我听到的一位强迫行为者的心声！

那天，我驱车前往西点军校附近，在一家由历史建筑改造的赛尔酒店与布鲁斯共进早餐。我们在铺满漂亮石子的露台上找了一个餐桌就座，从那里我们既可以俯瞰军校的田径场，又能欣赏哈德孙河的美景。

布鲁斯从小就开始强迫性地工作，他的动机是要赶超哥哥，并获得父母和其他大人的认可。“不管哥哥取得了什么成绩，我都必须做得比他更好。”他说。这一切始于他哥哥加入童子军的时候，当时，由于与加入童子军的法定年龄相差几周，布鲁斯遗憾地被拒之门外，因此他深受打击。当时需要提交纸质证明。是的，在节约用纸时代到来之前，童子军申请者需要提交纸质文件。布鲁斯的申请材料虽然不够正式，但是相比于其他人，他的那摞申请材料足足有 22 厘米厚，非常抢眼。

时至今日，他还保留着那张自己坐在厚厚一摞申请文件上的照片。到了高中，布鲁斯开始组建各种社区青少年团体、教会团契小组、政治团体、童子军。“以及除了女子体育协会（Girls Athletic Association）之外的所有学校团体。”布鲁斯告诉我。他所做的这一切都是出于自己当时的焦虑。那种似乎真实存在的焦虑来自心底的一个疑问，我的生活被人注意到了吗？我没有碌碌无为吧？他因在棒球、足球和篮球运动比赛上表现出色而赢得了印有校名首字母的徽章。他的照片在高中的年鉴杂志上出现了 66 次。他已经知道了怎样让自己的人生光彩夺目。

从法学院毕业后，他在某个乡村社区的地方检察院找到了一份工作。“我每天都在办公室工作到凌晨两三点，我做到了，”布鲁斯回忆道，“有时，我会找一间空闲的大陪审团会议室，把 23 叠法律文件分别放在 23 个陪审员的椅子上，一口气处理 23 个案件……就这样，我渐渐在法律界站稳了脚跟。我为自己工作越来越久、越来越努力、越来越灵活、越来越高效、越来越快而感到自豪。”努力得到别人的认可，赚更多的钱，是他在 8 岁时就定下的目标。他说：“我为工作者们树立了一个榜样：能力超群、成就卓越、强大，并且值得别人尊重，我做到了。”

强迫性工作曾导致他与第一任妻子婚姻破裂。“但我下班回家还是会带回满满一公文包的文件，”他回忆说，“我的第二任妻子说，我们必须搬家，远离我的办公室，我不能每天都工作到晚上 10 点，甚至连周末都不休息。但我觉得自己必须这样工作。我的大脑必须时刻有事可做，即使我在平凡岗位上的努力换不来任何荣誉，我也必须这样做。这样做不全是为了收获美名，更重要的是为了让我的大脑始终保持工作状态，精神保持高度活跃。否则，我就会感觉极度无聊，内心空虚。”每当停下工作的时候，布鲁斯都心痒难耐，好像稍有懈怠就会丧失存在感。

只要我能赢，我就会重复这些事情

同样的焦虑催生了社会上一些常见的强迫行为，例如运动场上的强迫行为。乔治·格梅尔奇（George Gmelch）曾于 20 世纪 60 年代效力于底特律老虎队的附属联盟球队，担任一垒手。退役后，格梅尔奇对人类学产生了兴趣，因此他将自己的两大爱好结合起来：利用其他人类学家研究异国部落仪式的方式，来研究棒球比赛中的仪式。格梅尔奇对关于特罗布里恩岛（Trobriand Island）岛民的一项经典研究格外感兴趣，并深受启发。特罗布里恩岛岛民主要居住在新几内亚海岸附近的基里维纳群岛（Kiriwina Islands）上，无论是在鱼群丰富的内陆小淡水湖，还是在产量无从预测的外海，他们都总是可以想出各种聪明的捕鱼办法。人类学家布罗尼斯拉夫·马林诺夫斯基（Bronislaw Malinowski）对此曾做过深入研究，并在 1922 年出版的《西太平洋上的航海者》（*Argonauts of the Western Pacific*）一书中称，在准备去小淡水湖捕鱼时，很少有岛民会提前使用法术，因为他们认为靠自己的知识和技能就能够保证捕获量。但是准备去外海捕鱼时，他们会提前把祖先传给他们的法术仪式做一遍，坚信这么做能够保佑平安，捕鱼还会满载而归。

格梅尔奇认为棒球比赛仪式与特罗布里恩岛岛民的捕鱼仪式有着相似之处。在棒球比赛中，投球和击球的成功不仅取决于球员高超的技巧，而且取决于极大的偶然性因素。投球手的“好球”可能会意外地被击出球场，而“坏球”却可能走了狗屎运，直接被外野手接住，完成双杀。同样，击球手的完美一击可能凑巧被外野手迅速拦截，或者恰恰相反，没能好好发力却可能正好打进内外野之间，完成一个三分打点的二垒安打。因此，投球和击球都与外海捕鱼有几分相像。但相比之下，防守则几乎全靠球员的技能，除了偶尔出现的糟糕的反弹球，就像岛民在内陆小淡水湖捕鱼一样。格梅尔奇还发现，棒球运动员和特罗布里恩岛的渔民一样，也会相信法术。岛民们会祈祷避开台风，而运动员们则会祈求幸运女神的眷顾，因为他们觉得好运气比打球能力更为重要。当然，这里指的是击球和投球环节，而不是防守环节。

1992 年，格梅尔奇在《妙趣球场季刊》(*Elysian Fields Quarterly*) 上发表了一篇题为《美国棒球的迷信与仪式》[①] (Superstition and Ritual in American Baseball) 的文章。他写到，三垒手韦德·博格斯 (Wade Boggs) 曾于 20 世纪 80 年代和 90 年代先后效力于波士顿红袜队和纽约洋基队，他曾多次在比赛中发挥出色，平均打击率和打击力量都很高，于是他总结出一条经验：比赛之前必须吃鸡肉。芝加哥白袜队游击手奥兹·吉伦 (Ozzie Guillen) 在完成一场精彩比赛后，会坚持不洗球裤。旧金山巨人队投球手罗恩·布赖恩特 (Ron Bryant) 在每次赢得比赛后都会在后兜里放一块泡泡糖。来自代托纳比奇岛民队 (Daytona Beach Islanders) 的一个附属联盟球队的投球手吉姆·欧姆 (Jim Ohms)，在每次赢球后都会在运动内裤内兜里放一枚一分钱硬币，这样到了一个赛季的最后一场比赛时，他每次冲向一垒去接内野滚地球时，都会伴随着一阵阵兜里硬币相互碰撞发出的叮当声。还有一位附属联盟球队的捕手，在一场比赛中完成了三次安打后，会一直穿着当时的球衣，他在接下来一周的比赛里都打得很顺利。"当时天气又闷又热，气温将近 30℃，但我还是不愿意脱掉那件球衣，"他告诉格梅尔奇，"我又继续穿了 10 天，人们都以为我疯了。"

洋基队传奇球手米基·曼特尔 (Mickey Mantle) 在前往或

① 迷信是与超自然有关的信仰，驱使着人做出仪式行为。仪式行为是人的亲身实践，也可能与迷信之外的因素有关。

离开中外野时会强迫性地踩一下二垒的位置。另一名球员则更为细致，他在跑回到球员休息区的路上会习惯性地踩一下三垒的位置，但只在局数为 3 的倍数时才这样做。外野手约翰·怀特（John White）告诉格梅尔奇，有一次比赛，在开局之前他跑到了中野区，并从地上捡起一块碎纸屑，于是那天晚上他打得很好，并认为："这与那块碎纸屑有关。第二天晚上比赛时，我从地上捡了一张口香糖包装纸，并不出所料地取得了优异的成绩。从那以后，我每晚比赛的时候都会记得捡起地上的碎纸屑。"

投手们在外界看来既理智又神经兮兮，不过他们又有什么办法呢，他们的胜负是跟其他 8 个队友的协助紧密相关的。投手丹尼斯·格罗西尼（Dennis Grossini）是格梅尔奇在底特律老虎队附属联盟球队时的一位队友。若晚上有比赛，格罗西尼会在上午 10 点准时起床，并于下午 1 点左右到最近的餐厅就餐，吃一个金枪鱼三明治，喝两杯冰茶，然后换上上次赢得比赛时所穿的球衣和运动内裤。比赛开始前 1 个小时，他会往嘴里塞一大把嚼烟。赛场上，他每次投出好球都会摸一下球衣上印着的球队名字，每次投出坏球后都会拉一下帽子。每次对手得分的赛局结束之后，他都会去洗洗手。"我不敢打破这些习惯，"格罗西尼告诉格梅尔奇，"只要我能赢，我就会重复做这些事情。若有特殊原因没能洗手，我回到赛场就会很忐忑。总感觉哪里不太对劲儿。"

当然，仪式行为不仅仅是棒球运动员的专属。它在体育运动中无处不在。其中一个重要的原因是，体育比赛的胜负只在一念之间。于是运动员们喜欢将一种行为来与结果的好坏关联

> 起来，即使从逻辑上来讲，两件事之间根本就没有任何的联系。著名网球选手拉斐尔·纳达尔（Rafael Nadal）也有一个不为人知的仪式，每次上场时，他都会按照某种特定的方式摆放水瓶，按照一定的顺序拿起不同的毛巾，适当调整步伐以免踩到边线，并且在发球前提拉一下短裤。节间休息时，球员们会坐在边线椅子上稍事休息，而纳达尔则会默不作声地抖动双腿，就好像正在赶走蚂蚁一样。休息结束后，他会走折线返回球场，到达底线后，他就会像袋鼠一样跳起来。格梅尔奇写道，球员试图通过仪式来“控制自己的表现”。这跟强迫型人格者用疯狂的规矩来掌控自己和他人如出一辙。

无论是捕鱼、在洋基体育场上投球，还是走上温布尔顿中心球场，其中仪式行为的力量甚至道理都来自这种控制感以及实施仪式行为所带来的自信，而这两者都能转化成行为者更好的表现。正是因为有了控制感和自信，渔夫相信护身符和咒语会保佑自己避开巨浪，从而在惊涛骇浪中临危不乱，最后也更有可能活下来。击球手相信鸡肉晚餐带给自己的神奇力量，可能会对赛场更有把握，然后击出凶狠的连续安打。

我的仪式感，你的强迫行为

在某些情况下，强迫行为远非病态行为。它们非常普遍，甚至普遍到不易被人察觉。我们也称之为文化仪式。如果从它们所植根的文化之外来看，各种文化仪式似乎在人类学家眼里都非常有趣，甚至可能是强迫症的表现形式，正如20世纪90年代的研究人员所提出的那样。1994年，在美国人类学学会的《思潮》（*Ethos*）杂志上发表的一篇很有影响力的文章中，西丽·杜拉尼（Siri Dulaney）和艾伦·佩奇·费希尔（Alan Page Fishe）指出了“典型的仪式特征……也定义了一种精神疾病，即强迫症”。仪式行为和强迫症之间存在“共同的心理机制”。事实上，文化仪式和宗教仪式与强迫行为者所进行的仪式相似的说法，至少可以追溯到弗洛伊德时期。弗洛伊德认为，在这两种情况下，人们在不实施仪式行为时都会感到不安，而且在实施仪式行为时都非常认真。杜拉尼和费希尔写道，仪式行为“本质上都是具有强迫性的”。

那么，仪式行为是强迫症的表现吗？乍一看，它们与强迫症之间有着无可争辩的相似之处。纵观世界文化，每种文化都有一些特有的仪式行为。美国的原著居民祖尼人（Zuni）会将礼仪贡品分放在村庄里的6个位置，抽6大口特制的卷烟，然后朝着祖尼人的6个罗盘方向挥舞烟雾，观看6个蒙面人分别进入6个房屋，伴随着6拍节奏跳舞和吟唱圣歌，通过实施这种萨拉科（Shalako）仪式，向众神求雨、祈求健康和幸福。

于是我想，莎拉·奈斯里——那个认为4、8、16这些数字都有抵御灾难的奇特力量的人，可能更能理解祖尼人在吸完第五口烟后被迫停止或者发现他们是伴随着5拍节奏吟唱圣歌时，会是怎样的心情。这种仪式的力量就像爆破的气球一样，会瞬间消失，使其追随者陷入不安、不满足、焦虑等更糟的情绪中。仪式行为和病态强迫行为之间的这种共性使杜拉尼和费希尔认为，如果仪式行为“缺乏文化合理性……那么仪式行为可能就会是强迫症的症状”。他们补充到，事实上，每种文化中的仪式都会表现出“强迫症的各种诊断症状”。

但还有一个关键的症状值得我们注意：强迫症是自我矛盾的。强迫症中所隐藏的需求与患者知道的事实并不相符（踩到人行道上的裂缝并不会造成家人死亡或给家人带来灾祸），仿佛这些需求好像并不是患者自身的主观需求，而是神经入侵者强加给患者的。但相比之下，实施仪式行为的人往往认为仪式的要求是正确的，与自己接受的文化熏陶和教育是相互契合的，是自己发自内心的渴求，是毋庸置疑的。就连对仪式行为的作用持怀疑态度的人，也会从中获得慰藉。我的姑姑伊夫琳在世时，我总是追问她为什么要点燃安息日蜡烛之类的问题，而她每次也都非常耐心地解答。当然，她其实并不相信如果她一两个星期五的夜晚没有点蜡烛，上帝就会将她处死。“但那总会让我感觉不太对劲儿，”她说，“如果没有点蜡烛，那么我一整晚都会觉得自己还有些事情没做完，就好像我正游离于自己的躯体之外在观察自己，等待开锁之后把门推开，或者说完再见后挂掉电话，或者做点儿别的什么还没做的事情。”她说这种感觉就像听到贝多芬的《命运交响曲》开头的 G 大调时，你就会迫不及待地想听到后面的降 E 调一样。只要每周坚持完成仪式，伊芙琳就会摆脱那种极为痛苦的缺失感，那种好像错过了什么一样的焦急感。

科学家们在对仪式行为进行调查的过程中发现了同样的问题。由于人们实施仪式行为是为了在混乱的、不可预测的世界中获取某种控制感，因此几个世纪以来，仪式行为始终与强迫行为有着相似的目的：抑制焦虑。而我们也渐渐发现，仪式行为确实有这样的功效。我们不仅会在生活中的特殊时刻遵循仪式，诸如基督教的洗礼、犹太人的受戒礼、婚礼等，而且当一个致命的灾祸降临，犹如某个风和日丽的下午突发闪电天崩地裂一般将我们击打得体无完肤之时，我们也会积极利用这些仪式。哈佛大学商学院的迈克尔・诺顿（Michael Norton）和弗朗西丝卡・吉诺（Francesca Gino）让 247 名志愿者描写自己面对至亲至爱的人死亡或恋爱关系终结时的场景，其中一半志愿者只写了事情的经过，而另一半志愿者则额外写到了在亲人死亡或与恋人分手后自己所进行的一些应对仪式。后一半志愿者报告说，失去亲人或恋人带给他们的悲痛感不像前一半志愿者那么强烈。诺顿和吉诺在2014年发表于《实验心理学杂志：总论》(*Journal of Experimental Psychology：General*)上的报告中说，他们中很少有人会说，这个人离开了以后"生活变得空虚"之类的话，相反，他们觉得更能控制自己的情绪，不会过于虚弱和无助。有一位志愿者讲述道，他当时单曲循环播放《我疯狂地想念你》(I Miss You Like Crazy)这首歌；还有一位志愿者讲述到，在母亲去世后，他守了为期7日的丧期，每年到了母亲的忌日，他都会念诵祈祷文。"她已经离开我21年了。只要我还活着，每年都会这样做的。"他写道。研究人员称，这样的仪式实际上就是"一种补偿机制，旨在恢复人们遭遇损失后的控制感"。无论仪式行为是否具有强迫性，人们都觉得它能帮助自己建立或巩固那种可以掌控自己命运的感觉。至少能起到一点点的作用。

这并不是病态行为，并不比比安卡为了保持自己的小世界的秩序而做出的努力稀奇。恰恰相反。无处不在的文化仪式强烈地表明，人类会不由自主地创造并遵循仪式，就像人类创造和习得语言一样，是一种自然的本能。特定的仪式无异于某一区域特定的语言，是由我们所处的环境决定的。但是预先存在于大脑中的神经基质已经为我们所接触的一切仪式进行编码做好了准备。仪式行为一方面能够使焦虑得以控制，另一方面却使我们陷入了强迫症的魔爪。然而，将轻度强迫行为称为精神障碍，比如认为"每个人都有点疯癫"的观点，则是一种彻头彻尾的错误。就像在某种文化语境内约定俗成的仪式一样，轻度强迫行为可以为我们带来一些改变，让世界变得井然有序，让我们感受到自己至少对世界的某个小部分有一点控制力。为了消除焦虑而被迫实施某种行为，并不足以被证明为病态的。其实，这是人性的证明，更确切地说，是我们这个焦虑时代中人性的证明。

第 5 章

电子游戏中的强迫症，用打游戏对抗焦虑

打电子游戏与其他强迫行为不同。大多数人都不会轻易变成囤积症患者、强迫症患者、强迫性暴饮暴食者、强迫性运动者或强迫性购物者。他们的心理还不至于那么脆弱，他们承受焦虑的能力也足够高，因此不会轻易卷入这些行为黑洞中。相比之下，电子游戏和其他电子娱乐的诱惑则利用了人类的普遍心理。我之前说过，人们表现出强迫行为并不意味着他们的大脑有缺陷。相反，它们是人们对无法忍受的焦虑做出的反应，这种反应意味着人们对焦虑有更好的适应性。

电子游戏的诱惑力最能直观地反映这一点。电子游戏之所以如此令人着迷，是因为游戏设计师已经知道如何利用人类普遍的大脑功能。因此，几乎每个人都能感受到游戏的吸引力，抵抗不住游戏的诱惑。正如 2011 年知名的硅谷风险投资家约翰·多尔（John Doerr）在《名利场》（*Vanity Fair*）杂志上所说的那样："游戏确实不是面向每一个用户而开发的，但是据我所知，它们比其他任何事物都更具吸引力。"多尔的公司曾投资星佳社交游戏公司（Zynga）。我过去曾希望游戏设计师以及被称为游戏心理学家的新生代研究人员，能够解释其中的原因。但至少有一点我可以确定，要想确定某种打游戏的行为是强迫行为，而非成瘾，那么这种游戏就必须具备平息焦虑的功能。

在 2012 年《纽约时报杂志》的一篇报道中，自由评论员萨姆·安德森（Sam Anderson）讲述了自己玩《落 7》（*Drop 7*）这款手机游戏的强迫行为。《落 7》是 2009 年由星佳公司发布的一款益智游戏，在这款游戏中，玩家可以操控从 7×7 方格的顶部下落的圆盘，跟益智游戏《数独》很相似。“洗碗、给孩子洗澡、跟亲朋好友聊天、看报甚至写稿子的时间，我都在玩这个游戏，”安德森写道，“这款游戏就像是病人的麻醉剂、宇航员的太空逃生舱、潜水员的呼吸管，更直白地说，就像是焦虑症患者的阿普唑仑药片（Xanax）[①]。”这款游戏就像是起到了某种数字化抗焦虑药物的作用。安德森发现，“在感觉极糟糕时”，例如，“在跟妈妈拌嘴之后；在得知宠物狗可能死于癌症的时候”，玩《落 7》游戏就是一种自我治疗的方式。

一位网络评论员也认同安德森的说法，至少对他而言，电子游戏确实具有强迫行为的必要特征：它们“能减轻我的焦虑，我玩《宝石迷阵》（*Bejeweled*）的时候就是这种感觉”。该评论员解释说：“我从没意识到自己玩《宝石迷阵》玩得那么投入，直到有一天，我无意间发现自己连在理疗中心骑车时都在玩。”甚至入迷到一不小心从车上摔了下来。正如英国当代作家尼尔·盖曼（Neil Gaiman）在他 1990 年出版的诗歌《病毒》（*Virus*）中所写的那样：“你沉迷于游戏，玩得眼睛流泪、手腕疼痛、饥肠辘辘，却浑然不知。/ 只要有游戏玩，什么都无所谓……/ 我满脑子想的都是游戏；无暇思考其他事物。”

---

① 阿普唑仑是一种常见的精神药物，既可用于催眠或焦虑的辅助用药，也可作为抗惊恐药，并能缓解急性酒精戒断症状等。——译者注

这足以引起数千万人的共鸣。2013 年 5 月，越南河内的一位名不见经传的游戏设计师阮阿东（Dong Nguyen）发布了《像素鸟》（*Flappy Bird*）这款小游戏。2014 年，他在接受记者采访的时候说："我觉得这是世界上最简单的游戏了。" 这类 "不费脑的游戏" 没有故事背景、没有复杂的编程，甚至毫无美感可言，正合人们的漫无目的之意，同样也会吸引一众骨灰级玩家。《像素鸟》游戏中的小鸟基本没有什么动画动作变换（甚至连游戏名称所声称的翅膀的摆动都很不明显），玩家只需不断点击手机屏幕，就能让小鸟从一排垂直的绿色水管之间的空隙飞过。虽然如此，但恰恰因为这种不费脑的特点，这款游戏激起了一场全民比飞热潮。2014 年初，《像素鸟》游戏一跃成为苹果和安卓软件市场最受欢迎的下载软件，而其背后神秘的创造者也引起了人们的好奇。"我也搞不清《像素鸟》游戏为什么能这么火。" 阮阿东告诉《华盛顿邮报》记者。美国佐治亚理工学院（Georgia Institute of Technology）交互计算专业教授、电子游戏设计师伊恩 · 博戈斯特（Ian Bogost）写道："无数玩家对这款游戏又爱又恨，他们对此感到不可思议、非常痛苦。" 2014 年 1 月，英国某游戏网站的一个网页中专门发表了一篇题为《我讨厌像素鸟，但我玩到停不下来》（I Hate Flappy Bird，But I Can't Stop Playing It）的文章。

当然，每天下班后我们都会感觉身体疲惫，玩电子游戏确实有助于我们缓解压力、放松精神、获得一点儿成就感。而且并非所有的过度行为都是强迫行为。过度并不能证明某种事物一定具有强迫性（即使抛开 "过度" 的主观性问题）。人们为玩电子游戏而放弃其他活动、耽误工作的原因有很多。例如，打发无聊的时间、缓解拖延症、逃避社交或缓解孤独感。正如上文所述，有关游戏心理诱惑的分析研究也表明，对于一部分人来说，打电子游戏确实是一种强迫行为，但对于另一部分人来说，它则是一种具有破坏力的强迫行为。2000—2010 年，

“网络成瘾戒治学校”这类“军训式矫正中心”在某些地区兴起，专门对那些整日沉迷于电子游戏、无法摆脱这种强迫行为的未成年人进行治疗。

然而，这并不意味着这种强迫行为一定是精神障碍。在为《精神障碍诊断与统计手册》最新版确定精神障碍范围时，美国精神医学学会专家小组对约240篇关于“网络游戏障碍”的研究进行了综述，并最终决定不将其列为科学认定的精神疾病范畴，仅表示该问题值得进一步研究。目前的科学研究能确定的只有一点：即便一个人完全理智，也有可能沉迷于玩游戏。

心流，让我们对电子游戏欲罢不能

我与尼基塔·米克洛斯（Nikita Mikros）约定在“曼哈顿桥下艺术区”（Down Under the Manhattan Bridge Overpass，简称DUMBO）[①]的一个旧的海滨仓库里见面。这里是布鲁克林的一个网红时尚区，漂亮的鹅卵石街道和富有文艺气息的咖啡馆随处可见。那天他骑着自行车前来与我赴约，只见他胳膊下夹着头盔，汗流浃背，径直穿过走廊，朝我就座的方向走来。

从20世纪90年代开始，米克洛斯一直在开发视频游戏和街机游戏。在他的邀请之下，我们曾用了一整个上午的时间一

① DUMBO是布鲁克林桥下的一片艺术区，最早为工业区，变废为宝的艺术家们聚集于此，将工厂仓库变为画廊和设计工作室，小清新的餐厅和咖啡馆遍布其中，红砖墙上的个性涂鸦也展示着这片区域浓厚的艺术气息。——译者注

起谈论了很多话题，诸如为什么手机游戏巨头“国王数字娱乐公司”（King Digital Entertainment）制作的《糖果粉碎传奇》（*Candy Crush Saga*）游戏早在 2013 年就能够吸引 6600 万玩家；为什么星佳公司的《朋友猜词》（*Words with Friends*）游戏能够令像演员亚历克·鲍德温（Alec Baldwin）这样的玩家如此着迷，以至于在等待飞机起飞时忘记了看时间，而错过了飞机；为什么《俄罗斯方块》被评为史上最令人着迷的电子游戏。“虽然我们都知道，游戏开发者故意把游戏设计得令玩家着迷，”米克洛斯在写给我的邮件里说，“但遗憾的是，有些游戏设计还是让我觉得很可怕。”

米克洛斯在游戏开发圈里很有名，开发了很多火爆游戏。他的 Tiny Mantis 游戏设计公司小到只有两个房间、不到 12 个工位。那天，我跟随他走进办公室。办公室里到处都是平面显示器，显示器周围摆放着布鲁克林烘焙公司的塑料咖啡杯，周边的墙上满是外露的管道，彩绘砖墙环绕四周，天花板上的洞随处可见，几张史波克先生和熊猫的海报贴在了墙上。米克洛斯表示要去换件干爽的衣服。一分钟后，他身穿一件黑色 T 恤衫回来了，T 恤衫上面印有滴着血的蒙娜丽莎装饰图案。我本打算整个上午都看他如何在《暗黑破坏神》（*Diablo*）和《愤怒的小鸟》游戏里快速通关，但他却打开了专门为我准备的 PPT 演示文稿。我们没有打怪升级，而是一直在探讨米哈里·希斯赞特米哈伊（Mihaly Csikszentmihalyi）[①] 这位心理学家。

---

① 米哈里·希斯赞特米哈伊是“心流”（flow）理论提出者、积极心理学奠基人。其著作《创造力：心流与创新心理学》是他历时 30 年潜心研究的经典之作。该书中文简体字版已由湛庐引进，由浙江人民出版社出版。——编者注

希斯赞特米哈伊创造了“心流”这个概念，将其定义为人在全神贯注于某项活动时所表现的心理状态。当一个人处在心流状态时，他会完全沉浸于其所做的事情中，外部的任何事物几乎都无法干扰其意识。他会忘记时间，甚至连饥饿、口渴也觉察不到。经历过心流体验的人就会常常觉得：“天哪，时间都去哪儿了？我怎么突然就饿了？”

米克洛斯解释说，优秀的游戏设计师会让玩家处于心流状态。“你会体验一种忘我和忘记时间流逝的感觉，”他说，“当你玩起了游戏，不知不觉中，一转眼，已是第二天清晨了。这就是心流体验。然而，不同的人会呈现出不同的心流区域。有的玩家会因多次挑战失败、过度焦虑而最终放弃，而有的玩家还没挑战几次就会感到无聊，然后停下来。而处在两种极端之间的玩家则会从游戏中体验到乐趣。”心流的强制性非常强大，它会产生一种令人无法摆脱的体验感，让人欲罢不能。

米克洛斯说，让各个技能水平的玩家都处于“心流区域”的一个方法就是不断调整游戏难度。20 世纪 80 年代的一款经典游戏《古惑狼》（*Crash Bandicoot*）就做到了这一点。如果一个玩家的操作非常笨拙，在往移动的壁架上跳跃时屡屡失败，那么当他在游戏中死掉时，仿佛是出于同情似的，游戏设置不会让他彻底出局，而是将障碍物场景难度降低以便更容易驾驭。另外，如果一个玩家频频获胜，那么游戏难度就会随之加大。“有些玩家就是喜欢这样的感觉，”米克洛斯说，“他们觉得，‘我玩得越来越好了，所以想要接受更难的挑战，总是太简单也没什么意思’。”

> 让玩家保持在心流状态的另一种方法是给予奖励，比如在击败怪物时赋予他们一项新技能，该技能只能在接下来的几个场景中使用。“当你的技能得到了升级，以前无法应对的怪物现在就可以轻松击败了，”米克洛斯说，“先增加难度，再给你一些相对容易的任务，接着再次增加难度，然后再给你一些较为容易的任务。优秀的游戏设计师就是通过这种方式来引导你进入心流区域。”
>
> 听到这里，我说，利用游戏设计来把玩家引入心流状态的这种做法听起来真的很巧妙。虽然我明白了，要想保证游戏的吸引力，设计师对游戏功能的设计是必不可少的（它必须足够有趣，才能吸引玩家全心投入），但我仍有疑问，这些功能需要达到什么样的程度才够用？没有严格的标准，米克洛斯说：“如果我们能够准确地把握标准，那么每款游戏就都能做得像《愤怒的小鸟》那样成功了。”

《愤怒的小鸟》是由罗威欧娱乐公司开发的一款休闲益智类游戏，在问世后短短 4 年的时间内，下载量突破 20 亿次。游戏中使用虚拟弹弓发射愤怒的小鸟来击打偷鸟蛋的绿色肥猪的过程，让众多玩家无法抗拒。这是为什么呢？关于这个游戏趣味性因素的解释有很多种。它简单易学，易于操作，正好击中肥猪便会让它爆炸，这对每一个富有童心的人来说都极具吸引力。但这款游戏为何如此令人着迷，还有更深层次的原因需要我们挖掘。在游戏中，发射小鸟，成功地让肥猪爆炸，通过这一简单动作，玩家获得了奖励，随之大脑的多巴胺系统便会被触发。

在过去，科学家认为多巴胺系统只能让人体验到获得奖励的快感，带来的是一种主观感觉，但实际上，多巴胺系统远不止这么简单。多巴胺系统会对某个行为带来奖励的概率进行计算，并相应地设定大脑的期望模型。心理学家迈克尔·乔罗斯特（Michael Chorost）在 2011 年的《今日心理学》（*Psychology Today*）杂志上发表的文章中写道：“多巴胺向大脑发出信号，通知大脑奖励即将到来，比如由玻璃和木头搭建的肥猪小木屋马上就会被射出的小鸟炸成废墟。”（乔罗斯特从手机中删除了《愤怒的小鸟》，以停止自己玩这款游戏的强迫行为。）“但大脑并不知道这个奖励会有多大。射出的小鸟是会径直从小木屋的房顶擦过，还是会直接命中目标？这种不确定性会带给人一种紧张感，而大脑迫切地渴望释放这种紧张感。于是玩家受到大脑的驱使，想去做任何可能的事情来释放紧张感”，比如一次又一次地拉动虚拟的弹弓。

这就不难解释为什么很多人玩多年前流行的《空当接龙》时玩到停不下来了。然而他们并不觉得这些游戏体验令人愉悦，他们只是感到进退两难，无法从游戏的魔掌中逃脱出来，于是被迫继续玩下去。除了极少数的通关时刻以外，他们很少能从中体验到乐趣。从某种角度来说，电子游戏利用了人们内心渴望获得愉悦感的心理倾向，但却带给人们令人沮丧的游戏体验。人们明知道游戏结果可能总是令人失望的，却一遍又一遍地渴望着游戏能够带来愉悦感。那么，为什么游戏明明毫无趣味性可言，却依然如此令人着迷呢？其原因是设计师利用了人的两个常见的心理怪癖：可变性强化和间歇性强化。

间歇性强化指的是收获奖励的不同概率。有些时候，你会因为某一成就而获得奖励（例如游戏战利品或技能升级），而其他时候，同样的行为却没有带给你任何奖励。而可变性强化描述的则是一个系统，在这个系统内，针对某一个特定成就的奖励价值会随时发生变化。可变性强化和间歇性强化都在老虎机上得到了完美的诠释。多年以前，老虎机玩家只需拉动手杆，而现在，老式机器已经被电子设备所取代，玩家只需按下一个按钮。然而，同样的操作方式带来的结果却可能天差地别，有可能中头奖，也有可能血本无归。总体来看，老虎机玩家大多数时候都在输，只有极少数时候会赢或赢大奖。这就是为什么我们会在赌场里看到老虎机玩家总是纹丝不动地盯着屏幕看，就像服了迷魂药一样，机械地、强制性地不断往游戏机里投币，直到小杯子里的游戏币全部输光，他们才肯坐公交车回家。

“与老虎机一样，《暗黑破坏神 3》使用的也是可变奖励，这就是它如此具有吸引力的秘诀之一。”米克洛斯告诉我。在做出分析之前，我要先向不熟悉这款游戏的读者简单介绍一下，《暗黑破坏神》是暴雪娱乐公司（Blizzard Entertainment）于 1996 年底推出的系列游戏，《暗黑破坏神 3》是 2012 年发行的版本。这三代游戏都属于角色扮演战斗类动作游戏。在游戏中，一名玩家 / 英雄在坎都拉斯王国里四处游走，与恶鬼和其他敌人作战，以使世界摆脱恐怖之王，即暗黑破坏神。如果玩家能够顺利通过 16 个地牢关卡并到达地狱，那么他将与暗黑破坏神面对面展开终极战斗。在整个过程中，玩家可以施法术、购买武器、获取战利品，并与战士、猛兽、巫师等角色进行交流。

游戏开始的时候，玩家所能得到的奖励基本上是固定的。只要杀死怪物就能得到好处，例如人物升级或“经验值”增加（经验值越高，人物力量就越大）。然而，随着游戏的进展，奖励如解锁强力新武器或其他有助于人物生存和升级的工具等降临的概率变得越来越小，但奖励的价值却会变得越来越高。“你仍然非常期待奖励，只不过无法时时刻刻都得到，”米克洛斯说，“你已经在心里建立了一种关联，认为杀死这个恶魔或这个怪物就会收获一些好东西，比如金子、一把特殊的剑或弓等。但是到了这个阶段，由于你并不知道自己会得到什么，于是你更加期盼着，焦急地等待着。”

游戏设计师将这种现象称为“强迫循环”。它基于相应的大脑运作原理，也是多种类别游戏的开发核心。与电子邮件、短信等电子信息一样，打电子游戏也是一个充斥着成瘾行为和强迫行为活动的典型例子，它像一只会变形的恶魔一样，时而化身为强迫行为，时而化身为成瘾行为。

利用多巴胺

成瘾源于人们对愉悦感持续不断的迫切需求，而且是在愉悦感中渐渐养成的。人们最初的体验只是可以获得奖励，感到兴奋和有趣，像冒险一样刺激。这些感觉都是由所谓的大脑奖励回路生成的。当人们体验充满愉悦感的事情时，大脑奖励回路就会被激活，其组成成分神经元就会依赖多巴胺进行运作。“运作”的意思是，一个电子信号到达一个神经元末端时，就会触发该神经元释放多巴胺，于是该信号越过突触，到达下一个神经元。多巴胺穿过这两个神经元之间的间隙，被接收神经元聚集起来，就像俄罗斯“联盟号”补给飞船[①]到国际空间站集合一样。在神经元中，多巴胺与接收神经元之间的对接口被称为多巴胺受体。多巴胺和多巴胺受体的对接会触发电子信号沿着接收神经元的长度一直传播下去，直至这个过程在人的主观意识中化为一种获得奖励的感觉。于是我

① “联盟号”是俄罗斯的宇宙飞船，负责在地球与空间站之间来回运送宇航员和食品、水等物资。——译者注

们从美食、性、酒精、尼古丁中以及在游戏中杀死怪物体验到了那种获得奖励的感觉，并且深刻地、愉快地、神魂颠倒地、极度兴奋地强化着这种感觉。

然而，大脑并不像科学家最初设想的那么简单，包括大脑的奖励回路——多巴胺系统的运作。实际上，把奖励回路描述成一个期望机制更准确，因为它能够预测一种体验所能带来的奖励有多大。

为了深入解读电子游戏设计师是如何利用多巴胺系统的，我专门给心理学博士杰米·马迪根（Jamie Madigan）打了个电话。马迪根在游戏公司工作多年，他因创建“电子游戏心理”网站（The Psychology of Video Games）而在游戏界声名鹊起。他在该网站上发布了多篇相关主题的文章，其中一篇提到了“多巴胺兴奋”，他在该文中讲述了自己在玩《暗黑破坏神 3》时有多么忘我。

他告诉我，到了《暗黑破坏神 3》最后一关时，“你已经走完了整个故事主线”，一路打恶魔和怪物，终于可以迎战暗黑死神，“但还会不断获得更多的高级战利品，来杀死更多的怪物，然后再继续等待更高级的战利品”。这个游戏有十几个关卡，“你需要不断拿到更好的装备才能应付越来越难打的怪物。这是一个永无休止的过程。后来，我终于意识到，我每晚花的 3 个小时时间其实都是在重复做同样的事情，于是便开始觉得很无聊。如果人人都像我一样看透游戏中的强迫性元素，就都会对游戏的吸引力心知肚明了……”说着说着，他停了下来。

但游戏中的强迫性元素到底是什么呢？就像《暗黑破坏神》，这个被米克洛斯视为利用可变性 / 间歇性奖励模型的典型案例一样，广受欢迎的

《魔兽世界》也因通过提供不可预测的意外收获来吸引玩家而闻名。《魔兽世界》是一款于2004年发布的大型多人在线角色扮演游戏，拥有超过1000万玩家。在这个虚拟的游戏世界里，每个玩家都可以为自己设定一个角色，在每个探险任务中都要闯过多个关卡。玩家可以选择铸铁、采矿等职业，并可以掌握四项辅助技能（考古、做饭、钓鱼、急救）中的任何一项。他们自发联合起来，或加入同会组织来完成任务。加入同会组织的方式有很多，在《魔兽世界》里玩家可以使用即时聊天窗口或发布群公告，在其他游戏里玩家还可以发起语音对话。同会组织为玩家配备了完成任务的有利技能，这些任务构成了游戏的故事主线，玩家完成任务便可以获得经验值、有用的物品、技能和金钱。

《魔兽世界》等多人在线角色扮演游戏都设置了一个完整的、复杂的、有趣的虚拟世界，在那里没有严厉的父母、压榨员工的老板、毫无共同语言的配偶。这些游戏都充分利用了玩家对达成成就的渴望，然而这些成就，如征服敌人、杀死怪物、拯救公主、积累财富或地位、破解高级关卡等，根本就不是真实存在的。

但这也正是多人游戏吸引人的地方。马迪根就是被此吸引而成为一名受害者。有一天，他痛快地杀掉了《魔兽世界》里的数个匪徒，于是便有机会获得一件或多件盔甲、武器等物品。这些“战利品”将有助于他在随后的战斗和任务里发起进攻。战利品所具备的技能各不相同，玩家可以通过不同颜色的文字来区分其价值。灰色的是最低级的，白色的有一点价值，接下来按照绿色、蓝色、紫色、橙色的顺序，战利品的技能越来越高。玩家可选择的虚拟角色也具有不同等级，诸如僧侣、盗贼、巫师、战士和女巫师等“类别”都有独特的探险风格，这些虚拟角色能部署的武器和防御机制，以及通过实现不同的里程碑式成就所能获得的技能、力量和魔法也各不相同。由于马迪根所选择的角色相对不起眼，因此获得有价值的战利品的可能性也就较低。但这一天，马迪根“被掉落的战利品惊呆了：一双罕见的‘蓝色’手套，这完全就是我这类角色现在最需要的”，他回忆说。“一个低级角色在敌人身上竟然找到了蓝色物品，这太难得了，我特别震惊，”他说，“但更严重的后果是，我越来越想继续玩下去，杀掉更多的匪徒了。”

以随机掉落战利品的形式出现的间歇性强化会对大脑造成冲击，这是预期的和可预测的奖励无法做到的。“多巴胺奖励回路的运作流程对吸引人们继续玩下去非常有效。”马迪根说。要知道，多巴胺神经元可以对一种愉快的体验所能带给大脑的快感进行预测，这类神经元在奖励还未实现时就蠢蠢欲动（例如，当微波炉的“滴”声提示你美食已经好了的时候，马迪根举了这个例子）。“但这只是利用战利品来吸引玩家这一模式成功运作的部分原因，”他继续说道，“关键在于，一旦大脑知道如何预测某个事件，多巴胺神经元即将被发动起来时，若此时意想不到的、无法预测的多巴胺涌出，这些神经元就会失去理智，给你带来一个更大的冲击。就好像，我的天！这个东西怎么这么好吃！继续照做，奖励就会再次出现了！这就是那些游戏迷玩游戏时欲罢不能的原因。”

不要指望理性的大脑站出来阻止你，告诉你够了！当你在一个在线射击游戏中杀掉坏人时，当你在《GT 赛车》（*Gran Turismo*）游戏中听到汽车弯道打滑声而变速时，你兴奋到了极点，你会忘记自己本该去吃晚饭、本该准备明天的工作演讲或完成期末论文。“尽管所有的意图都是出于理性思维，但当你被射击游戏中的坏人击败，或者刚刚在其他游戏中做出了一些激动人心的举动时，你根本无暇顾及，去用同样的大脑思考事情，”马迪根解释道，“此时理智被抛在了一边，你抬起头，突然发现已经快到凌晨三点了，而且还是在工作日，然而你又嘀咕了一句‘好吧，再玩一次就睡觉……’”

米克洛斯并不看好电子游戏设计师利用人类多巴胺系统的这种行为。在这个游戏设计公司遍地开花的时代，布鲁克林区的众多地下室办公室中至少有一半都住着游戏设计师，他们大多都会在制作游戏时将强迫循环写进编程中。然而，并非所有的设计师都对这样狡猾的设计引以为豪。“让我感到不爽的是，游戏设计师完全把玩家当成了斯金纳箱（Skinner boxes）里的小白鼠，”我收拾东西准备要走的时候，米克洛斯对我说，“他们只是在对玩家进行投喂，让玩家像小白鼠一样击中按钮、获得食丸。这不是我制作游戏的初衷。我认为这是对人性的亵渎。”

电子游戏设计中的心理学

我觉得自己仿佛正在寻找《光环 3》（*Halo 3*）游戏中的复活节彩蛋，期待着能在下一个房间里，我采访的下一位专家能够进一步揭开强迫性游戏的面纱。我前往的下一站是纽约大学游戏中心。

纽约大学游戏中心位于布鲁克林的大都会技术广场。它成立于 2008 年，隶属于纽约大学蒂势艺术学院（Tisch School of the Arts），开设有两年制的游戏设计专业艺术硕士学位。游戏中心大楼里的一切设施都很新，游戏中心主任弗兰克 · 兰茨（Frank Lantz）让我乘坐前厅电梯上了楼，但他办公室的门禁卡却怎么也打不开门锁，我们在一名研究生的帮助下才顺利进入。公共休息室里游戏屏幕上的保护膜还没撕掉；未拆包装的物品也随处可见。

兰茨是游戏界一位鼎鼎有名的传奇人物，他是 Area/Code 公司的创始人之一（该公司于 2011 年被星佳公司收购）。该公司创造了诸如《犯罪现场调查：罪恶城市》（*CSI：Crime City*），《星球能源》（*Power Planets*）等 Facebook 游戏。在《星球能源》游戏中，玩家能操控自己的小星球的命运。可以建造高楼，让居民生活幸福……建立能源站，以维持星球文明正常运行。而兰茨本人也开发了多款苹果手机游戏，包括著名的益智游戏《落 7》。他还为“探索频道”的“2007 年鲨鱼周活动”制作了《鲨鱼追逐者》（*Sharkrunners*）游戏，这款游戏通过全球定位系统技术，将遥测数据导入游戏，玩家通过扮演海洋生物学家，与装有全球定位系统装置的活鲨鱼进行互动。

兰茨的办公桌上几乎没有摆放什么东西（他的大部分东西都还在搬家的箱子里），他坐在办公桌后的椅子上，感叹游戏设计终于被确立为一门正式的学科了，尤其是视它为融合了建筑和文学等不同领域的理念的一门学科。他告诉我：“大多数游戏设计师的设计灵感主要来自他们具有创新性的目标，而不是让玩家着迷之类的肤浅想法。”但是，尽管很多设计师都怀揣着开拓美学领域等伟大的想法，游戏销售公司却对此并不关心，他们只想让设计师在游戏的强制性方面多下功夫，打造出史上最令人着迷的游戏。多年前，很多青少年都可能会舍得花 59.95 美元购买《GT 赛车》（*Gran Turismo*）游戏，日本索尼公司赚得盆满钵满，直到《GT 赛车 2》问世。他们甚至觉得就算玩家以后对游戏失去了兴趣也没什么大不了的。

然而，21 世纪初，一种新的商业模式占据主导地位。玩家无须预先付费，可以先免费使用，通常是将游戏下载到移动设备，随后支付“一笔很小的费用”。例如，在《乡村度假》（*Farmville*）游戏里，玩家仅需支付 1 美元，就可以让枯萎的庄稼奇迹般地“重新焕发生机”（由于你没有细心侍弄庄稼，庄稼才会枯萎；这个任务特别烦），或者加快收割速度（这样你就可以在睡前收菜了）。《乡村度假》吸引着玩家不时去照料自己的模拟农田，因为游戏里有一个计时系统，如果你不经常侍弄庄稼，庄稼就会枯萎。很多人都不愿意失去已经到手的东西，心理学家将这种强烈的心理现象命名为“损失厌恶”（loss aversion）。

还有些游戏会让你支付 1 ～ 2 美元去跳过某个障碍，进入游戏世界中更有趣的部分，为你的虚拟化身购买更酷的服装，或为《城市小镇》（*CityVille*）游戏里的虚拟居民购买虚拟食品和饮料。在这种支付小笔费用的模式下，玩家对游戏有了强烈的依赖性。游戏的吸引力强大到令玩家玩到爱不释手的程度。“商业交易是在游戏中完成的，”兰茨说，“这引发了人们对游戏设计的深入讨论，因为其中有些技术让人觉得其目的是操控玩家。这些技术不是为了改善游戏体验或实现设计师的远大目标，纯粹只是为了让玩家交出一笔笔小费用。我不认为游戏开发者是运用了行为心理学的知识来让玩家迷上游戏的，很少有游戏设计师认为自己设计出了一个充满强迫性的产品。他们希望的是，当人们谈及自己玩游戏的体验时，能够说：‘嘿，那个游戏特别好玩，特别有趣。’但是，他们也明白，这种知识体系确实存在于心理学的书本里。”

这只是委婉一点的说法。其实，无论是从反复试验中得出的经验，还是遵循了特定的设计理念，游戏开发人员在开发游戏的强制性这件事上可谓是信手拈来。兰茨说，像高分榜这样简单的设置就可以轻而易举地做到这一点。高分榜把各路玩家吸引过来，强迫他们一直玩下去，直到冲进前 100 名（或者大拇指都累酸了），以此来满足他们想要榜上有名的渴望。有些“嵌套式”游戏目标也是出于这种考虑而设置的，例如，

1991 年推出的电子游戏《文明》（*Civilization*），正如其广告语宣传的那样，玩家们需要闯关卡采取行动来“建立一个强大的帝国”，以经受时间的考验。游戏最开始的场景是设定在公元前 4000 年，由玩家来扮演某个未来帝国统治者的角色，带领一个战士和可以调遣的一群人来建立定居地。在不断探索、外交和交战的过程中，玩家们接连完成建设城市、学习知识（陶器和字母表哪个是先发明出来的？）和开疆拓土的任务，以此推进城市文明的进步。

“这个游戏为什么如此令人着迷？”兰茨反问我。“因为它将短期目标、中期目标和长期目标重叠在一起。短期目标通常是调遣居民或通过完成任务来解锁新角色；中期目标，诸如开发一座新的城市，通常需要在接下来的 3 ～ 4 个关卡里才能实现；长期目标，诸如达到文明顶峰，则需要 10 ～ 15 个关卡才能完成，”他接着说，“这个游戏是有节奏的，所以当你快要完成短期目标时，你的大脑会稍事休息，但同时也会提前开始思考接下来的几关。重叠的或嵌套的短期目标、中期目标和长期目标让人欲罢不能。在现实世界中，我们根本无法判断事物之间的联系。”比如哪个短期成就会在未来带来更大的成就。但在电子游戏的数字世界里，这一切都非常明朗：A 事件肯定会导致 B 事件的发生。

为了增加游戏黏性，设计师采取的另一个办法是提供即时满足感。“你只要动一下手指，游戏角色就能跳起来，”兰茨说，“如果现实世界也能变成这样就好了。但遗憾的是，现实世界中的操控按钮通常都是不好使的。”你按下“在高中努力学习”按钮，它并没有把你送进心仪的大学；你按下“上大学”按钮，它并没有给你带来一份好工作。但在电子游戏中，按钮的作用和广告语宣传的没有任何出入。“这极大地增加了游戏的强迫性。”他说。

除了靠可变性 / 间歇性奖励体系实现游戏的强迫性以外，《魔兽世界》游戏还设置了另一种心理诱惑，它带给人的感觉就像阅读一部引人入胜的小说、一个扑朔迷离的侦探故事或观看一部震撼的惊悚片一样。"这也是为什么有的人每晚都会翻开《战争与和平》，一章接一章地读下去，"兰茨说，"因为他们想知道书里接下来发生了什么事情。"如果没能搞清楚故事的发展脉络，他们就会陷入焦虑中，游戏迷强迫性地想要打游戏的感觉也是这样的。"拿得起放得下、当断立断也是一种本事"，只有这样的人才能克服强迫行为。

正如瑞安 · 范克利夫（Ryan Van Cleave）所发现的那样，并非每个人都能做到这样。范克利夫原名叫瑞安 · 安德森（Ryan Anderson），2006 年他将自己的名字改为《魔兽世界》里的一个专有名词。到了 2007 年新年前夕，他对这款游戏的迷恋已经发展到了险些酿成悲剧的程度。范克利夫是一位大学教授、诗人、编辑，他每周玩游戏的时间累计长达 80 小时，很少与妻子和朋友沟通，后来甚至因为这种过度沉迷游戏的行为而被学校从教学岗位上开除。2006 年 12 月 31 日，他告诉妻子自己正在游戏中体验着令人触目惊心的条约，但不知怎的却把车开到了华盛顿特区的阿灵顿纪念大桥，像着了魔一样，心想着在桥上尝试跳跃。突然，他脚底一滑，差点从桥的边缘掉入冰冷的波托马克河（Potomac River）里。万幸的是，范克利夫及时控制住自己，双手紧紧抓住桥的边缘，一点一点地挪回到了安全地带，避免了一场悲剧的发生。

2010 年，他出版了《不插电：我黑暗的游戏成瘾之旅》（*Unplugged: My Journey into the Dark World of Video Game Addiction*）一书，并在书中描写了自己痴迷于电子游戏而无法自拔的体验。那时候，他把游戏视为生命中最重要的事情，一次性玩 18 个小时游戏就是家常便饭。他没有精力顾及其他任何事情。妻子拿离婚威胁他，孩子们也讨厌他，父母甚至不想见他。“我非常迷恋虚拟世界，”范克利夫在书中写道，“我与现实世界脱钩太久了，已经记不清现实生活中到底发生过什么事情了。”

谈到这里，兰茨的语气变得有点悲伤。他难以相信游戏设计中的艺术性和创造性竟然会酿成这样的悲剧。“我认为游戏是依据普通心理学和普通神经科学而设计的，”他说，“玩游戏的时候，你其实是在创造某一种体验，那么设计师肯定会注重你的心理感受。

其实早在免费试玩游戏问世之前，设计师们就在有意增强游戏的强制性体验。但他们的本意是设计出足够合理的游戏，而不仅仅是老虎机这种东西。设计师们意识到，如果他们将玩家需要的资源，诸如力量、能量、生命、武器等，分散在每 4 个宝盒中的一个里，那么玩家就会在间歇性奖励的驱使下坚持玩下去。”

“这里面有很多玄妙之处，”他说，“我们至今都不知道《愤怒的小鸟》如此受欢迎的原因究竟是什么。其中的奥秘只可意会，不可言传。”在我收拾好东西准备离开的时候，我问他最喜欢的游戏是什么。他回答说，他最喜欢的是围棋，就是那个历史悠久的中国古代的游戏，由两个玩家在一张 19 × 19 格的棋盘上用黑白棋子博弈。

令人上瘾的电子迷药

就一款电子游戏而言，其吸引玩家强迫性地投入去玩的点就像一座高山的狭小顶点。从山上俯瞰，左边是易于操作的简单游戏山谷，右边是难以控制的困难游戏深渊。游戏太过容易，让人觉得无聊，而游戏太过困难，又让人觉得受挫，这两种状况都无法激发玩家想要继续玩下去的欲望。因此，设计师会对游戏难度进行调整，使其保持在正好适合玩家能力的拐点上。《俄罗斯方块》是最先做到这一点的游戏之一。《俄罗斯方块》很像一款几何游戏，不同形状的方块组合如L形、T形、I形、四格正方形等，会从屏幕顶部不断下落，而玩家的任务则是在半空中对其进行旋转，使其落到底部的时候完美填充空缺。每堆积满一行方块，这一行就会自动消失，给顶部新落下的方块腾出空间。

英国谢菲尔德大学的认知科学家汤姆·斯塔福德说："这种电子游戏产品被称为令人上瘾的电子迷药，因为它具有改变人的思维的迷药效应。"他解释说，《俄罗斯方块》如此令人着迷的一个原因是，它利用了一种叫作"蔡加尼克效应"（Zeigarnik Effect）的心理现象。心理学家布尔玛·蔡加尼克（Bluma Zeigarnik）在德国柏林的一家餐厅发现，服务员对未完成的订单记得非常清晰，但是一旦向顾客交付了菜品，他们就会立即忘掉该订单。"这就是专门用来存储未完成任务的记忆，"斯塔福德说，"这就是《俄罗斯方块》的迷人之处。它是一个具有无数的待完成任务的游戏。你每消除一行方块，都会有新的方块从顶部落下。每落下一个方块，底部堆积的形状都会改变。"我们对未完成任务的记忆会让我们急切地想要把它做完，直到我们真的照做，这种焦虑才能得到缓解。这就是强迫行为第101条。

"《俄罗斯方块》的绝妙之处在于，"斯塔福德继续说道，"它利用这个未完成任务的记忆诱饵，让我们陷入完成旧任务、创造新任务的强迫循环中，我们便会无休止地玩下去，总惦记着闯下一关。"一旦开始，并前进了几步，我们就会被迫想要完成这个目标。这不仅仅是因为蔡加尼克效应使未完成的任务占据了我们的大脑，沉没成本效应也是一个重要的原因。人们不想在投入时间和精力之后轻易放弃，所以当一个人走在给某人送信的路上时，他会迫切地想要坚持把信送达。当一个人在游戏中探索了很久时，他会迫切地想要继续升级通关。

很多大型多人在线角色扮演游戏从一开始就利用玩家想要收回沉没成本的欲望来极力吸引他们。“这些游戏具有所谓的快速吸收率，能够迅速引起玩家的兴趣，”英国德比大学的心理学家查希尔·侯赛因（Zaheer Hussain）说，“当玩家开始玩游戏的时候，他们会被令人愉悦的游戏场景所吸引，如鲜艳耀眼的颜色、生动逼真的声音特效、简单易做的任务等，他们在游戏过程中会不断获得奖励，于是就会在游戏中花费越来越多的时间。”除此之外，这类游戏还运用了行为主义学家 B.F. 斯金纳（B. F. Skinner）在 20 世纪 50 年代的一项发现：当奖励出现的频率降低并且获得的门槛提高时，玩家不仅是为了玩而玩，更重要的原因是他们下定决心，要得到那个之前明明很容易获得而现在却变得很难实现的奖励。很多网络游戏都是基于此设计的。《魔兽世界》等大型多人在线角色扮演游戏都会在屏幕底部放置一个进度条，以显示玩家已经完成了多少任务，以及距离下一关卡或奖励还有多远。“这是激励他们继续玩下去的动力。”侯赛因说。如果玩家退出，就等于放弃了已经如此接近的下一个成就，也意味着要回到游戏的开始。那么刚刚投入的时间和精力就全都白费了。

值得一提的是，2014 年，英国《卫报》让读者评选出有史以来最“令人上瘾”[①]的游戏，投票结果是《俄罗斯方块》位列榜首，赢得了30%参与者的投票，《魔兽世界》（22%参与者投票）次之，《糖果粉碎传奇》（10%参与者投票）位列第三。

我必须再提一下《糖果粉碎传奇》这款游戏。为了搞清楚它令人欲罢不能的诱惑力，我又一次找到了多巴胺兴奋的受害者马迪根。我对他的关于强迫行为循环的分析很感兴趣。他的分析更清楚地解释了为什么数百万人因沉迷于《糖果粉碎传奇》游戏而寸步不离手机，以至于地铁坐过站，放弃家庭作业、家务和工作，甚至对孩子、配偶和朋友都漠不关心。在这个充满童真元素的游戏中，五颜六色的图形布满整个屏幕，玩家的目标是移动它们，将颜色相同的挪到一起，当三个相同的图标连成一行时，它们随即被消除（跟之前发布的《宝石迷阵》很相似）。在三个图标同时被消除的一瞬间，它们周围的图标也会重新排列，此时，彩灯闪烁、积分、爆破声以及屏幕上出现的强化标语，诸如棒极了，都是对玩家的奖励。

究其根本，《糖果粉碎传奇》抓住的是人们喜欢在看似随机分布的阵列中寻找规律的大脑动机。同样的天赋使古希腊人和古罗马人在满天繁星中发现了天鹅、双胞胎和熊。“随着时间的推移，人的大脑也得到了进化，越来越擅长于发现我们意想不到的美好事物了，就像第一次在某张桌子上发现了好吃的食物那样，”马迪根说，“所以我们越来越想弄明白这其中的原因。我们为什么会如此痴迷于发现规律，特别是那种出乎我

① 像通常情况一样，英国《卫报》也没有将“上瘾”和“强迫”两个概念区分开来。但由于读者们称这些是它们玩到停不下来的游戏，因此这个榜单也可以用作一个大致的强迫性游戏排名。

们意料之外的规律？”《糖果粉碎传奇》正好迎合了人类共有的大脑动机，即喜欢物归原处、恢复秩序、保持整齐。你在面对一个乱七八糟的界面时也会有这样的感觉，你知道自己可以将它们重新排列整齐。所以人们才会觉得《糖果粉碎传奇》具有非凡的吸引力并且充满了乐趣。

然而，还有很多活动，诸如看电影、搞园艺、烹饪或者你喜爱的其他消遣方式，虽然这些活动都很有趣，但却不会让人“痴迷”。马迪根说，人们之所以痴迷《糖果粉碎传奇》，是因为奖励会不断出现，并且总会出乎意料地出现。有时候，你经过精心的布局将三个连续图标消除后，新的排列里又会出现很多类似的三连，它们碰到一起时会全部自动消除，这时候，闪光灯、喝彩声、积分、祝贺消息等会布满手机屏幕。“这会让多巴胺回路极度兴奋，”马迪根说，“打个比方，我们狩猎时代的祖先通常会去固定的地方寻找食物，但某一天，他们在路上碰到了一些完全出乎意料的奖励，比如一条有着好多鱼的小河，或一片生长着从没见过的浆果的灌木丛，他们为了适应生活，就会注意并记住这些东西。同样地，当奖励出乎意料地出现时，我们便会无法自制地认真关注它们，并不断地继续寻找下去。游戏的设计就是充分利用了这一点。”

《糖果粉碎传奇》中还有一些其他的心理玄机。它有一个“生命”系统，举个例子，如果你没能在规定的时间里或在有限的移动次数里消除 100 块紫色图标，那么你就会在这一关死掉。累计死掉 5 次就会被游戏踢出局，之后则需要等待几个小时、花钱（充值）或推荐朋友注册账户才能重新开始游戏。这其实是利用了一种被称为“享乐适应”的心理怪癖，即随着时间的推移，人们逐渐习惯了愉快的体验，直到这些体验，诸如驾驶一辆新车、居住在一个美好的新社区、拥有一份满意的新工作等，渐渐变得不再那么令人愉悦了。

2013 年的一项研究对这个现象进行了解释。在实验中，哈佛大学的心理学家乔迪·霍尔迪巴克（Jordi Quoidbach）和英属哥伦比亚大学的心理学家伊丽莎白·邓恩（Elizabeth Dunn）将参与者分成了人数大致相同的 3 个小组，让每组的参与者都各自吃下一块巧克力。3 个小组分别执行不同的指令：第一组参与者被要求在一周后回到实验室之前不能吃巧克力；第二组参与者拿到了约两斤的巧克力棒，并被要求在身体的承受范围之内尽可能地多吃；第三组参与者没有收到任何指令，唯一需要做的就是在一周后提交一份报告。

一周后，参与者们一回到实验室，就拿到了一块新的巧克力，研究人员询问了他们对这块巧克力的喜爱程度。研究人员在《社会心理和人格科学》（*Social Psychological and Personality Science*）中报告称，与那组被允许想吃多少就吃多少的参与者们相比，“那些被命令一周内不能吃巧克力的参与者们重新吃到巧克力时更加享受，且吃完以后的积极情绪表现得更为明显”。《糖果粉碎传奇》通过限制玩的次数，让玩家变得更容易焦虑。这种焦虑会不断增长，直到玩家回到游戏中，痛快地把所有三连都消除，才能抑制住焦虑。“我们大多数人都习惯于在游戏中过度放纵自己，即使耗尽了体力也根本停不下来，但是《糖果粉碎传奇》巧妙地强制阻止了这种行为的发生。”马迪根解释道。被游戏踢出局以后，玩家总感觉手痒，焦虑无比地等待着下次继续玩，不肯屈服于自己的享乐适应心理。

每个人都会陷入强迫游戏的危险吗

现在是时候思考下一个问题了。人格、年龄、性别等变量因素是否会对强迫性游戏行为的形成有所影响？

这方面的研究一直受到许多新型研究领域常见问题的困扰。不同的研究人员在不同的研究中，对常见的问题行为以及问题行为的形成原因都有着不同的定义。用特拉华大学的斯科特·卡普兰的话来说，“这既不一致，也不明确”。研究人员对那些潜在的强迫性游戏者的描述一直在变化，这种变化就足以说明这个问题。21 世纪初，上网人数依旧很少，当时关于过度的网络游戏行为（以及普遍过度的互联网使用行为）的研究主要集中于心理预测。伦敦政治经济学院的丹尼尔·卡德菲尔特 – 温瑟（Daniel Kardefelt-Winther）在 2014 年发表于《计算机在人类行为研究中的应用》（*Computers in Human Behavior*）杂志上的一篇论文中指出，令人遗憾的是，研究发现，当时的大部分研究都“认为这种行为与很多心理特征存在显著的联系”。他继续说，事实上，“从统计学的角度来看，几乎每一种心理特征都有可能会发展出过度的游戏行为”。或者说得更直白一点，最大的风险因素其实是人的大脑。

“起初，人们认为过度沉迷游戏者肯定都是一些孤僻的、不善社交的人，他们很可能患有社交焦虑，”卡普兰说，“但当时只有这些人在玩电子游戏。”因此，人格特征其实只是一种表现，而并非过度沉迷游戏的根源，过度沉迷游戏行为的背后还有着更明确、更深层的原因。例如，神经质人格特征中隐藏的大多是令人无法忍受的焦虑，因此它才会在过度沉迷游戏者的人格特征调查中突显出来。但是，迫使人们无休止地玩网络游戏的并不是神经质本身，而是他们除了玩游戏无法用其他方式缓解的焦虑。神经质只不过是他们宣泄焦虑唯一可行的方式而已。

研究人员还发现，过度沉迷于网络游戏的行为与一系列人格特征之间都存在关联，比如孤独、抑郁、焦虑、羞怯、好斗、人际交往困难、喜欢寻求刺激、社交技能缺陷等人格特征。实际上，这些特征并不是强迫性上网行为的罪魁祸首，它们只是最常见的网民的人格特征，无论这些网民是否有强迫行为，大多有着类似的人格特征。“现在每个人都在使用计算机或智能手机上网，对强迫性上网行为者的描述也应该与时俱进了。”卡普兰说。

与其他强迫行为一样，强迫性地玩电子游戏这种行为本身并不是病态的，更不是任何精神疾病所表现出的迹象。为什么人们每天会花几个小时的时间玩网络游戏（或网上冲浪、发 Twitter、发短信、更新 Facebook，这些我将在下一章进行讨论）？“这跟他们实施其他过度行为的原因是相同的。这些强迫行为者会感到无聊、想要逃避现实、渴望竞争和社交，而他们的朋友也在做着相同的行为。”卡普兰说。重要的是，网络游戏，特别是由多个玩家进行操作的网络游戏，会给玩家提供一个虚拟角色，玩家会在虚拟化身的保护伞下进行社交互动。而有些人就会认为这种匿名交友的方式更加轻松，比跟生活中相识的人进行交往更加容易，这类游戏恰好满足了他们的需求。很多心理脆弱的人都喜欢这样的网络社交互动方式，因为他们不擅长进行面对面沟通，并且会从中感受到压力。他们对虚拟的生活更加满意。因此，对很多人来说，花费大量的时间玩电子游戏其实是一种补偿，即一种应对策略，一种处理压力或抑郁的方法，可以用来摆脱孤独感、无趣的工作等现实世界中的麻烦事儿。

在 2013 年的一项研究中，卡普兰和合作者对 597 名青少年网络游戏玩家进行了调查。研究发现，若想知道这些玩家的游戏行为是否有问题，或者是否会对他们未来的生活产生影响，最能说明问题的判断标准就是看他们是否依靠游戏并且只能依靠游戏来调节情绪（例如，缓解悲伤、厌倦或孤独等）。“如果我是因为孤独而去上网，那这就是一种补偿性的行为，”卡普兰说，“这算不上病理学的内容。”游戏可以为我们提供需要的和想要的东西。如果某种补偿能够生效且成为人们解决焦虑的首选方案，那么，久而久之，它就会变成一种强迫行为。

每个人都有产生这种行为的风险吗？是的，只是大家的风险程度各异。你还记得吗，《魔兽世界》这样的大型多人在线角色扮演游戏已经掌握了老虎机的可变性 / 间歇性强化技巧，它能通过提供出乎意料的高价值奖励这样的小伎俩，来让玩家的多巴胺系统运作起来。几乎没有人能够抵挡住这种策略的影响，而且其中一些其他的元素也可能致使玩家陷入风险。

针对强迫性地玩游戏的行为，马迪根提出了最后一个观点。人们之所以会产生强迫性地玩游戏的行为，除了游戏中的诱惑吸引着玩家之外，还有另外一个原因。像《糖果粉碎传奇》和《愤怒的小鸟》这样的休闲游戏，玩家在很短的时间里就能玩上几局，例如，在工作的间隙，在两个家务活之间的片刻休息时间，或者在从一个地点去往另一个地点的路上，这些零碎的时间都能够利用起来。以往，人们可能会利用这些时间来思考、计划、做些准备工作、沉思甚至做点白日梦，但在这个每分每秒都离不开网络的时代，对很多人来说，他们根本无法忍受用这样的方式来打发时间。他们宁愿遭受电击，也不愿与自己的大脑独处。（真的是这样的，我会在下一章详细阐述。）网络游戏，特别是那些移动设备上的游戏，利用玩家的强迫行为来填补这些时间的空缺，否则人们就会感到焦虑不安。“刚开始的时候，你只是在早餐时间，一边等待咖啡煮好，一边玩几轮《糖果粉碎传奇》，”马迪根说，“不久之后，你每晚睡觉前都必须玩上一会儿。”如果你从没下载过《愤怒的小鸟》，你肯定不会沉迷于其中。但难就难在现在的我们根本无法脱离电子设备。

第 6 章

手机和网络中的强迫症，用不停上网对抗焦虑

1990 年，精神病学家伊万・戈德伯格（Ivan Goldberg）博士在网络上发布了一则公告，宣布成立一个新的“网络成瘾”（Internet Addiction Disorder）[①] 治愈团队。他写道，这种精神疾病的发病率“一直呈现出指数级增长”的趋势。他受到很大的触动，决定创建一个论坛，鼓励患者将自己的故事分享出来，并邀请治疗师提供更有效的治疗方案。戈德伯格将网瘾定义为“上网的不适应现象，可导致临床上显著的受损或痛苦症状”，这恰好与美国精神医学学会的《精神障碍诊断与统计手册》中关于网瘾的官方表述相吻合。同时，戈德伯格规定，患者必须至少表现出 7 种症状中的 3 种，且表现的时长不少于 12 个月才能符合确诊条件。我们无法想象这些患者曾经历过什么。或许，他们一直在纵容自己，需要花费越来越多的时间上网，“从而获得满足感”；或许，他们也试过停止上网，而随后接踵而至的坐立不安的焦虑感，或着魔似的惦记着网上“发生了什么事情”的紧张感，却实在令人难以承受。

戈德伯格发布的这则公告触动了整个社会的敏感神经。就连他的很

① 后文将“网络成瘾”简称为“网瘾”。——译者注

多精神病学家同事都自诊为“网络成瘾症”，更有数百名网友在网瘾治愈团队的群发邮件中把自己的痛苦经历一吐为快，自称每天要上网 12 个小时，因为这个“电子替代品”而渐渐遗忘了“现实生活”，甚至考虑“再装一部家用电话，以供极偶尔地与家人通话时使用”。

但不久后就出现了一个问题。戈德伯格表示，当时发布的那则网瘾公告只是出于玩笑考虑，目的是反讽精神病学家喜欢将一切过度行为都强行认定为病理性疾病的职业习惯。如果“花费大量的时间在上网等相关活动上”就能符合确诊条件的话，那么上网买书、读文献所花费的时间也会远远超出预期，同样也会导致社交时间的相应减少。这类人花费大多数的时间来编辑维基百科上的克雷布斯循环（Krebs cycle）词条，而不是去学校酒吧参加派对。而且你可能已经注意到，如果把戈德伯格的网瘾诊断标准对应到别的行为上，那将有数百万的人被认定为强迫性慢跑者、强迫性阅读者、强迫性新闻关注者、强迫性社交者、强迫性体育迷、强迫性电影迷等。“网瘾其实是一个非常不恰当的术语，”1997 年戈德伯格在接受《纽约客》的采访时说，“为了将医学治疗方法施用到人类行为上而将其冠上精神疾病之名，是非常荒谬的。”

事实也确实如此。与人们强迫性投入的其他行为相比，上网行为如刷 Facebook、发短信等更能说明，强迫性地做某些事情并不一定代表人的大脑有问题。原因就是，强迫行为并不等同于病态行为。事实恰恰相反。一个人若能意识到上网的诱惑力，反而有助于他对大脑的一些最为显著的和完全正常的运作方式的理解。

虽然尚缺乏足够的证据表明过度上网是一种病理性精神疾病，戈德伯格提出的这一观点却很快引起了社会各界的关注。在之后的两年时间里，很多大学开始向自认为具有强迫性上网行为的学生伸出了援手。例如马里兰大学（University of Maryland）展开了“拯救网络被困者”计划，波士顿城外的顶尖医院麦克莱恩医院精神科也专门为患者提供了计算机成瘾治疗服务。匹兹堡大学的心理学家金伯利·扬（Kimberly Young）于 1995 年创立了网瘾中心，并呼吁精神病学家把网瘾确立为一种官方认定的障碍，写进《精神障碍诊断与统计手册》中，从而将其纳入医疗保险范围。

2009 年，坐落于华盛顿州福尔城的 reStart 网戒中心推出了网瘾康复计划，并在启动公告中宣称，该中心是美国首家针对强迫性“聊天、发短信和其他网瘾症状”进行住院治疗的机构，其影响覆盖了“6% 至 10% 的网民”。大约在同一时期，中国和韩国也将网瘾列为影响公众健康的最大威胁。2013 年，金伯利·扬等人在宾夕法尼亚州布拉德福德地区医疗中心（Bradford Regional Medical Center）联合创建了一家网瘾住院治疗机构，并将“网瘾”描述为“一切干扰正常的生活和工作，对家人和朋友等亲近的人造成负面压力，与网络相关的强迫行为，且该行为导致成瘾者的生活完全受此牵制”。该机构“安全、服务周到的住院治疗”从创始人命名的 72 小时“数字脱瘾”[①] 开始，为期 10 天，患者所需支付的费用高达 14 000 美元。

戈德伯格于 2013 年去世，享年 79 岁。临终前，他终于开始相信，只有极少数的人患有他所谓的“病理性上网障碍”。这个简短的术语其实揭示了一个事实，即没有人能够确定这种行为到底属于强迫行为、成瘾，还是属于冲动控制障碍，抑或根本不属于上述中的任何一种。

---

① 指一个人远离智能手机和计算机等电子设备的一段时间。——译者注

网瘾是一种病吗

自戈德伯格将过度上网行为作为一种精神障碍的概念提出以来，科学界并没有人对这一想法给予充分的支持。仔细研读当时的相关文献后，我们很容易形成一种印象，即这种精神障碍不仅存在，而且就像拥有手机一样普遍存在。事实上，科研工作者新达成的共识正好与此相反。虽然很多人强迫性地上网，但这种行为与典型的精神障碍之间还相距甚远。2013 年，科研工作者做出了一个重要举措。当时，尽管心理学和精神病学期刊上刊登了数百篇的论文，这些论文都将过度上网描述为成瘾或强迫行为，但精神病学家却突然调转风向，在编写《精神障碍诊断与统计手册（第 5 版）》时，拒绝将上网障碍定性为典型的精神障碍。其中一个重要的原因是，过度上网是由非常常见的心理反应过程造成的，若将其定性为“障碍”，无异于将其他诸如购后合理化（“我买了这个，这个肯定很好”）等普遍的认知怪癖都放大为精神障碍。另一个原因是，所谓的“过度”只是在旁观者看来如此，随着越来越多的网络活动被大众所接受，“过度”的定义也在不断发生着变化。虽然对很多人来说，上网确实是一种强迫行为，但这并不意味着它是病态的。也有一种反对观点认为，这种常见的行为是精神障碍的一种表现，也是大脑无法正常工作的一种表现。

遗憾的是，持反对观点的相关研究却非常缺乏说服力，甚至连美国精神医学学会诊断某种行为时的最低标准都无法满足，即“需要进一步研究，以判定是否应被确定为精神障碍”。其中的很多研究都漏洞百出，随便一个上过心理学 101 课的学生看过后都会感到尴尬。或者正如精神健康新闻网站“心理中心”（Psych Central）的创建者、心理学家约翰·格罗霍尔（John Grohol）所说：“证明‘网瘾’的证据很少，因为大部分的相关研究做得都很差。”

有多差呢？ 2009 年圣母大学的玛丽娜 · 布兰顿（Marina Blanton）及其合作者在《网络心理学与行为》（*CyberPsychology & Behavior*）杂志上发表的一篇文章中指出，自 20 世纪 90 年代开始，有关病理性神经学家的研究共 39 篇，但不同研究所估计的患病率却有很大的出入。最初的研究对于如何定义所谓的障碍，基本上未能达成共识。还有些研究仅通过上网时间这一标准来进行评判。布兰顿及其合作者以极其委婉但又引人深思的口吻写道：“这些研究具有很大的局限性。”例如，它们将那些明明不想上网，但为了工作必须上网的数以百万计的人包括在内。而实际上，与其说这些人上网成瘾，还不如说他们打字成瘾。有的诊断类调查问卷使用了 32 个判断题，有的使用了 13 个是非题或者其他完全不同的题目，但并没有科学证据能够证明这些问卷之间的关联性，即如果有人“通过”（或没通过）其中一个问卷，那么他们就一定“通过”（或没通过）其他问卷。事实上，没有一项研究检验过这些问卷是否准确地捕捉到了行为的关键点，而且这些研究通常只在网络爱好者中招募参与者，这极易引起严重的抽样偏差，从而极大地夸大了网瘾发病率。就好比从一群酒鬼中调查酗酒患病率，其数值之高便可想而知了。

但主要的问题还在于，从大多数有关上网障碍的调查问卷的标准来看，随便一个行为就有可能被定性为病理性强迫行为。上网时间“超出预期”，因“上网时间过长”而不管家务，与网友建立关系，“在要做其他事情之前”先查看电子邮件，由于上网时间过长而受到家人或同事的埋怨……好吧，只因为这些行为取代了社会推崇的正能量的社交活动就被确诊为强迫行为，这其中的荒谬性自然是不言而喻的。

有关强迫性上网行为的研究也未能将上网内容与上网形式分开。上网观看色情影片、赌博或购物的用户通常是不由自主而为之。网络本身并不会让他们难以抗拒。相反，网络只不过是越来越多的人用以观看色情电影、赌博和购物的一个媒介。同样，如果你习惯于使用短信与朋友联系，那么你自然会选择通过手指打字来进行沟通，而不是见面的方式。像这种使用数字技术的行为并不一定都是强迫行为。

《精神障碍诊断与统计手册（第 5 版）》中有关行为成瘾所涵盖的内容，是由康涅狄格大学的心理学家南希·佩特里（Nancy Petry）带领美国精神医学学会专家小组的成员研究确定的。当我请她总结一些属于问题性上网行为而非精神障碍的案例时，她屏住呼吸，思考了十几分钟后，说道："我们无法确切地评价每种行为，不同的诊断测试测出的患病率存在很大的差异，从不足 1% 到高于 50% 不等，这显然是有问题的。"许多调查问卷的标准都缺乏科学性，询问是否因深夜上网而失眠，以及是否因为上网而"耽误家务"。"90% 的青少年都会回答'是'"。喜欢阅读、听音乐和社交的人也大多会回答"是"。"但这些现象并不是精神疾病的标志，"佩特里说，"这些问题的门槛都非常低，只要符合其中的一些症状即可确诊，但却并没有表明其中的临床意义。我们应该把精神障碍与单纯的时间估算、做事的先后顺序或生活需求的满足等问题区分开来才对。"

把上网障碍或网瘾这个概念中存在的问题揭露出来是很有必要的，因为其真实性以及患病率的言论正在民众中散布开来，引起的负面效应不容小觑。首先，这些概念将正常状态上升至病态的高度，从而否定了真正的病态。少数人确实存在问题性上网行为，且这种行为也会对未来的生活造成一定的影响。但若将他们与每天发送 300 多条短信的青少年混为一谈，无疑是轻视了他们所处的困境。当然，20 世纪 90 年代，正常人之间的面对面交流会话也会达到 300 多条这个数量。其次，与电子游戏一样，我们完全有理由认为过度上网的根源不是网络本身，而是其他某些问题的标志或症状，诸如社交焦虑或抑郁等。“如果你长时间地刷 Facebook，那到底这种行为本身是一种精神病征，还是只是其他问题的表现，比如你想和朋友保持联络，你感到无聊、孤独、害羞，或者需要转移注意力？”佩特里问道。若上网被称为基本的病理性疾病，那么每天用无数纸巾擦眼泪的行为也该被称作一种病态行为了。这种方法混淆了症状与疾病，从而掩盖了行为出现的真正原因。因此，将某人贴上网强迫行为者的标签，就如同将某人诊断为患有舒洁纸巾使用障碍一样……我们不应该把 14 000 美元花在诊断这种症状上，而应该花在对真正的抑郁疾病的治疗上。“在问题性上网行为被认定为真正的精神障碍之前，该领域存在的很多问题还需专家们达成共识才行。”佩特里说。

但是，就像其他远达不到病理标准的强迫行为一样，频繁地上网实际上反映了大脑在正常工作时的运作方式。但我们可以确定，有些上网行为确实是强迫性的，从一些公司甚至不惜投入数百万美元来制造这种效果中便可以看出来。还有一点可以肯定的是，这些公司追求的用户目标并不仅局限于小部分患有精神障碍的网民。他们的野心很大，认为只要像电子游戏设计师在其作品中编写一些令人着迷的东西一样来呈现网页的诱人之处，那么所有人都将会抵制不住其诱惑，从而强迫性地刷新网页了。2015 年《科技评论》(*Technology Review*) 中的一篇文章以旅行网站 Expedia 为例总结道，Expedia 公司有一位专攻强迫行为的“高级产品经理”，并且还聘请了许多能够“开发强迫性用户体验”的顾问。如此看来，渗入电子游戏中的间歇性和可变性奖励体系仅仅只是一个开始而已。

我们都有“错失恐惧”的心理

到底是什么让网络变得如此令人着迷，即便是那些看起来无比理智的大脑都无法抗拒？为了搞清楚这个问题，研究人员借鉴了电子游戏中所运用的网络心理学原理。电子游戏通过某个心理诱惑来强制玩家沉迷于其中，而网络也是如此。

我们先从一个事实讲起。一个单一的网络“事务”，如点击、查看、浏览照片墙或者 Facebook 上的新鲜事推送，其过程所需的时间和精力成本几乎微小到可以忽略不计。它虽然如此微不足道（我正在等着让服务员做我点的咖啡），却可以帮助人们避免负面情绪。没错，不发短信、不查看收件箱或不盯着手机屏幕看会让我们备感压力。“上网看似也花不了多少时间，这是人们沉迷于其中的一个重要原因，”汤姆·斯塔福德告诉我，“你永远连着网，时间便被打散成了碎片。5 秒钟的时间能做什么有意义的事呢？不如查看一下手机？”这就是导致“强迫性上网”的很大一部分原因。

这表明，上网，特别是通过手机上网的动机并不像是成瘾，而更像是强迫性检查之类的强迫症的感觉和想法。由阿肯色大学（University of Arkansas）的莫耶兹·利玛耶姆（Moez Limayem）牵头的一项相关研究在 2012 年美洲信息系统会议（Americas Conference on Information Systems）上展出，他说：“使用手机的根本动机并不是追求愉悦。”正如成瘾模型理论中所阐述的那样：“相反，它是在压力和焦虑加剧时，人们采取的应对措施。”如果我们没能利用好每个小块时间，我们就会感到焦虑。

2014 年，弗吉尼亚大学的社会心理学家蒂莫西·威尔逊（Timothy Wilson）[①] 牵头的一项研究十分引人深思。该研究发现，原来人们与自己的思想独处是如此地困难，甚至会引起不悦和焦虑的感觉。研究人员为参加实验的志愿者（学生）提供了两种选择：要么在 15 分钟内“不做任何事”，要么给自己一个轻微的电击（实验开始前，有 3/4 的志愿者称他们宁愿付钱以免受电击）。2/3 的男性志愿者和 1/4 的女性志愿者选择了后者，他们太焦虑了，以至于只要“有点事可做”就行，哪怕是电击一下自己也未尝不可。不要把这一切归因于他们全都是千禧一代。研究人员后来从教堂、农货市场招募到的一些成年人志愿者也表现出了与他们相同的反应。当与自己的大脑独处时，人们大多会感到焦虑不安。弥尔顿似乎总是能提早预见一切，他在《失乐园》中写道：“心灵自由归属，天堂或地狱只在一念之间。”几百年过去了，人类仍是如此，不到万不得已不会选择与自己的大脑独处。“本真的大脑并不喜欢独处。”威尔逊和合作者们总结道。

无论大脑有没有受过训练，它在面对频繁出现在社交媒介、短信或电子邮件中的回报体系时，都会摇摆不定。就像我们在电子游戏中遇到间歇性 / 可变性奖励系统时一样。你的 Twitter 推送或 Facebook 更新提示被一条条数字化的碎片信息霸占了。（“芭芭拉在 Facebook 上更新了图片！”）看到这些，你得到的回报为零。但是说不定什么时候，你就会发现些有用的东西。例如，一位朋友计划有变，免费送出两张布鲁斯·斯普林斯廷（Bruce Springsteen）的演唱会门票，或者一个熟人发了条明天

① 蒂莫西·威尔逊是美国弗吉尼亚大学的心理学教授，其著作《积极诠释力》诠释了运用“故事编辑”的 3 大方法，它能帮助读者摆脱消极思维，走出人生困境。该书的中文简体字版已由湛庐引进，由浙江人民出版社于 2018 年出版。——编者注

要找酒友的动态，而你发现他明天所在的位置恰好就在你家附近。在各个网站之间闲逛，你无意间学会了如何固定吱吱作响的木地板，或者得知某色情片女主角刚刚又在网络上爆红，这些信息使看似无用的推送碎片变得有意义，让消耗的时间变得有价值。网络的认知奖励体系迫使人们从一个网站刷到另一个网站（这个网站上可能会有对我的生活有用的东西）、使用社交媒介、看 YouTube 上推送的火爆视频等，生怕错过任何可能对生活有用的信息，即使只是一些并不重要的、无营养的娱乐信息而已。我们的大脑想要获取更多的信息，于是手指被迫在手机上划来划去。我们害怕错过碎片化信息海洋中的任何有价值的东西，并为此焦虑不已，于是便出现了强迫性上网的现象。

“如果我间或给你一点奖励，你就得时刻查看手机，因为你不知道它什么时候会降临，”斯塔福德说，“无论你查看得有多频繁，即使你上一秒钟刚刚检查了一遍邮箱，一封重要的邮件也有可能正好在下一秒钟进来。”或者你上一秒钟刚刚刷了一遍四方网（Foursquare）[①]，你的朋友正好在下一秒钟发了定位，那个位置就是你刚刚路过的酒吧。“你为有可能错过某些东西而感到焦虑”。这种低成本、偶尔带来高回报的行为对大脑来说，是一种诱惑。这些行为的某些体验会轻而易举地将你卷入其中，并且通过间歇性 / 可变性的奖励牢牢地将你抓住。

我们已习惯于盯着手机等待短信，如果无法完成这类强迫行为，本该得以缓解的焦虑便会卷土重来。心理学家报告说，脱离手机的人经常会出现心率加快和其他的焦虑症状。在 2016 年的一项研究中，研究人员

① 四方网是一家基于用户地理位置信息的手机服务网站，并鼓励手机用户同他人分享自己当前所在的地理位置等信息。——译者注

设计了一份手机使用和相关情绪的标准调查问卷，并要求志愿者填写。志愿者告诉研究人员，他们借助玩手机“来避免负面的体验或感受”，以及“应对或逃避处于焦虑场景中的感觉”。伊利诺伊大学香槟分校心理学家亚历杭德罗·列拉斯（Alejandro Lleras）将其描述为安全毯效应，它可以将人们过剩的焦虑情绪吸收掉。越来越多的研究结果证实了这一点。研究发现，人们把发短信作为逃避焦虑的一种方式。很多问卷调查结果显示，大约 70% 的参与者表示玩手机和发短信可以帮助他们克服焦虑和其他的负面情绪。伊利诺伊大学香槟分校的研究人员称，在这种焦虑的情况下，人们“借助手机来试图逃离”已成了一个公开的秘密，而且“在更加痛苦时”人们也会这么做。

仅靠观察得出的结论终究是难以令人信服的，为了进一步加以验证，列拉斯和一位同事进行了更为精确的实验。他们给志愿者布置了一项简短的写作任务，并告诉（欺骗）志愿者称，这个作业将由两位专家进行评审。为了进一步加大压力，研究人员继续阐明，专家还会就文章内容对志愿者进行视频采访。其中一半的志愿者可以在等待过程中使用手机，另一半则不可以。列拉斯在《计算机在人类行为研究中的应用》杂志上发表的文章中报告称，能够发送短信并上网搜索所担心的内容的志愿者有 24 名，其中的 11 人感到严重焦虑，但另外 25 名被剥夺了手机的志愿者中则有 18 人感到严重焦虑。在 10 分钟的等待过程中，可以使用手机的志愿者中，有 82% 的人一直在用手机。通过屈服于使用手机的强迫行为，他们能够在很大程度上缓解自身的焦虑。研究人员写道：“当人们可以使用手机时，他们似乎就不太容易感受到引起焦虑情绪的压力了。”

正如英国社会理论家詹姆斯·哈金（James Harkin）在 2003 年所写的那样，手机“充当着慰藉物和解药的角色，在跟整个社会的对立面进行抗衡”。手机让我们觉得自己始终与世界联系在一起，能够缓解我们由于孤独和无依无靠而形成的焦虑。出于焦虑而使用手机的现象极为普遍，甚至有人专门创造了一个新词“无手机焦虑症”（Nomophobia，用于“无法使用手机的场景”），用来描述人们因无法使用手机或其他喜爱的电子“安全毯”而导致的病态焦虑和恐惧的现象。2013 年，瑞典科技巨头爱立信公司消费者实验室的调查结果显示，至少有 40% 的手机用户会在起床前使用手机。咨询公司德勤（Deloitte）也有调查显示，2015 年美国人平均每天查看手机 46 次（2014 年平均每天 33 次），由此推测，这些人在大学时代可能平均每天查看手机达 74 次。

凯文·霍尔什（Kevin Holesh）是匹兹堡的一位技术设计师兼开发人员。他每天早上一睁开眼，就开始查看手机，他通常要花 20 多分钟的时间浏览“错过的”推文和邮件。无论睡在哪里，他都要确保手机放在枕边，以便时刻查看邮件。他从来没有关机过，就像心脏病患者永远不会关闭心脏起搏器一样。霍尔什说:“我就是害怕错过重要的邮件。有的时候可能某个老总想要找我聊聊，我总是希望可以立即到场。我时刻幻想着这种重量级的邀请函会出现在我的收件箱里。”2013 年，他开发了“时刻”（Moment）这款应用程序，用于追踪用户每天使用手机的时间。他每天都在用这个应用程序来监测自己使用手机的时间：平均每隔 23 分钟会查看一下手机，但这并不能平息他试图抗拒使用手机时所感受到的那种焦虑感，而将手机这个诱惑物转移走对他来说却很管用。于是，他开始每晚把手机放在卧室外，并卸载了邮箱。这让他逐渐意识到，他并不一定每封邮件都要第一时间进行回复。他完全可以等到第二天的早上，甚至第二天的下午再进行回复。

2014 年，劳拉·伊森（Laura Eason）的剧作《与陌生人性接触》（*Sex*

with Strangers）由纽约市出品，剧中的一个人物一听到旅馆没有手机服务后，就说：“别人会以为我死了。”没有人会喜欢死了的感觉。马里兰大学媒体和公共议程国际中心在 2010 年的一项研究中指出，一种害怕自己没有存在感的恐惧强烈地吞噬着那些与网络世界隔绝的人。研究人员要求马里兰大学帕克校区的 200 名学生在 24 小时内停止使用手机和计算机等所有媒介，然后请他们描述自己的体验。学生们纷纷表示，他们感觉与别人失联了，担心自己错过了很多东西或者跟不上世界的节奏了。这些描述里充斥着大量引发强迫行为的字眼：极度渴望、很焦虑、极度烦躁、痛苦、紧张不安、疯了。

其中的有些描述值得一读：

> 给朋友发短信和即时消息可以给我带来一种持久的慰藉感……事实上，我根本无法忍受不能通过科技手段与人沟通交流的情况。

> 我觉得自己与别人失联了，他们肯定会不停地给我打电话，虽然事实证明他们并没有。

> 我 5 点左右上完课回家，迫切地想拿起一些电子设备……我实在受不了……独自一人……待在房间里……没有任何东西占据我的大脑……所以我放弃挣扎了，一如既往地摆弄起这些东西。

这反映了 21 世纪人类普遍的心痒难耐的现象。这说明我们无法与自己的思想独处，因为我们根本就不能摆脱手里的通信工具。时间若倒流回几十年以前，在某个夏日午后的露天咖啡馆里，我们看到的场景会是，有人在望向别处发着呆，有人在低头读着书。但现在，人们却在一刻不停歇地滚动着收件箱，不断地查看着收到的短信，然后拼命地点击着一个又一个的网站，想要确保自己浏览的是正确的网站。

对很多人来说，他们无法放下手机，不仅仅是因为放下手机，他们将失去获得可变性 / 间歇性奖励的机会，更重要的是因为手机已成为他们与其他人甚至整个世界联系的主要媒介。因此，无法查看手机就会引发焦虑，他们会觉得自己与外界隔绝了，觉得自己错失了一些东西，就好像所有人（至少他的朋友和同事）都在上网，通过网络连接成了一个整体，每个人都了解外面正在发生的一切，唯独自己被排除在外。当我们没有联网时，网络世界是如何强行进入人的大脑皮层并带来紧张、焦虑、坐立不安的感觉的呢？对于刚开始上网的人来说，网络世界涉及了生活的方方面面，从购物到约会，从与朋友联络到带来一种与人连接在一起的感觉。“有些人会觉得，如果我不在那里，不在那个网页上，我就会错过一些事，一些关于我的朋友、关乎我的身体健康或与其他东西有关的事情，”在圣迭戈做实地研究的精神病学家戴维·赖斯（David Reiss）告诉我，“如果他们没有每 5 分钟查看一下网站，他们就会因为害怕错过某些东西而感到焦虑。”换句话来说，网络就是利用了人的“错失恐惧”心理（Fear of Missing Out，简称 FoMO），即害怕错过某些东西的心理。

“错失恐惧”这个术语是在 2005 年前后被创造出来的［2006 年首次被写入城市辞典在线网站（UrbanDictionary.com）］。“它被定义为一种常见的心理恐惧，担心其他人在自己不在场的时候经历了什么有意义的事情。”由英国埃塞克斯大学（University of Essex）的安德鲁·普齐比斯基（Andrew Przybylski）和瓦莱丽·格拉德韦尔（Valerie Gladwell）牵头的心理学家团队于 2013 年发表在《计算机在人类行为研究中的应用》杂志上的一篇论文这样写道。其“特点是希望与他人正在做的事情保持关联”。2011 年和 2012 年有关“错失恐惧”的研究发现，在接受调查的年轻人中，大约有 3/4 的人认同自己偶尔会有种“不安的，甚至耗尽精力的感觉。害怕自己错过什么，担心同伴们会比自己多做些、多知道些或多拥有些更好的事物”。对于其中一部分的人来说，这种欲望是强迫性的，符合我在本书中反复阐释的“强迫性”的内涵。他们认为自己可能会错过与朋友见面的机会（或者知道其他朋友正在会面，而自己却缺席了），恨不得想要知道“每个人”所了解的事物，或每个人在 Facebook 上的动态更新，从而产生了一种心痒难耐、焦躁、急迫的焦虑感。在他们的眼里，与人切断联系就等同于错过一些重要的信息。

伦敦作家辛西娅·汤普森（Cynthia Thompson）对此很有共鸣。2010 年，她在生下了第一个孩子后，便开始在家工作，并渐渐发现了网络世界令人难以抗拒的吸引力。“我通过网络来了解外面世界正在发生的事情。”她说。她觉得自己在家工作与外面的世界隔绝了，因此她几乎全天候上网查看手机，就怕错过了什么东西，如若手机没电了，她就会十分不安。“我们已经习惯于那种即时沟通的文化，如果一两个小时后再查看，那就为时已晚了。若不能保持手机畅通，我确实会感觉到有些焦虑。”她必须不断上网查看，以时刻确保自己没有错过儿子的学校发来的紧急信息或与工作相关的邮件。

埃塞克斯大学的研究招募了 1031 名 18 ～ 62 岁的志愿者，他们全都是从网上招募来的（这正是该研究的漏洞所在！）。他们来自美国、英国、印度、澳大利亚和加拿大。研究人员要求志愿者通过测试说出自己的真实情况与 32 条陈述的匹配程度（5 分制评分，程度从“完全不符合”到

“完全符合”)。研究人员最终从这些志愿者的回答中确定了10条最能体现“错失恐惧”个体差异的陈述：

1. 我有时害怕别人比我经历更多有意义的事。
2. 我害怕我的朋友比我经历更多有意义的事。
3. 我很担心朋友们出去玩没带上我。
4. 当我不知道朋友们在做什么时，我感到很焦虑。
5. 我觉得能听懂朋友们的“笑点”很重要。
6. 有时候，我在想自己是不是花了太多的时间来了解实时消息。
7. 当我错过了与朋友见面的机会时，我会备受困扰。
8. 当我玩得很开心时，我必须上网与他人分享（例如更新动态）。
9. 当我错过了约好的聚会时，我会备受困扰。
10. 即使在休假，我也会密切关注朋友们的动态。

研究人员称之为“错失恐惧”量表，这是研究人员首次通过测量的方式对其下定义。调查结果显示，年轻男性的“错失恐惧”程度高于年轻女性，年轻人的“错失恐惧”程度高于老年人。随后，研究人员继续做了一个标准的评估测试，调查志愿者的3个核心心理需求的满足程度，并试图将其与“错失恐惧”的得分相对应，从而找出其中的关联。这3个核心心理需求分别是：关联需求，即感觉自己与他人相近或相连；自主需求，即自己是生活的主角；能力需求，即感觉自己可以在社会上发挥作用。研究人员最终得出了结论：那些认为3种需求未能得到满足的人最有可能患有“错失恐惧”。而且，“错失恐惧”得分较高的人也更可能对生活感到不悦和不满。还有一点关键的发现就是，这类人最有可能使用Facebook、Twitter、Instagram等社交媒介，因为在这类网站上，他们不仅可以收获自己的存在感，还能关注到其他人的生活，了解各种状况，这至少可以暂时缓解因错过某件正在发生的事情而引发的焦虑。“错失恐惧的心理，”研究人员总结道，“是导致人们沉迷于社交媒介的一个关键原因。”这比年龄、性别，甚至情绪等心理因素都更有说服力。“那些对能力、自主、关联这 3 个基本需求满意度较低的人，与那些情绪较差和生活满意度较低的人一样，错失恐惧的程度更为严重”。

如果我们真的不小心错过了某事呢？如果我们真的与外界失联了呢？“使我感到震惊的是，我们离不开手机的部分原因竟然是这样，”2014 年，《纽约时报》媒体专栏作家戴维·卡尔（David Carr）写道，“我们希望网络另一端的每一个人，无论他是在 Facebook 上还是在 Twitter 上，无论是在网页上还是在邮件中，都能注意到我们当下的存在。我们总是担心自己稍不注意就会脱离别人的视线。”在写下这段话后不久，卡尔于 2015 年意外去世。如果人类的存在是由在网上现身的频率决定的，那么一个人不上网便意味着他不存在。有史以来，人类最强大的行为动机就是证明自身的存在。我们对时光的无情流逝感到愤怒，我们通过哺育后代、创造作品，或在人类的历史进程中竭尽所能地与死亡抗争，来留下自己存在的印记。事实上，如果人类没有那种站出来告诉大家“看，我存在！”的强大动机，真人秀电视节目也就不会存在了。当我们不在线时，当我们没有与人联系时，当我们错过某件事时，我们就不存在了。这就是引发人类最难以忍受的存在焦虑感的罪魁祸首。

这不是上网本身的问题，也不是纯粹的社交媒介使用的问题，这是强迫行为的问题。强迫行为是为了避免孤独、无聊以及与人隔绝的境地。被许多研究人员（顺便说一下，他们通常比他们所研究的网络用户年长几十岁）视为异类的事物，实际上只是一种新的生活、娱乐、社交、沟通和工作方式。“但研究人员目前只能从病理层面进行解释，”正如卡德

菲尔特 - 温瑟在论文中提到的那样，“而把这些现象解释为一种精神障碍似乎有些言过其实了。”

因此，强迫性上网行为被认为是由一些常见的心理特征引发的结果。这种想要感受到与人相连的人类需求，早在马克·扎克伯格想到 Facebook 这棵摇钱树之前就已存在。还有人们害怕“错过”某件事的焦虑、对可变性 / 间歇性奖励的反应，以及想要自己的存在受到朋友和陌生人认可的原动力等，所有这一切都能驱使我们步入强迫性上网的世界。就像玩游戏一样，强迫性上网至少应该被理解为一种应对策略，因为每个人偶尔都需要应对一些状况。与其他强迫行为一样，强迫性上网者感觉自己受到焦虑的驱动，必须不断通过手机或任何其他电子设备查看网络世界中的情况，这是正常的、有效的、可调节的，以及近乎普遍的大脑运作产生的结果。所以，我们应该正视数字化强迫行为。它并不是一种病理性疾病，只不过是网络世界能够走进人心深处，以至于我们很多人都成了数字世界里的受害者。

第 7 章

疯狂还是怪癖，强迫症只是焦虑行为的反应

公元 7 世纪，著作《顶点》(*Climax*)，也就是《神圣攀登的天梯》(*The Ladder of Divine Ascent*) 让其作者约翰声名远扬，从此，他以约翰·克利马科斯（John Climacus）的名字被世人所熟知。我们可以从这本书中看到最古老的、类似于强迫症的强迫行为的描述："凶恶的敌人"迫使我们萌生出亵渎神明的想法，那些"令人难以启齿、难以接受甚至不可思议的话语并不代表我们真实的想法，而是那些从天堂逃出来的憎恶上帝的恶魔强加于我们的"。

强迫行为的起源很早。不难想象，尼安德特人强迫性地囤积乳齿象骨肯定也是常有之事。但在约翰离世之后的几个世纪里，相关的历史文献确实是非常稀少的。1995 年出版的《临床精神病学史：精神障碍的起源和历史》(*A History of Clinical Psychiatry：The Origin and History of Psychiatric Disorders*) 详尽地追溯了社会是如何看待人类已知的各种精神痛苦的，但并未提及强迫行为。该书的作者之一、剑桥大学的杰曼·贝里奥斯（German Berrios）向我解释说，这是因为"我们实在找不到一个能够真正深入地研究这一课题的社会学家"。

毫无疑问，这阻碍了所谓的行为考古学的学科进展，也影响了对不同时期强迫行为的表现形式以及社会对其不同看法的研究。从稀少的有关强迫行为的记载中可以很清楚地看出，在17世纪后期之前，强迫性的想法和行为一直被视为恶魔撒旦所为，必须由牧师来进行救赎，针对宗教强迫行为的诊断和治疗方案，没有任何西方的医疗机构敢于挑战教会的权威。18世纪，在医学工作终于成为一种职业后，非宗教强迫行为偶尔也会被记载下来，但它大多被视为一种有魅力的怪癖，虽然奇怪但却无害，符合人类行为的区间变化范围。在极端强迫行为被确定为神经障碍之前，医师们必须认识到大脑是产生认知和情绪的器官，但实际上，直到1800年前后，医师们才对此达成共识。然而，即便医师们意识到了强迫行为是大脑出现问题的一种表现形式，他们仍在苦苦地寻找着，就像谦逊有礼的维多利亚时代的人和科学家一样痛苦地挣扎着①，不断去探索强迫行为究竟属于哪种障碍。这是一场持久的论战，争论的焦点是：疯狂和理智之间的界线到底是什么？焦虑等适应性情绪是如何偏离正轨的？数百年过去了，这场论战的硝烟仍未散尽。

布置珍品陈列室是一种强迫行为吗

17世纪至18世纪，欧洲皇室成员、学者和药剂师一发不可收拾地爱上了建造个人的“收藏室”，将各种新鲜、漂亮和稀有的东西，以及家里已有的和旅行途中收集的物件都收藏到一个房间里。2013年，纽约曼哈顿的珍宝级博物馆——格罗里埃俱乐部（Grolier Club）在其珍品

① 维多利亚时期以崇尚道德修养和谦虚礼貌而著称，也是一个科学、文化和工业都得到很大发展的繁荣昌盛的太平盛世。——编者注

陈列室（Wunderkammers）的抽屉里和架子上公开陈列了各种收藏品。“Wunderkammers”来自一个德语单词，原意是“奇妙的房间”或多宝格阁。收集、整理、摆放、陈列，人们布置珍品陈列室就是一种强迫行为的表现。他们的动力和坚持的理由显而易见，因为他们所收藏的东西都很奇妙且新颖，有干燥的外来植物标本和微型动物骨架；有贝壳、珊瑚碎片；有人体硬化动脉、肾结石；有古董钱币、奖牌勋章；有化石、岩石；有科学仪器，甚至还有鳄鱼毛绒玩具等，每一样东西都被记录在详细的分类清单中。

与人们对其他事物的狂热一样，这种为多宝阁收藏的狂热也会渐渐衰减，收集狂的许多藏品最后都会被收入欧洲或美洲的大型自然历史博物馆（或某些怪异品展、巡游团）中。但是，坚持布置珍品陈列室却是一种社会公认的强迫行为。这究竟是一种疾病还是正常的文化活动，二者之间的界线很模糊，就像那些收藏品清单上数百年前留下的字迹一样，让人捉摸不透。但无论这个界线是什么，人们对收藏的印象都不再是精神失常，而仅仅是一种疯狂行为，这种行为只在更加敏感的、精致的、受教育程度较高的阶层中才会代代传承。正如托马斯·阿诺德（Thomas Arnold）在其 1782 年出版的《对于不理智、精神失常和疯狂的本质、种类、原因及预防的观察》（*Observations on the Nature, Kinds, Causes and Prevention of Insanity, Lunacy or Madness*）一书中所写的那样，“现代欧洲社会中，相对贫穷和文明程度较低的居民”是不会出现这种行为的。在那个年代，人类的疯狂行为，包括强迫行为，只要程度不重、不过激且得体，似乎都被奉为人类的文明进化、生存繁衍和智慧发展的标志。伊利诺伊大学的伦纳德·戴维斯（Lennard Davis）在 2009 年出版的《痴迷史》（*Obsession：A History*）一书中写道，18 世纪，强迫观念和强迫行为“走进人们的视野，反映了人性的本质，成为专属于天才、名门子弟和优秀者的一大特征”。

1810 年前后，法国精神病学家让 – 艾蒂安 – 多米尼克 · 埃斯基罗尔（Jean-Étienne-Dominique Esquirol）引入了“偏执狂”（monomania）一词，意思是由一连串想法或关注对象而引起的精神失衡。偏执狂的狂热只表现在其关注的事物上，而在其余的问题上他们的行为举止和思维方式均表现正常。埃斯基罗尔一提出“偏执狂”这个术语，它就成了当时法国精神病院里最常诊断出的精神病症之一了。“偏执狂”的概念不仅对人们的行为方式和看待他人的方式做出了解释，甚至还被写进了小说里。在 1886 年出版的小说《有情之人》（*The Man of Feeling*）中，作家亨利 · 麦肯齐（Henry Mackenzie）笔下的主角拜访了贝特莱姆皇家医院，这是英国第一家精神病医院。这家医院里有强迫自己计算彗星轨迹的数学家，还有强迫自己确定古希腊动词正确发音的知名校长。这种难以抗拒的强迫心理，迫使人们去收集或创造、计算天体的运行轨迹、探索古人类语言的奥秘，使这种程度较轻的人类的疯狂，如果它确实是一种疯狂的话，摇身一变成为一种时尚，成为敏锐的头脑和固执的性格的标志。而较为疯狂的强迫行为，也就理所当然地成为智力卓越的表现。

到了 18 世纪末，人们被迫思考某些想法或采取某些行动的案例记录不再仅仅围绕着宗教展开，而开始涉及很多其他的领域。强迫性的表现还有很多不同的行为方式。

强迫行为从宗教层面扩展到反复清洗和检查等日常事务上的另一个原因是，在医疗工作被确立为一种正规职业的同时，强迫行为者不再把全部希望寄托于牧师身上，而是更加倾向于主动向医生寻求帮助。于是，越来越多的精神病学家加入治疗患者的队伍，他们把患者的病例史一一记录下来，于是患者们渐渐发现，原来这些医生真的可以从强迫行为的角度来提供治疗，而不是仅仅局限于对宗教有所顾虑的应对策略。

我们所了解到的一个相关病例是关于塞缪尔·约翰逊（Samuel Johnson）的，他是一位英国散文家、诗人、文学评论家、传记作家和辞典编纂家。詹姆斯·博斯韦尔（James Boswell）所著的《塞缪尔·约翰逊传》（*Life of Samuel Johnson*）于 1791 年出版，其中有一部分描写道，约翰逊走在街上，“同时反复触摸路灯灯柱……他每经过一个路灯，都会故意把手放在灯柱上。他似乎对一条路上共有几个路灯了如指掌，如果走过一段距离后发现不小心错过了一个，他会立即返回，小心翼翼地把这个习惯仪式补上，然后继续顺着原来的路线前行，他是不会放过任何一个路灯的，就这样一直走到前方的十字路口处”。

博斯韦尔还注意到约翰逊“有一种进出房门或走廊的焦虑，假如他要去一个地方，那么他从出发就开始计数，他必须确保自己走了某个固定的步数，所以连先迈哪只脚他都会提前计划好（我不确定他先迈哪一只脚）……无数次，我亲眼看到他突然停下来，神情严肃，似乎在数着走了多少步。他对待这个神奇的行走仪式很严格，容不得一点儿马虎。如果不小心出了差错，他就会再次返回，并且保持正确的姿势，重新开始”。

艺术家弗朗西丝·雷诺兹（Frances Reynolds）是 18 世纪英国肖像画家乔舒亚·雷诺兹（Joshua Reynolds）先生的小妹妹，她描述道：“约翰逊的手和脚会做出怪异的姿态和滑稽的动作，尤其是在跨门槛的时候，或者更确切地说，他每次跨门槛都像在探险一样。威廉姆斯女士是约翰逊的女管家，是一个很可怜的盲人。她总是会陪同约翰逊来雷诺兹先生家。每次一进入雷诺兹先生家，约翰逊就会松开她的手，否则就会与她旋转几圈，因为这一系列的旋转、扭动的动作都是必不可少的仪式。”

无论是学者还是普通人，大多数人都一致认为这些行为只不过是有些怪异和奇特罢了，并不是精神错乱的表现。麦考利（Macaulay）在《塞缪尔·约翰逊传》中说，约翰逊的过人天资和他的“怪癖”密不可分，任何一个伦敦的名门子弟肯定都赞同这一诊断。看到这位奇才在大街上行走时触摸每一根灯柱，他们都“认为这一行为很古怪，但是没什么大碍”，戴维斯写道，“不会有人为此而请来驱魔人”。

怀疑的疯狂

到了 19 世纪，医疗机构终于得到人们的认可，盛行起来，并声称强迫行为应归属于其职权范围。法国医师最先将强迫行为确认为与宗教无关的身体障碍。一时间，强迫行为的相关病例也如雨后春笋般不断涌现出来。医师们开始解析人类的疯狂，讨论强迫行为到底是意志障碍、智力障碍，还是情绪障碍。18 世纪至 19 世纪时期，除极个别的病例外，法国医师普遍将强迫行为视为情绪障碍，而德国医师普遍将其视为智力疾病和意志疾病。

强迫性检查的第一份医学记载报告来自埃斯基罗尔，那位创造了“偏执狂”一词的精神病学家。凭借其敏锐的临床洞察力和基本的流行病学理论知识，埃斯基罗尔对精神疾病进行了详细的描述，并且对精神疾病的发病率做出了有史以来最准确的估测。作为巴黎萨尔佩替耶医院（Salpêtrière Hospital，前身为萨尔佩替耶收容所）的主治医师，埃斯基罗尔致力于为精神病患者提供更为人性化的治疗服务，并因此而闻名于世。他的《那些被认为与精神疾病有关的科学——医学、卫生学、法医学》（*Des maladies mentales，considérées sous les rapports médical，hygiénique，et médico-légal*）是临床精神病学领域的第一部现代巨著。

埃斯基罗尔有一位 34 岁的女患者，她长着一双漂亮的蓝眼睛，却饱受我们今天所说的强迫性检查行为的折磨。“她需要花费很多时间来处理账目和发票，因为总是担心自己会出错。害怕记错了数字；害怕搞错了购买人。”埃斯基罗尔写道。虽然她没有尖叫、胡言乱语这些发疯的迹象，但其所作所为在埃斯基罗尔看来，绝对算是患上了精神疾病，而且是一个“很有意思的病例”。这位女士从 1834 年就开始寻求治疗。她的强迫行为还跟担心污染物有关。“她刷一次马桶要花一个半小时，症状最为严重的时候，甚至要花 3 个多小时，”埃斯基罗尔记录道，“在她起床之前，她会用 10 分钟揉搓双脚，以除掉任何可能暗藏在脚趾缝和脚指甲里的脏东西。接着，反复翻转、摇晃拖鞋，仔细检查后亲手将它们交给女仆，让她再次检查，以确保拖鞋里没有隐藏任何值钱的东西。她每次反复梳头也是出于这个目的。她的每件衣服都要经过数次检查，正面、背面、褶皱处、折痕处都要一一检查到，而且她还要用力甩一会儿……如果由于某些特殊的原因而没能完成这些防范仪式，她就会一整天都焦躁不安。”与现在的强迫症患者一样，这位女士“意识到了她的病情，同时察觉到了这种担忧和防范仪式过于荒谬”，埃斯基罗尔写道。他将其诊断为一种“不由自主的、无法抗拒的和出于本能的活动”，这种活动“既不合情也不合理……但却无法抑制”，这个“可怜的女人”被“束缚”于其中，无法脱身。

这个时期，最常见的强迫行为就是反复清洁和检查，我们有理由将其归咎于细菌致病理论的问世。但其实，随着生活设施越来越便利、分布的范围越来越广，这些便利条件反而成为人们进行强迫性检查的始作俑者，人们时时担心定时炸弹般的煤气灶出问题，为了确保自己在家中的人身安全而实施反复检查的强迫行为。“忧心忡忡，正如现代意义上‘担忧’这个词所表明的，在19世纪走进了英语的世界。”戴维斯写道。

法国医师亨利·罗格朗·杜索勒（Henri Legrand du Saulle）将其命名为“怀疑的疯狂与触碰的疯狂”（la folie du doute avec délire de toucher），并于1875年出版了同名图书。与埃斯基罗尔的观点相反，杜索勒认为强迫行为并不是由智力和意志障碍引起的，他认为强迫行为属于情绪障碍，这更接近于21世纪科学家的观点，即强迫行为源于焦虑。杜索勒称强迫行为是一场“病态的闹剧”。行为者最初受过度担忧污染物而引发的“持续不断的焦虑”所困，继而出现“神经症”。“其表现是害怕接触某些物体以及过度的清洗”。“患者十分清楚这么做很怪异。”杜索勒写道。他们从一开始就能意识到其中的自我矛盾性，这就是强迫症的本质。

在《怀疑的疯狂》（*La Folie du Doute*）一书中记录的27个病例中，有这样一位年轻的女性，有一天，一位“面部癌变溃疡”的人来拜访她的父亲。从此以后，“她便无法摆脱这样一种想法：房子里所有的衣服、物品都或多或少地被污染了，被癌症成分覆盖着。她被这种恐惧感压得喘不过气来……因此她把所有的时间都花在刷洗、搓洗、清洗上。她完全清楚自己的恐惧并没有任何依据，但却无力将其驱散”。多年后，她结婚生子，成为一位母亲。某天她得知一只疯狗曾进过她的房子，她便开始“觉得家具、烟囱、地板、自己的衣服口袋、别人的衣服以及厨房用具上都粘上了‘狂犬病菌’，不敢动手去摸”。“她反复擦拭、刷洗每一件她可能触摸到的东西，渐渐已经养成了习惯，就连去别人家中坐客时也忍不住擦，她也从来不敢碰家里的门环。她为这样的状态感到痛苦（当时她已经 36 岁了），她知道这种焦虑是毫无依据的，便恳求医生把她治好。”杜索勒详细记录了这个病例。但他却并未提及是不是每一个人，甚至包括他自己，有时都会避免不了做这样的事。

美国内战时期联邦军的外科主任威廉·哈蒙德（William Hammond）曾记录过，一位“18 岁的年轻女士”因对污染物产生了致命的恐惧而实施了相应的强迫行为。她在 1879 年接受了哈蒙德的治疗。“她认为自己无法摆脱污染源，觉得每个人都可能会污染到她，原先这个微不足道的想法却渐渐变得根深蒂固，”哈蒙德在 1883 年出版的《医疗关系中关于精神错乱的论述》（*Treatise on Insanity in Its Medical Relations*）一书中写道，“她走在大街上时，每次从别人身边经过她都会小心翼翼地把裙子聚拢起来，因为她担心因裙子碰到别人而受到污染。她每天都要花好几个小时的时间仔细检查、清洁梳子和刷子，即使每次都清洁得很彻底，她还是不满意。她每天洗手的次数超过 200 次。如果没有强行用肥皂和水擦洗过的话，她就什么东西都不敢触摸……”

“每天晚上临睡前脱衣服时，她都会小心翼翼地避免用手接触到衣服，因为马上就要睡觉了，她没时间清洗了，”他继续写道，“因此，她让别人帮她解开扣子，让衣服自动滑落到地上，不去触碰。她坚决不会用手去碰穿过的内衣，只有再次清洗过后才可以碰……她洗完手或检查完梳子和刷子后，剩下的时间都会用来仔细检查每件家具，反复除尘。”这位年轻女士向哈蒙德坦言：“我的这些想法确实很荒谬。”但她就是“无法停止这么做”。

每个人都可能会有一些强迫行为

到了 19 世纪末期，医学界集体认同这样一种观点：强迫行为并不是人类精神错乱的一种表现形式，这与当时社会的理解是一样的。1879 年，英国精神病学家亨利·莫兹利（Henry Maudsley）在他的教科书《大脑病理学》（*The Pathology of Mind*）中说，当“想做些毫无意义的荒谬行为”的需求“将人的设想死死抓住”时，强迫行为就发生了，这种需求迫使受害者“反复实施这一行为，因为只有这样做才能使其安心”。

1894 年，丹尼尔·哈克·图克（Daniel Hack Tuke）在脑神经学期刊《大脑》（*Brain*）上发表了一篇论文，引发了社会上关于强迫行为的讨论。他在论文中指出：“那些未被视为精神错乱的人，可能与真正的精神病人一样，经受着同等程度的精神困扰。”强迫行为的症状千差万别，他继续写道：“包括频繁出现的、过于逼真的特定的想法或言语。”这种精神上的强迫行为还会伴有身体上的强迫行为，与在“走路过程中习惯性地触碰某些物体的人（比如《怀疑的疯狂》里的那个触碰者）正好相反，有些人是心惊胆战地害怕触碰到什么物体”。图克还指出，强迫行为也包括“计算狂”，“即在没有任何节奏韵律、没有任何原因的情况下，想要计数或者无休止地计算的病态欲望”。他为时下流行的造词热潮感到痛心，并抱怨称，“精神病学家”为各种强迫行为创造名词，这会“转移我们的注意力，让我们忘了这些行为其实是人类常见的心理特征的表现”，即“它们是自然而然出现的，是在某个反复出现的难以抗拒的想法的驱使下而实施的某些行为，且患者实际上也能意识到这种强迫性想法或行为”是完全无用的，并且荒谬至极。

这就是早期人们对强迫行为的认知，也就是，其表现形式虽有千百种，例如有的人会查看自己是否撞到了人，有的人会踩自行车踩到大汗淋漓才肯停止，还有的人会疯狂地滑动手机屏幕……但这些强迫行为都反映了一种潜在的精神状态：一种深刻的焦虑，这种焦虑只能通过实施强迫行为才能缓解（虽然只是暂时缓解而已）。图克写到，一个受困于强迫行为的人“完全没有能力抵抗它”。为什么？“过度的精神负荷和激烈的情绪刺激”是产生焦虑的关键因素，因此完全理智的人也可能会出现焦虑。图克认为，引发强迫行为的“轻度”焦虑“在理智人群中并不罕见”。他说，一家精神病院的一名实验室工作人员曾回忆道：“我每天晚上做的最后一件事就是关门，明明十分确定门已经关好，但还是会忍不住回去检查一两次以再次确认。”“我还曾听说过类似的人，他们写好一张支票，小心翼翼地检查日期和签名，直到反复确认没有任何差错后才会将它放进信封里。”图克说道。即使在强迫行为开始进入科学研究范畴的时候，专家们也纷纷承认，强迫行为的程度有时是很轻的，因而将其称为疯狂行为，或者，按照现在的说法，称其为一种精神疾病，也未免太荒唐了。

英国精神病学家乔治·亨利·萨维奇（George Henry Savage）先生认同强迫行为并不是人类疯狂的一种表现这种观点。他指出，强迫行为“非常普遍”，而且“几乎每个人都会有某些强迫行为……拿我自身的一种感觉为例，我相信很多人都会有这种感觉，那就是在人行道上走路时会故意避开裂缝，而且我还会用手杖去敲击路边的铁栏杆……有这些行为的人并不需要被终身监禁在精神病院里”。

然而，尽管图克和萨维奇试图将强迫行为从人类疯狂行为中分离出来，他们的观点却并没有得到大众的广泛认同。英国神经学家、《大脑》杂志的创始人约翰·休林斯·杰克逊（John Hughlings Jackson）将强迫行为描述为“疯狂的错觉”。因此，一场持续至今的辩论开始了。强迫行为到底是精神疾病的表现，还是只是某种人人都在做但程度各异的行为？

想想我们为什么会在日常生活中做出这样的举动，比如擦拭厨房里的柜台、铺床、购买足够几天吃的食物、努力学习和认真工作。你确定没有一丝丝焦虑存在其中吗？超标的细菌、脏乱的环境、饥饿、学业或事业失败等，这些因素难道没有迫使我们感到焦虑吗？人类的行为千差万别，虽然极端的人看起来与普通人不尽相同，但这些极端的人的行为仍属于人类行为的正常范围，我们不应该像对待精神疾病患者一样将其孤立在外。就精神疾病患者而言，其大脑的功能模式已与正常大脑明显脱节。但是，上完厕所后擦洗双手、每隔两分钟查看一下邮箱，以及由其他焦虑引起的强迫行为，随时都有可能困住我们。正如图克在 1894 年所写的那样：“差异就是程度的轻重，而且，真正难的是如何界定什么程度算轻，什么程度算重。”

图克获胜了。到了 20 世纪初，精神病学家基本认同了图克的观点，即由焦虑引发的强迫行为只是神经症，而不是精神病。这些行为虽然怪异、特殊，甚至偏激，但并不疯狂。就连曾经持“疯狂的错觉”观点的休林斯・杰克逊也妥协了，接受了图克的论点，认为虽然这些行为“偏离了正常的心理状态，但至少依旧是人类心理状态中较为夸张和执拗的一种”，它们其实都源于人类共同的焦虑，将“它们视为异常便太过迂腐了”。

自此，有关强迫行为的学术研究盛行起来。1903 年，法国精神病学家皮埃尔・让内（Pierre Janet）出版了一本 750 页的巨作《强迫观念和精神疾病》（*Les Obsessions et La Psychasthénie*），专门探讨强迫观念和强迫行为，但目前这本书还没有英文版。这本书展开了迄今为止关于强迫症的最全面的讨论，详尽地描述了强迫症的各种症状。例如，书中提到了对称性强迫行为，比如当一个人“偶然看到右边有一个红色物体时，他就必须在左边也找到一个红色物体”，让内举例说。他认为，强迫行为源于一种认为事情还未完全做对的感觉，用我们今天的话来说就是焦虑。（在法国，强迫症有时仍被称为“怀疑的疯狂”。）让内认为，强迫行为是“大脑组织的核心结构能量过低”而导致的结果。从根本上来说，一切的起因都是大脑太过虚弱，因此无法阻止造成强迫行为的焦虑的产生。

让内认为，太过平淡无奇的治疗方法往往没有什么作用。他建议受强迫行为所困的人“摄入适量的营养、保持良好的作息习惯、呼吸新鲜空气、避免过度疲劳”，而“高剂量的溴化物可能会有所帮助”。他还认为，让患者保持情绪亢奋会出现奇迹般的治疗效果，他偶尔会为“极度焦虑的患者”开出药方。威廉·哈蒙德给他的那位强迫清洗的年轻女性患者开了镇静剂。英国精神病学家亨利·莫兹利在他的那本精神疾病学教科书中建议患者每天服用三次吗啡，偶尔服用少量砷。

虽然专家们对强迫行为的治疗方法存在不同的看法，但到19世纪末，人们普遍认同了强迫行为“是由紊乱的情绪，而不是由大脑思维”造成的，杰曼·贝里奥斯在《临床精神病学史》一书中写到，“有了众多科学家的支持，大众开始慢慢接受这种基于焦虑而做出的解释，并且在 19 世纪下半叶，‘敏感’和‘情绪’”作为学术研究的对象重新回到大众的视野中。结果可想而知，虽然在 18 世纪和 19 世纪时期强迫行为曾被解读为由意志或智力障碍所致，但到了 20 世纪初，“‘情绪’假设盛行起来”。

疯狂的旅行者：我觉得我必须走

19 世纪晚期，法国出现了一种更为奇怪的强迫行为：疯狂旅行。这一行为在精神病学史的记载中很罕见。他们为什么喜欢这样做？当时的精神病学家们争论得不可开交。不知从何时起，在职员、工匠、工人等工薪阶层的人群中突然兴起一阵旅行风。他们莫名其妙地就朝着某个未知的目的地前行，有的人步行，有的人坐火车，有时出行几周，有时甚至几年，背包里只有几件衣服，口袋里仅有几个法郎，是真正的说走就走的旅行。

1997 年，哲学家伊恩·哈金（Ian Hacking）在弗吉尼亚大学的一场讲座中提出“疯狂的旅行者”这一说法。第一位“疯狂的旅行者”是一位出生于 19 世纪 60 年代法国波尔多的煤气工人，名叫阿尔伯特·达达斯（Albert Dadas）。年轻的达达斯得了这种不同寻常的精神疾病。他一听到马赛这样的遥远的城市，便感到一股强迫的力量驱使他前往那个神秘的地方。于是他每天行走 60 多公里，真的去到了那个城市。但抵达后，他无意中又听到路人谈论非洲，他又受到强迫心理的驱使登上了开往阿尔及利亚的航船。后来他患上了健忘症，常常忘记自己的身份，但仍坚持完成了数次长途旅行。他穿过比利时和荷兰，到达德国的纽伦堡，然后继续一直朝东走。1881 年，他的足迹已遍布布拉格、柏林、波森和莫斯科。1885 年，他从法国西南部城市波尔多出发，最后到达了法国东北部城市凡尔登。

哈金阐述到，一次又一次地，“这种想要走的冲动使他完全无力反抗”。达达斯告诉医生，他“被旅行的冲动不断折磨着”。这种冲动其实就是我们今天所说的引发强迫行为的焦虑。“我只想要旅行，”达达斯告诉医生，“就在刚刚，我想走的欲望突然很强烈，我差点就动身去列日了。”他对医生说，在路上，他总能感到非常“快乐”。如果他突然感到悲伤，那么走 1 公里左右后，“悲伤就会瞬间消失”。当看到别人动身出发时，他就会因自己还在原地而感到万分痛苦，甚至连看到士兵坐上火车上战场他都会心生羡慕。“我实在受不了了，”他向医生倾诉，“我羡慕能够去往全国各地的入伍士兵。”在这种情况下，“我觉得我必须走，并且要走很远。我时时刻刻都能感受到一股力量在推动着我走出去”。

达达斯去过很多家医院，甚至在医院的走廊里，他都会强迫性地走来走去。精神病学家对他进行了现场诊断。有的精神病学家说，这是一种神游状态，类似于癫痫发作后的大脑混乱。还有的精神病学家说，这明明是一种癔症，可以用催眠术治疗。还有的说，不对，这是漫游症（dromomanie）。漫游症是一个新词（来自希腊语，意为“赛马场”），指的是感到紧张、想要逃走的状态。对达达斯的状况研究最为深入的医师菲利普·泰西（Philippe Tissie）则将其诊断为“病态旅游”，并认为病态旅游算得上是精神失常的一种表现。在那个年代，不仅是贵族，就连普通大众，出门旅行也要完全依靠像托马斯父子公司（Thomas Cook & Son）这样的旅行机构的帮助。但是，伦敦的商人阶层在选择旅行社提供的旅程时，往往会慎重考虑再做决定。但达达斯的漫游是“强迫性的、无法控制的”。哈金说：“他的旅行不是为了自我发现，而是为了自我排解。”由此，“疯狂旅行的流行病时代就这样开启了”。

与其他癔症的传播一样，一个先例就足以引发数百个后来者争相模仿。德国医生和俄罗斯医生都记录了很多疯狂的旅行者的病例。意大利北部的医师和达达斯所在的波尔多地区以外的法国的医师也有了同样的发现。无论男人们的生活背景有着怎样的差别（在欧洲，这些病症的患者几乎都是男人，因为女人无论疯狂与否，都很少在 19 世纪 80 年代时独自旅行），也无论他们的旅行有多么与众不同，每一个患者都向医生描述道，他们“受到强烈的想走的欲望驱使，为了让这一欲望得到满足，他们宁愿不顾一切地放弃所有”，1892 年的一篇文章对泰西所在的波尔多医院里的 18 名患者进行研究后总结道。这些患者都深受情不自禁想要游荡的冲动的折磨。但疯狂旅行的冲动来得快，去得也快。哈金解释说，“漫无目的的强迫性游荡作为一个医学领域的研究课题”从 1887 年一直持续到 1909 年，“而后就不复存在了”。

弗洛伊德的解释

接下来，西格蒙德·弗洛伊德登场了。

精神分析学派的创始人弗洛伊德认为，我们现在所说的强迫症是一种最令人着迷的精神障碍，并就此发表了 14 篇论文。然而，他在 1909 年发表的一篇论文中坦言：“我至今仍然没有成功地解析过一个重度强迫症患者的病例。”

尽管如此，弗洛伊德还是很喜欢倾听患者讲述自己的强迫行为。他对强迫行为的解释独树一帜，与先前的解释截然不同，因为他对强迫行为的分析与他对梦、记忆以及患者的其他症状的分析方式是一样的，即象征化的方式。曾有一位 19 岁的女子向他描述了自己睡前的强迫仪式，称不完成这个仪式她就无法入睡。她把卧室的大钟停掉，把其他物品也都全部移走，包括手表。“她的小手表绝对不能出现在她的床头柜里。”弗洛伊德阐述道。她的卧室和父母的卧室之间有一道门，她必须保证这道门是半开的，于是她就会在门口放些东西。她会把花盆和其他器皿都搬出卧室，以防它们突然坠落，还会把枕头摆成钻石的形状。她还会甩动羽绒被，以便让羽绒堆积到被子的底部，但是没过一会儿，她又会焦虑地把羽绒被摊开，把被子弄平整。“人们总是担心事情没有做好，”弗洛伊德记录道，“所有的事情都必须经过反复的检查和确认，但人们还是一遍又一遍地不放心……”

如果依照今天的科学依据，精神病学家很可能将这些行为诊断为追求“正好”的强迫行为，并将其归因于卧室的用品没有按照固定的方式摆放所造成的焦虑。但在弗洛伊德看来，这位年轻女子的强迫性睡前仪式其实充满了某种隐晦的含义，通常是性层面的。卧室用品象征着她想怀孕的欲望（因为它创造了她生育的窝）。钟表象征着性：钟和手表象征着“女性的生殖器功能，因为它们与月经的周期性过程有关”，而且“女性通常会炫耀自己的月经像钟表上的时间一样规律”。此外，“钟表的滴答声可能与性高潮时女人阴蒂的悸动很相像”。这个被他诊断为“神经质”、具有“广场恐怖症和强迫性神经症”特征的女子把这些东西都移出了卧室，因为她想要消除“在夜晚出现的女性生殖器象征符号……”，弗洛伊德在一次演讲中解释到。他认为，花盆、花瓶这样的容器也是女性的象征，这位女子在睡前仪式化地挪走它们，是为了消除她对自己在新婚之夜阴道不流血的担忧，因为那样就会表明她并不是处女。弗洛伊德讲述道，开始的时候，这位女士否认了他的象征化的解释，但最终还是“全盘认同了”，并放弃了“整个仪式”。

弗洛伊德并没有局限于这名患者的强迫行为，进一步提出强迫观念和强迫行为通常起源于儿童时期（和其他精神疾病一样）。当一个男孩或女孩想要参与暴力或性的游戏却遭到父母的阻止时，无法满足的欲望和被阻止的行为之间就会发生冲突，由此导致欲望背后的精神能量受到“压制”。这种能量隐藏在潜意识之中，最终在成年后以强迫观念和强迫行为的形式爆发出来。一直到 20 世纪 60 年代，大多数精神病学家都对弗洛伊德关于强迫症的各种解释表示赞同，包括无意识和精神压抑以及自我防御机制。

令人觉得讽刺的是，就如同一个鞋匠赤脚走在路上一样，弗洛伊德自己也会表现出某些强迫行为。“他手里拿着笔，到处写，一直在写，他总是这样。”传记作家莉迪娅·弗莱姆（Lydia Flem）在《弗洛伊德其人》（*Freud the Man*）一书中讲述道。他还会强迫性地工作，从早上一直到傍晚，连着接诊很多病人，然后晚上开始写作，一直写到凌晨两三点。弗洛伊德承认：“我真的很难想象，没有工作的生活对我来说会是舒适的。冥想和工作对我来说其实是一回事，除此之外，其他的事情在我眼里都很无趣。”他为此而忏悔，并表达了自己内心的恐惧。他害怕自己的言语苍白无力，害怕自己的思想枯竭，而且“无法自控地为这种可能出现的挫败而害怕得瑟瑟发抖”。他“从不”指望“在任何时间和任何情绪中都有高效的工作能力”，因为他确实可能经历连续几天“什么都想不出来”的日子，因此他害怕“失去工作能力和奋斗能力”。从他的措辞中，我们不难联想到，这像是一种被焦虑甚至是内心的恐惧所驱使的强迫写作和强迫工作的行为。他担心自己有一天会无法工作或写作。

弗洛伊德称强迫性疾病为强迫症（Zwangsneurose），这正好符合了奥地利裔德国精神病学家理查德·克拉夫特－埃宾（Richard von Krafft-Ebing）创造该词时的本意，克拉夫特－埃宾将不可抗拒的想法称为强迫症。在英国，Zwang 对应的英文意思是“被迫的”，但通常被译作“强迫观念”，但在美国，Zwang 则通常被译作“强迫行为”。强迫症一词的出现，让问题迎刃而解。也就是说，虽然如今的精神病学家和研究人员都在努力强调强迫症的双重性，即强迫观念引发焦虑，只能通过实施强迫行为才能缓解焦虑，但最早的研究人员是将二者视为一个整体的。

疯狂囤积的泼留希金

弗洛伊德认为，世界上存在某种“肛裂三联症”[①]，反映的是吝啬、整洁和固执这三种性格特征。他认为，孩子们意识到他们没有力量对抗他们的父母，便是一种创伤性的觉醒。有些人是通过囤积或掌控财富的方式来进行应对的。肛裂三联症的说法保留了性格因素（产生于精神分析师对人体下部区域的迷恋，以及他们认为儿童会出于某些错综复杂的原因而忍住大便的想法，这样的想法只有信奉弗洛伊德的人才能够接受），成为《精神障碍诊断与统计手册（第 3 版）》中强迫型人格障碍诊断标准的基础。囤积行为便是强迫型人格障碍的 9 个诊断标准之一。

这标志着，长期以来人类社会对囤积行为的看法发生了转变。在文学作品中，强迫性囤积行为常被描述为一种怪癖或某种性格缺陷，但从未被视作疯癫的表现。在果戈理 1842 年的小说《死魂灵》（*Dead Souls*）中，富裕的地主泼留希金在工作坊里囤积了“各种木材和从未使用过的物品”，果戈理写道，“带钉子的、弯曲的、连在一起的、编结的：曲面桶、敞口桶、浴桶、焦油桶，不带壶嘴的酒壶、带壶嘴的酒壶、酒瓶、篮子、筐，村里的妇女用来放亚麻布料和其他破东西的小木箱、弯曲的

① 肛裂三联症一般是指肛裂日久所导致的肛乳头肥大、哨兵痔、肛裂三者。常见症状为疼痛、便秘、便血。——编者注

白杨木薄板、桦树皮编织的花篮”等木制物品。他囤积的东西太多了，以至于“随便拿出来两类东西，他可能一辈子都用不完”，但“对泼留希金而言，这些还远远不够”。

泼留希金被迫积累更多的东西，他每天都会到村里的路上走一大圈，盯着“桥下和梯子下”看，一切废物在他的眼里都是值得被囤积的珍宝。当地的农民称他为“渔民”，因为他这种习惯就像渔民甩开一张大网打捞鱼儿一样，他在家附近四处搜寻“旧鞋底、女人的抹布、铁钉、陶瓷碎片”等。泼留希金每天从村里捡完一圈以后，“清洁工都没有必要清扫了”，果戈理写道，如果一名路过的军官掉了一个鞭子，不用想，过不了多久它就会被捡到那个人尽皆知的仓库堆里；如果一个女人把水桶落在了村口水井边，那这个水桶肯定就会被他拿走。果戈理在书中交代了原因，称泼留希金的这种贪婪是由妻子的过早去世以及孩子们的离开所造成的，这些遭遇使他失望透顶（他后来娶了一名军官，成为一个赌徒）。《死魂灵》出版后不久，“泼留希金”这一名词就成了一个流行的俄语俚语，用来形容囤积被丢弃的、无用的物品的那些人，而俄罗斯精神疾病学领域则采用“泼留希金综合征”这一术语来描述囤积症。

对囤积行为的文化认同很快就遍及了欧洲。查尔斯·狄更斯（Charles Dickens）于 1853 年出版的《荒凉山庄》（*Bleak House*）一书讲述了一个关于英格兰的大法官法庭的长篇故事。书中的克鲁克是一个爱囤积破布、瓶子和纸张的落魄商人，还是一间公寓的房东，书中的另外两个角色住在这间公寓中。“一面窗户上贴着一张红色造纸厂的图片，图片中一辆大车正在卸下一大堆旧衣服，”狄更斯写道，“有的写着‘买来的骨头’5 个大字。有的写着‘买来的厨房用品’。有的写着‘买来的废铁’。有的写着‘买来的废纸’。还有的写着‘买来的男士和女士衣柜’。一切似乎都买好了，但是没有什么东西在卖。窗户下面堆着大量的脏瓶子：酱瓶、药瓶、生姜啤酒瓶、苏打水瓶、泡菜瓶、葡萄酒瓶以及墨水瓶。”

具有讽刺意味的是，文盲克鲁克还被迫囤积了一大堆文件。“他对此感到无比狂热，这么做他就会认为自己拥有了很多的办公文件，”狄更斯写道，“他一直说接下来的 25 年时间里要学习阅读它们，鬼才会相信他说的话。”这里有一个重要的细节，囤积者之所以会拒绝放弃他们的财富，其实是出于“以防万一”的错觉。他们总是觉得一个个看似无用的物品，有朝一日肯定都会派上用场。狄更斯在讲述这个故事的时候，似乎表明了自己对囤积的看法。或许，他并不认为囤积行为百无一用，因为他接下来告诉读者，在克鲁克的大堆文件中，确实隐藏着一纸可以解决旷日持久的詹狄士状告詹狄士（Jarndyce v. Jarndyce）案子的证明。

与克鲁克一样，夏洛克·福尔摩斯有着“摧毁文件的恐惧”，柯南·道尔在 1893 年发表的一篇故事《墨氏家族的成人礼》（The Adventure of the Musgrave Ritual）中写道：“特别是那些与他过去处理过的案件有关的文件，但他只是每年或每两年才会花精力把它们记录和整理一遍……因此，日复一日，他的文件堆积起来，直到房间里的每个角落都堆满了手稿。但他也坚决不会把任何一张纸烧掉，并且除了他自己谁都没有权利把它们收起来。”（不得不承认，很多办公室里的工作人员都是这样的，至少在电脑和移动设备出现之前大多都是这样的。）据传记作者约翰·迪克森·卡尔（John Dickson Carr）称，柯南·道尔也有很多的笔记本、日记、新闻剪报和信件，它们都被堆在温德尔舍姆庄园（Windlesham Manor）中，那是他在苏塞克斯乡下的家。

威廉·詹姆斯（William James）认为，追寻财富是人的本能，但他没有思考过这种本能是否会过度发展。精神分析学家埃里克·弗洛姆（Erich Fromm）对此进行了思考。他在1947年出版的《为自己的人》（*Man for Himself*）一书中提出，囤积倾向是人可能产生的4种“非生产性人格倾向”之一。① 弗洛姆认为，囤积倾向的标志是缺乏对人类的依恋，并且喜欢将对人的依恋转移到物体上，所以囤积者往往不会在社交场合中露面。弗洛姆写到，它还有一个特点是，这些人想要“建立环绕自己的防护墙”，主要目的是“尽可能多地把东西带入这个防护阵地中，并尽可能少地将其移出”。吝啬也是囤积的一个原因，他说，这种吝啬不仅仅体现在处理金钱和物品上，而且还体现在“对待感情和思想上”。他认为：“对于囤积者来说，爱情本质上就是一种占有。他们不会给予爱，而是试图通过占有‘心爱的人’来获得爱。”

根据弗洛姆的论述，囤积倾向盛行于17世纪和18世纪。在那个时代，商人、店主等新兴中产阶级仍很“保守，相比于无情的掠取，他们更喜欢利用自己保存下来的东西，在有秩序的经济环境下赚取利益”，他在《为自己的人》中写道。对于这些人来说，“财富是自我的象征，保护财富就是在保护一种至高无上的价值”。他们有一种“归属感、自信心和自豪感”。换句话说，我们今天认为是精神障碍的囤积行为，在弗洛姆看来却是广泛的社会群体所具有的共同属性。

但弗洛姆对囤积者的描述其实在很多方面远远逊色于后来的解释。他表示，囤积者“对从外部世界获得的任何新事物都没有信心”。他们将

① 其他三种倾向为“接纳倾向”，即等待可能发生在自己身上的事情；“剥削倾向”，即强硬地拿到自己想要的东西；“市场倾向”，即把自己视为一种商品，把价值定为自己愿意出售的价格。

注意力集中在囤积和存储上，“任何一点儿花费对他们来说都是一种威胁”。他甚至更加离谱地指出了囤积者会做出某些特有的面部表情，例如“嘴唇紧闭”，以及表示“反悔”的手势等。除此之外，他还描述了囤积者“近乎迂腐般的追求秩序”和“强迫性清洁”等问题，这在今天的囤积研究人员看来都是很诧异的。

被取代的弗洛伊德，关于强迫行为的新解释

在埃米尔·克雷佩林（Emil Kraepelin）出现以后，弗洛伊德对强迫行为的解释才真正受到了挑战。这位精神病学家提出了“强迫性购买”这个概念。克雷佩林并不认为每个奇怪的行为都是缘于未能得到合理解决的儿童性幻想。相反，他认为许多强迫行为就像恐惧症一样，是由恐惧心理所驱使的。这与现代人们的观念大同小异，即它们是因为焦虑而产生的。克雷佩林认为，一些患有“强迫性恐惧症”的患者“被这样的想法所折磨……他们认为自己因与他人接触而受到污染或中毒”（很多证据表明，强迫清洗行为持续了几个世纪）。克雷佩林写到，其他一些强迫行为者的强迫行为则是由于担心“撕毁的任何一张纸都有可能是有价值的文件”这种焦虑所引发的（这是囤积者的心理阴影，他们不敢扔掉任何一张碎纸片，例如，来自 1979 年的一张碎纸片）。还有些强迫行为者害怕书籍会“成为传染病源”，他们还会通过“频繁地擦拭餐具”或“检查每一块食物”来清除污染物。更有些强迫行为者受到不确定的事情的困扰，比如他们“是否已经关上了门，或者寄走的信件是否已被密封好”。我们现在进入了强迫行为的现代阶段。

克雷佩林强调，强迫行为是由大脑之外的冲动所驱使而产生的行为。

强迫行为“并非源于正常大脑对动机和欲望的先前意识”，他在 1907 年出版的《临床精神病学》(*Clinical Psychiatry*) 一书中写道：“患者所实施的强迫行为似乎并非出于自身的意愿而是被迫而为的。”克雷佩林断言，实施强迫行为能够给人带来一种宽慰的感觉。这种想法依然盛行，人们坚信强迫行为可以缓解难以忍受的焦虑。

说来也奇怪，克雷佩林所接触到的强迫行为都是很常见的形式，因此称它们为精神障碍的表现似乎有点不妥。他说，例如，有些人被迫记住一个名字，如果他们没能“一直想着这个名字而不小心把它忘掉了，就会躺在床上辗转反侧，努力地回忆它，直到想起来为止，否则紧张的情绪就会得不到缓解”。有些人“被迫思考”数字，“可能会强迫性地数就餐客人的数量，餐桌上的叉子、刀子和杯子的数量”。还有些人被迫不断自问：“宇宙是如何创造出来的？”克雷佩林承认“这类事件也会发生在正常人身上”。这预示了轻度强迫行为是相当常见的，虽然与其相比，极端强迫行为给人们带来的折磨是排山倒海般的，但其实这些轻度强迫行为也源于焦虑。

第 8 章

强迫性囤积，用囤积行为对抗焦虑

回想起自己的问题，邦妮认为一切都是从丈夫格伦从工作单位带回家的空硬纸箱开始的。这些纸箱大、中、小型号不等，看起来并没有什么特别之处。邦妮只是用它们来存放各种杂物，包括她还没来得及阅读的杂志、她期盼着以后可以去旅游观光的美景的剪报、她孩子的旧玩具和她只在特殊场合下才会使用的精美盘子等。几十年以来，这些充满了生活气息的物品赋予了这些纸箱重要的意义。几年之后她才愿意向我吐露这一切。

邦妮的婚姻是很不幸的。她有 4 个儿子和 1 个女儿，中间还曾流产 7 次，其中的一次就发生在圣诞节当天，她流产了，失去了一个女儿。格伦是邦妮大学时代的恋人。20 世纪 70 年代，格伦曾服役于美国海军陆战队，这段经历给他留下了可怕的回忆，甚至在之后的数年间他都无法摆脱这些回忆。无数次在噩梦中，他梦见对方狙击手就埋伏在暗处，向自己所在的排开炮；他带着战友穿行在丛林间的小路时，埋藏的地雷突然爆炸；身着黑色隐身衣的敌人从恶臭的草丛中突然跳出来，用刺刀刺穿他的身体。每当格伦梦到这些场景时，邦妮都能察觉得到，因为他会四处蹬手蹬腿，直到发现邦妮就躺在他的身边……然后他瞬间惊醒，试图用手掐住邦妮的脖子勒死她。

邦妮和格伦住在克利夫兰市东部，离她小时候生活的地方很近。自从她的孩子上小学开始，她的婚姻就变得毫无快乐可言，甚至她的身体总是会布满瘀伤。“我还记得，那段日子里我满脑子的想法都是我不想活了。”她告诉我。她不知该向谁求助，于是便把全部的精力都放在了孩子们的身上。“我把自己的东西全都尘封起来，”她说，“我总是想着，以后有时间我一定会读那本书的，有一天有心情了我会继续织毛衣的。”

箱子很快就被塞满了。纱线、针和书只是个开始。邦妮还存放了一些用于制作桌布和孩子衣服的布料，以及翻修家具所需的材料。她还收集了各种绉纸、硬纸板、画图用纸和木屑，用于制作少年棒球联盟的游行花车，以及儿子们参加童子军所必备的东西（野营炉具和帐篷、木杆、斧头、几十本个人勋章簿等）。这些箱子似乎在一夜之间就被塞满了，但格伦会继续带更多的箱子回家，新的箱子也总是很快就被塞满了，格伦便一直持续不断地再往家带回新的箱子。

他们的房子其实很小，有 3 个小卧室，1 个浴室。客厅面积约 9 平方米；厨房面积约 7 平方米。整个房子里只有一个嵌入式衣橱，不在一楼，而是在 4 个儿子同住的小卧室里。邦妮和格伦连一个梳妆台都没有，他们不愿意把钱花费在这样的物品上。虽然邦妮小的时候“有洁癖”，但现在每天都把家人的衣服胡乱地堆放在椅子上或一股脑地塞到格伦陆续带回家的箱子里。“但我还是能够控制住这一切的。”她说。

等到孩子们都长大离家以后，邦妮就变得越来越焦虑了，她觉得自己的生活好像“没了奔头”。格伦也换了很多次工作。格伦在外工作时，邦妮会在家囤积卫生纸、花生酱和其他不易腐烂的物品，以备不时之需。起初，她囤积的东西在碗柜里就能放得下，但不久后“东西开始成堆了”，她说。她的声音里明显显露出了惊讶，好像她完全不知道这一切是如何失控的，以至于发展到如此可怕的地步。

她囤积的东西不只有各种杂货。“我还喜欢保存各种信息，所以我会把一周的新闻报纸都留下来，”邦妮说，“先将它们堆成小堆，然后便越堆越高。”她把所有的信件和各种文件都装进袋子里，因为她难以确定哪些是重要的，需要留下，哪些可以丢弃，于是袋子越积越多，“纸堆得一天比一天高，越堆越多”。每天下班，格伦都会带着两三个箱子回家。“他从没送过我其他东西，”邦妮告诉我，“我把这些箱子看成他送我的礼物，所以我要把它们都保留下来。”2012 年，格伦中风去世，永远地离开了她。

突然有一天，她放眼望去，发现家里已经被分割成了一条条羊肠小道，在数个比肩高的物堆中间开辟出的一条条狭窄过道。

在前门的后侧，10 个装满信件的巨大塑料袋摇摇欲坠。这些信件大部分都是在格伦离世后寄来的，邦妮一直没有精力去处理它们。无论是在厨房里还是在走廊里，巨大的塑料袋都从地面堆到了天花板，里面装满了童子军活动上用的盘子、杂志剪页、书籍、小家电、雨伞……她根本记不清每个袋子里都塞了些什么。她的卧室里也被各种衣服、书籍和玩具塞满了，没有了落脚之地。床上也堆满了衣服，几乎让人没法睡觉。

她绝不会丢弃孩子们的任何一件旧衣服，其实她本可以把那些旧衣服捐给一些困难家庭。对邦妮来说，检查那么多袋子和那么多堆文件，任务量之大几乎不亚于古希腊神话中的英雄赫拉克勒斯（Hercules）清扫奥吉亚斯的牛圈（Augean stables）。① 赫拉克勒斯在 12 年中完成了 12 项英勇业绩，其中一个就是在一天之内将奥吉亚斯的牛圈打扫干净。但一想到还没来得及看一眼、分下类就将这些东西丢掉了，邦妮便会感到心如刀割般的焦虑。报道小儿子在伊拉克海军服役期间生活的文章、当地报纸刊登的母亲去世的讣告等都堆在里面，只是不知道究竟是在哪一堆里。

她也不愿意丢掉孩子们的玩具，特别是装着小儿子玩的乐高积木的那些玩具桶，小儿子曾用这些积木搭建起了一个个美丽的城堡。她也不忍心丢掉那些木质的火车玩具模型或多余的烤面包机、微波炉。“我们从小就受到不要浪费东西的教导，”邦妮说，“我不是购物狂，我也不喜欢去商店买东西。这些东西都是我们过去一直在用的，这些年我们都给保留下来了。一看到孩子们的旧衣服，就能勾起我从前美好的回忆。我不知道这是为什么，但我能感受到这种依恋。”

---

① 古希腊神话中的英雄赫拉克勒斯自幼在名师的传授下，学会了各种武艺和技能，神勇无敌，成为闻名遐迩的大力士。他因受到心胸狭窄的天后赫拉（Hera）的迫害，不得不替迈锡尼（Mycenae）国王欧律斯透斯（Eurystheus）服役十几年。——译者注

和许多囤积者一样，邦妮囤积物品的乐趣在于拥有那种将其保存起来且放在身边随时可见的感觉，并非使用这些物品时的体验。她其实知道，事实上，那些旧家电根本派不上用场，那些从报纸上剪下来的文章对生活也没什么帮助，她以后也根本不会再用那些材料做童子军花车了，但只要把这些物品永远地保留下来，似乎一切的可能性就仍然存在，也可以让与之相关的记忆永不消散。她的囤积行为是为了保留一切可能性，而将实际情况搁置一边。

在我们交谈的过程中，邦妮翻了翻堆在身边的箱子，好像突然想到了一些别的事情。好多堆到天花板的箱子都是空的。尽管市政当局曾经威胁她说，如果再不清理房间，就会对她收取罚款，但她还是无法做到在收垃圾日按时把垃圾拖到路边。“这些是我丈夫送给我的唯一的东西。”她轻声告诉我。

我劝她清理一些物品出来，先把建筑检查员应付过去再说。她指向那些有关健康、园艺和度假胜地的剪报，以及漂亮的房间和窗户装饰的照片。邦妮把它们按主题分好类，放在了贴有对应标签的箱子里。“我觉得我的问题在于，我总是会做些奇奇怪怪的梦，”邦妮终于说出了心里话，“我做过一个梦，梦见我们的生活变得很幸福，我们拥有一个美丽的花园，住在和杂志图片上的一样漂亮的卧室里，全家人一起外出度假。但我丈夫赚的钱一直很少，这些梦境根本无法实现。与其对梦里不切实际的东西抱有幻想，想着梦里虚无缥缈的度假胜地，不如依恋这堆剪报。我实实在在拥有的就是这堆剪报。”

收集行为并不等于囤积行为

毫无疑问，囤积行为与收集行为有很多共同的关键特征，这就像轻度强迫行为也是严重强迫症的一种表现一样。这些剪报会时刻提醒着邦妮，让她对幸福的家庭生活始终抱有幻想，这和哈佛大学法学院的退休教授艾伦·德肖维茨（Alan Dershowitz）的表现极其相似。2016 年，德肖维茨卖掉了他积累了近半个世纪的犹太文物集。“我不得不卖掉它们，这真是让我心如刀割，”他解释道，“我其实一直想要留下自己与过去的联系。”

收集通常被视为一种无害的甚至很迷人的行为。退休律师尼尔·阿尔伯特（Neale Albert）拥有 4000 多本微型书，这些书印刷精美，装订考究，高度不超过 8 厘米。最小的书只有一粒米的大小。他在曼哈顿上东区有一套豪华的公寓，他的部分藏书就存放在公寓楼顶的“小阁楼”里，还有 20 个装书的箱子存放在仓库里。家里的空间足够大，而且这些收藏品的体积又都很小，所以他还是能把家里打理得井井有条。

舞台和电视舞美设计师尤金·李（Eugene Lee）收集的物品种类各异，有老式打字机、艺术装饰喷头、老式办公桌、放在柳条篮子里的手杖，还有从跳蚤市场淘来的数百张油画和剪影画，这些物品就像稀有的邮票密密麻麻地贴在书里一样，把一面墙占得满满当当。他的妻子布鲁克则专门收集 1900 年后生产的锡质小地球仪，一共收集了 200 个。这些地球仪的直径从几厘米到 30 厘米不等，全都摆放在客厅的墙架上。他们的家如果稍加规划，那看起来简直就像一个博物馆。虽然他们在罗得岛州普罗维登斯（Providence）的这座乔治亚风格的豪宅完全不像囤积者的房间那样杂乱无序，但里面却堆满了各式各样的东西。“但我们并没有到疯狂的程度。”布鲁克在 2014 年接受《纽约时报》的采访时说道。

囤积行为确实比收集行为更为严重一些，这在很多重要的方面均有所表现。囤积者在获取和保存物品甚至活物（囤积动物便是另一种可怕的行为）时，一种强烈的强迫性动机让他们忽略了自己内心的真实需求，不顾物品是否有实际用途，甚至不在乎自己是否已经拥有了这些物品。囤积者无法停止购买，只能一直被动地任由各种物品进入他们的生活中。他们无法舍弃已经到手的东西，就算到了囤积的物品把家里占满、堵住房门、家人被迫爬窗户进屋的地步，他们也改变不了囤积的嗜好。囤积者通常不知道自己究竟囤了哪些东西，于是会多次购买相同或类似的东西却并不一定真的使用它们。他们囤积的目的就只是让自己知道某件物品存在那里而已。许多囤积者会对自己的所作所为感到惭愧，但并不是每个囤积者都如此。对于部分囤积者来说，就算他们囤积的物品已经把家里挤得水泄不通，他们还是能从强迫性获取和保存的行为中获得安慰。如果不这样做，一股焦虑的情绪便如鲠在喉，让他们感到十分不舒服，只有囤积才可以将其抑制下来。他们最偏爱的囤积物是书包、书籍、文件、报纸和旧衣服等。

囤积状态也不同于无节制的杂乱无序的状态。杂乱是一种长期处于混乱状态或根本不在意房间秩序的一种表现。处于杂乱窘境的人会很希望别人能够帮助自己把这些物品找出来，然后处理掉。但强迫性囤积者则恰好相反。当你问他们，这些东西可以回收还是可以当垃圾丢掉，或者可以捐赠给有需要的人吗？他们简直心痛如刀绞。他们宁愿死去，也不愿面对这样的问题。

其实，像邦妮一样的强迫性囤积者大有人在。他们随时处在家里无处落脚或发生火灾等意外情况时救援人员连门都进不去的危险中。因此，全美各地的社区正在积极建立特别工作小组，帮助囤积者对房屋进行深度清理，以使他们的家里有落脚之处（在社区工作小组看来）。这些工作小组有的是由政府赞助成立的，有的完全是由志愿者自发组织成立的。这些工作小组通常由社会工作者、治疗师、消防部门成员以及援助老年人（格外有囤积倾向）的机构代表组成。1989 年，第一个囤积工作小组在弗吉尼亚州的费尔法克斯市（Fairfax City）成立。到 2007 年，已有 5 个工作小组成立了。截至 2016 年，仅马萨诸塞州就有 27 个这类工作小组，而全美其他的地方则共有 100 多个（在加拿大、英国和澳大利亚也有此类工作小组）。

具体有多少人是强迫性囤积者还有待调查。2008 年，一项题为《全国疾病调查回答》（National Comorbidity Survey Replication）的研究调查了大约 10 000 名成年人的心理健康状况，并发现其中有 14% 的人在某个年龄段有过囤积症状。然而，欧洲相关研究的调查结果得出的终生患病率仅为 2.6%。2008 年，约翰斯・霍普金斯大学的人格障碍流行病学研究结果表明，在任一时间段内，都有约 5.3% 的人会表现出强迫性囤积行为，我采访过的很多专家也都认为这个结果可能是最接近准确值的。研究人员安排精神病学家与 735 人进行了面谈，通过询问“丢掉破旧的或毫无价值的东西对你来说是否极其困难？举一些你自己的例子。这对你或对别人来说是一个问题吗？”来确定他们是否符合《精神障碍诊断与统计手册》中的强迫性囤积诊断标准。

约翰斯・霍普金斯大学的这项研究也提供了一些关于囤积行为的统计数据。囤积行为在男性中出现的概率（5.6%）比在女性中出现的概率（2.6%）高出不止 1 倍。但其他研究也发现，主动寻求帮助的囤积者却以女性为主，这说明男性更不愿意承认自己所表现出的囤积行为或并未将其视为一个问题。丧偶似乎是囤积行为的一个潜在风险因素。人的年龄越大，囤积行为的发生概率就越高，在 34 岁至 44 岁的人群中为 2.3%，在 55 岁以上的人群中为 6.2%。这很可能反映了至少三个原因。首先，经年累月，人们囤积的东西越来越多，也越来越难以舍弃它们。其次，随着年龄的增长，人的记忆变得越来越珍贵，与记忆相关的物品也就变得越来越重要。最后，更重要的是，伴随衰老而来的认知减退症状也更容易导致囤积现象的发生。

多达 80% 的人都患有囤积障碍，他们需要获取过量的物品。而其余 20% 的人则像邦妮一样，他们买回家的东西并不比我们多，但他们永远不会丢掉任何信件、杂志、报纸、日常生活所需的盒子、袋子、包装纸和容器等。

自真人秀节目《囤积者》（*Hoarders*）在艺术娱乐频道亮相以及《囤积：被活埋的生命》（*Hoarding: Buried Alive*）在旅游生活频道开播以来，媒体纷纷将目光聚焦到了囤积者的身上。自从我为写作这本书做研究和写报告开始，我就专门在谷歌上设置了“囤积行为”的新闻推送。这个设置其实很糟糕。从它推送的一则新闻报道中我了解到，一位警官向记者讲述道，2014 年 6 月，康涅狄格州的一名女子因家中囤积的“信件、邮包、瓶子、文件、报纸、杂志等各种我们所能想象到的物品”倒塌了，不幸被砸中身亡。在这个只有一层的房子里，大部分的房间里都囤积着“堆到天花板”的物品。无奈之下，政府部门的相关工作人员在房子的外面钻了个洞，用反向铲挖出大量杂物后才最终进到房子里面。

2013 年 4 月，在新泽西州新米尔福德市（New Milford），68 岁的克利已经失踪整整两个月了。由于拖欠房租数月，物业在法院的许可下进入了她的家中去清理房间，并在卧室里的一堆衣服、毯子和垃圾下面发现了她的尸体。“她的尸体都已经干了，尸体的腐臭味、垃圾臭味和无人看管的猫的体味混在一起。”镇警察局长向当地一家在线新闻网站的记者讲述道。同年夏天，明尼苏达州圣保罗市的一个房子着了火，消防员们及时赶到，为奋力营救房子里被困的人，他们用电锯锯开了窗户和门，等终于进到房子里后，却发现里面的人已经死亡。死者周围的囤货“从地面一直堆到天花板”，消防局长描述说，各种书、麦片盒、小摆设统统都堆在里面。

这些极端状况的背后，可能正隐藏着囤积行为的关键之处。那种想要囤积的感觉对我们来说并不陌生，主要是因为很多人都喜欢给某些物品赋予超出其客观内在价值的意义。这种行为就像强迫行为一样，虽然并不罕见，但还远远构不成强迫症。德肖维茨解释说，他有着收集犹太文物的强迫行为，例如，收集被纳粹党没收的逾越节使用的家宴盘子，印有汉字的犹太教经书《托拉》（*Torah*）的卷首插画，以及其他来自世界各地的各种物品。他是这样解释的：“我看到了就会买回家，这是对它们的一种保护。每件文物对我来说都是很重要的。”[①] 如果收集犹太文物这种行为未能引起你的共鸣，那么现在，翻翻你的硬纸箱、文件柜，或其他保存着“贵重物品”的地方，看看这堆东西：你的大学文凭（学校已经存档）、婚礼的请柬、孩子的成绩单、与配偶第一次约会的餐厅里的一盒火柴（丢掉的话会让人觉得可惜！）、父母的婚礼照片、自己或孩子在体育比赛上赢得的奖杯、第一个孩子出生时睡觉用的摩西篮子（丢掉的话也很可惜），你舍得丢掉吗？如果人类对这些物品感受不到丝毫的留恋，

① 《纽约时报》曾报道过德肖维茨的藏品将进行拍卖的消息。

那反倒是人性的一种缺失。其实，理解这种极端形式的囤积行为，可以帮助我们更好地理解我们每个人身上都可能存在的囤积行为倾向。我们每个人的身上都可能会有极端囤积行为的些许痕迹。

囤积行为的过去，科利尔兄弟综合征

囤积是一个非常常见的行为，从但丁到果戈理，很多作家都曾注意到它。20 世纪 90 年代以前，关于囤积行为的研究主要集中于心理学和精神病学领域。虽然那个年代的新闻报道比现在要少得多，但偶尔也会有与囤积行为相关的病例被公布出来。“精神病学领域对囤积行为的关注大概是从 30 年前才开始的，”在 2013 年的国际强迫症基金会年会上，心理学家兰德・弗罗斯特（Randy Frost）告诉我，“原因可能是这样的，虽然大部分的心理健康专家都目睹了某些行为，但这些行为若不属于《精神障碍诊断与统计手册》中的具体类别，这些专家也就不会将其认定为某种问题行为。他们只会说，这只是懒惰和邋遢，‘改正过来就好了’。”1966 年，在一篇讲述某种异常行为案例的报告文章中，文章作者第一次提出了“强迫性囤积”这个概念，“强迫性的”这个形容词用来区分正常的保存收集行为与病态的保存收集行为。

但直到 20 世纪 90 年代，无论对精神病学家还是对普通群众来说，强迫性囤积这一精神障碍仍是一个认知盲区。1990 年，弗罗斯特在史密斯学院教授一门有关强迫症的课，班里共有 12 名学生。有一天，一名学生向他问及囤积行为的时候说：“以前，我妈妈总是会说，‘把你的房间打扫干净，不然你就会落得像科利尔兄弟一样的悲惨下场’。”

20 世纪中叶在纽约长大的人应该都对科利尔兄弟的故事有所耳闻。他们的名气丝毫不亚于当时的市长和总统。哥哥霍默·科利尔（Homer Collyer）是一名律师，弟弟兰利·科利尔（Langley Collyer）是一名工程师。1947 年 3 月 21 日的早晨，纽约市警察局接到了一个电话，报案者称“科利尔兄弟的别墅里有一具尸体”。接到电话以后，几名警察随即赶到了别墅。科利尔兄弟的别墅位于第五大道和第 128 街交汇处的西北角。这幢褐色的石砖别墅共有 3 层，12 个房间，房子里面成堆的报纸就像密集的砖块一样，把各个房间都挤得不见缝隙。警察们费尽全力仍没能把地下室的门打开，正门和高层的窗户也被垃圾堆堵得严严实实。一名警察想办法从二楼的窗户挤了进去，屋内的景象令他目瞪口呆……成堆的旧炉灶、书、盒子、自行车、杂志、报纸、土豆去皮器、马车座、无数把雨伞、汽车零件、老式 X 光机、14 架钢琴、老式越野车、福特 T 型老爷车以及其他各种废旧物，这些物品总计上百吨重，从房屋内的左侧墙壁一直堆到右侧墙壁，从地面堆到天花板。房子里只能看见几条羊肠小道，每个房间、地下室和阁楼里都是这样的场面。

出于对闯入者的警惕，两兄弟设置了诱捕陷阱，可以明显看出，其中的一个陷阱在警察抵达的几天前曾被意外地触发过。经过两个小时的搜寻后，一名警察发现了哥哥霍默的尸体。失明的霍默长年卧床不起，显然是饿死的，终年 65 岁。工人们用了整整 18 天的时间才将垃圾从窗户清理出去。1947 年 4 月 8 日，他们终于从垃圾堆中找到了弟弟兰利的尸体。两兄弟出生于纽约一个显赫的家庭（他们的父亲是一名医生），事业顺风顺水，却因为囤积而沦落到欠税、没钱赎回抵押品、被断水断电甚至生活完全无法正常进行的境地，并最终因此丧生。同年，那座别墅被夷为了平地。

当弗罗斯特第一次听学生讲述这个故事时，他还不知道囤积行为是一种精神障碍。“囤积行为是一种处在各种学术名词边缘上的症状，文献中也只能找到几个小段的相关案例报告。”他告诉那名学生。“但是，”弗罗斯特继续回忆道，“我建议她在当地的报纸上发一则通告，召集一些生活杂乱无章的人。她照做了，我们收到了约 100 个回复。”这些志愿者成为弗罗斯特完成初步研究的核心成员。“与这些人面谈时，我发现他们都很有趣，从那时起直到现在都一直吸引着我。”弗罗斯特说。

囤积行为属于强迫症吗

自此，弗罗斯特开始了一段漫长的囤积行为研究之旅，也因此在囤积行为研究领域中声名鹊起。1993 年，他与人合作完成了首篇系统的关于囤积行为的研究著作（其他的学术论文都只是对囤积行为的案例史进行了总结），题为《物品囤积行为》（*The Hoarding of Possessions*），并将囤积行为定义为“对看似无用或价值有限的物品的获取，且无法将其丢弃”。

直到 1996 年，已发表的关于囤积行为的学术论文仍不足 10 篇。从囤积行为在精神疾病学领域的分类上就可以看出，学术界对囤积行为的研究并不是很感兴趣。加州大学圣迭戈分校的精神病学家桑加亚·塞克森纳（Sanjaya Saxena）说：“虽然囤积行为被正式列入强迫型人格障碍中，但临床医生还是会收到这样的建议，若遇到严重的囤积行为的案例，可以考虑将其诊断为强迫症。”

其中的科学道理并不是很可靠，研究人员很大程度上是依据囤积行为和强迫症的部分重叠而得出的结论。研究表明，10% 至 30% 的强迫症患者也有囤积行为，而囤积障碍患者中也有 12% 至 20% 的人同时患有强迫症。但相比于表现出囤积行为，强迫症患者罹患重度抑郁症、广泛性焦虑症、社交恐惧症、注意缺陷多动障碍的可能性会更大。囤积行为在强迫症常见症状中排名第四位（强迫性祈祷和其他形式的顾虑仅次于囤积行为），并不像强迫性清洗或检查那么常见。精神病学家其实也心知肚明，“强迫症和强迫型人格障碍都不能很好地解释囤积行为”，塞克森纳说。

最关键的问题在于，囤积者并不觉得保存物品或丢弃物品的想法是干扰性的或外界强加于自己的，这与强迫症患者的感觉正好相反。（还记得莎拉·奈斯里吗？她的一部分大脑告诉她猫咪弗雷德不在冰箱里。）囤积者认为，对物品的依恋以及一想到要丢掉物品时就悲痛欲绝的心情，便是他们正常的意识状态。对一个囤积者来说，想要保存物品、爱护物品以及从中获得安慰的这些想法都是他的意识状态。而且，至关重要的区别在于，这些想法不会给囤积者带来痛苦，但引发强迫症的想法（煤气灶可能没关、马桶座可能很脏）却会对强迫症患者造成困扰。恰恰相反，像邦妮这样的囤积者，他们只要能看到或想到自己的物品，知道自己正拥有着它们，就能从中得到安慰。而只有在想到自己有一天要被迫扔掉它们，或者在这种杂乱无章的境况中生活的实际困难时，这些囤积者才会感到痛苦。

然而，将囤积行为划分为强迫症的一种表现形式，其实也不无道理。

害怕舍弃对个人有意义的（多年前的剪报能让你想起梦中那个做新娘的场景）或有潜在价值的（有人可能会用得上这些盒子！）物品，类似于强迫症的强迫观念，而强迫性地将它们保存下来则很像强迫症的强迫行为。于是，1987 年出版的《精神障碍诊断与统计手册（第 3 版）（修订版）》将囤积行为列为强迫型人格障碍的症状之一，而 2000 年出版的《精神障碍诊断与统计手册（第 4 版）（修订版）》建议："当囤积行为发展到非常极端的地步时，应考虑将其诊断为强迫症。"

精神疾病学本该是一门有着坚实基础的学科。但遗憾的是，那些以此为傲的精神病学家在纠结于第 5 版《精神障碍诊断与统计手册》该如何对囤积行为进行分类时，发现"几乎没有任何经验证据可以支持将囤积行为作为强迫型人格障碍的诊断标准之一"，他们在一篇研究论文中写到。将囤积行为列为强迫症的表现之一也会存在一些问题。当强迫症患者进行囤积时，他们的物品通常堆放得很有条理，物品必须全部堆叠整齐，并且按照大小、颜色或其他标准分好类。他们更喜欢囤积一些奇特的物品，并赋予它们某些神奇的意义，就像避免踩人行道上的裂缝就可以防止灾难发生之类的意义。强迫症囤积者也可能被迫实施与其囤积的物品有关的仪式，例如检查和计数。但这些都不能用来给真正的囤积者下定义，真正能展示强迫症和囤积行为之间关联的是大脑神经影像。"你瞧，囤积者的脑部成像与其他强迫症患者的脑部成像没有任何重叠之处，"塞克森纳说，"相似之处甚少，差异反而更多。"

《精神障碍诊断与统计手册（第 5 版）》将囤积行为从强迫症和强迫型人格障碍的分类中移除了。"囤积障碍"成为一种独立的精神疾病，而不是这两种精神疾病中任何一种的症状。这标志着囤积障碍这个概念终于成型。

囤积者的 6 个基本特征

自 1993 年弗罗斯特的开创性研究问世以来，近 20 年的研究进一步证实了弗罗斯特所提出的囤积者的基本特征：

- 他们从童年或青春期就开始表现出强迫性囤积行为。囤积行为有助于他们为各种可能发生的事情做好准备。也许邦妮有朝一日真的会重新装修房子（奇迹确实会发生），那她保存的装修杂志就能派上用场了。囤积者喜欢购置备份的物品，因为他们一想到所需的东西用完的场景就会感到强烈的焦虑，于是他们会在行李箱、口袋和车里都放入很多的备用物品，以备不时之需。60% 到 80% 的囤积者都会购买或以其他方式获取过量的物品。他们保留了 9 个坏掉的旧的加热器，这样在第 10 个加热器爆裂时，这 9 个加热器的某一个零件就可能会用得上。他们还保留着很多平时根本不会穿的旧牛仔裤，以备"新"裤子破了洞时的不时之需。只要想到他们永远不会缺失那些必需品，他们就会由衷地放下心来。
- 他们很难做出决定，而且在面对多种选择时往往会比非囤积者更难做出决定，例如决定点哪道菜或观看哪部电影等。"从彼此矛盾的选项中做选择对他们来说很难。"塞克森纳告诉我。所以，他们不知道该买 18 个喷壶中的哪一个，他们无法确定陆续从酒店带回家的 43 个牙刷中的哪一个是他们真正需要的、哪一个是可以在下次的慈善活动中捐出去的。他们也无力将成堆的东西按"保留""捐赠"和"扔掉"来进行分类。大脑的执行功能之一便是做决定，除此之外，还有对物品进行分类、对某些任务比如整理保持关注、思考诸如哪些物品应归为有实际价值的类别而哪些物品应归为无用的类别等复杂问题。“我们认为，做决定的难度与大脑中的问题信息加工过程紧密相关，”弗罗斯特告诉我，“在囤积者的大脑中，做决策的功能总是不管用。做决策就发生在囤积者高度活跃的大脑区域里。”这说明做决策的大脑回路中总会有干扰出现。

- 做决定这种行为会引发囤积者的焦虑，就像接触公共厕所就会给过度担忧污染物的强迫症患者造成心理痛苦一样。囤积者的焦虑中还混杂着害怕扔掉某些本该保留下来的东西的恐惧。而将生活中的一切东西都保留下来，就能让他们免于决定什么该留、什么该丢。结果可想而知：商店的收据混着汽车登记单，大学毕业证书混着空汽水瓶，结婚戒指混着泛黄的报纸，新靴子混着沾满泥土的平底鞋，整个家都将被这些杂物堆满。
- 囤积者大多是完美主义者，这使他们做决定的过程变得更加困难。他们对做出完美的决定缺乏信心，无法决定要保留什么或扔掉什么，所以干脆不做任何决定。他们索性一直拖延，不去面对那些需要整理的堆积物和亟待完成的任务。“因为他们担心会犯错，”弗罗斯特说，“曾经有一个女人，她无法说服自己去打扫房间，原因竟是害怕自己打扫得不够好。”
- 囤积者经常会对生活中的每件物品都表现出强烈的情感依恋。对他们来说，避免丢弃那些情感价值很高的物品，就不必经历丢弃它时的痛苦情绪，或意识到它不复存在时的焦虑和悲伤。正如 1994 年出版的《精神障碍诊断与统计手册（第 4 版）》中所描述的那样，囤积者保留的物品不完全是毫无价值的东西，他们保留的物品无异于他人保留的物品。只不过他们保留的物品更多，比其他人保留的多很多而已。

- 就连那些在别人看来是垃圾的东西，囤积者也能看到它们的实用价值，还能发现其中所蕴含的无限可能性，所以他们会觉得丢弃就是浪费。弗罗斯特和他在波士顿大学的同事盖尔·斯特克蒂（Gail Steketee）发现，囤积者对浪费深恶痛绝，他们一想到要丢弃某种日后还会有用的东西就会感到非常痛心。当然，行为并不符合《精神障碍诊断与统计手册》中诊断标准的很多人也会憎恶浪费。（有没有人不想浪费从餐馆打包回来的食物？）我们都听说过这样的人，或者我们本身就是这样的人，在路边看到即将被垃圾车收走的"漂亮"家具时会感到焦虑。所以很多不符合《精神障碍诊断与统计手册》中诊断标准的人也会保留一些东西，以备不时之需。说不定自己以后会突然想看那盘光碟或想读那本旧杂志。不同之处在于，囤积者选择保留一切，以备不时之需。

囤积者不一定非要让每样东西都物尽其用，他们只要知道东西存在那里就足够了。一位囤积者告诉弗罗斯特，一张写着神秘电话号码的碎纸片很可能就蕴藏着一个难得的机遇。她肯定不会把它扔掉，但也不会拨打上面的电话，只是把它看成一种可能性，纯粹的可能性，这种可能性永远都不会消失。她既不期待它能改变什么，也不会为之感到失望。毕竟，邦妮从来没去囤积的广告册上的景点旅游过，也不会为了模仿囤积的杂志里的漂亮房子而突然开始重新装修。现实会让人失望，但未实现的梦想却永远不会。

囤积者总是有着超强的发现事物的各种可能性的能力，鲍勃·哈策尔（Bob Hartzell）就是其中之一。多年来，哈策尔每次喝星巴克咖啡时都会取下隔热杯套。因为他觉得，攒下的杯套套在一起，弯成漂亮的形状，足够做很多的节日花环。他还会积攒装打印纸的硬纸箱。他的前一家工作单位是一个药品分销公司。在公司允许的前提下，哈策尔经常会把硬纸箱带回家中。最开始带几个，然后是几十个，直到他位于俄亥俄州的公寓里足足攒了 200 多个。他计划在箱子里存放螺丝钉和工具等各种杂七杂八的物品，日复一日，箱子便从地面堆到了天花板。“我不敢扔掉任何东西，因为我以后可能会需要它们，”他告诉我，“我总是会有这种顾虑，这么好的盒子要是白白扔掉实在是太蠢了。”

哈策尔偏爱各种容器。他的柜子里有一整个抽屉装满了药瓶，厨房的餐桌上摆满了塑料盒、塑料罐、瓶子、锡箔纸碗、壶、盘子和数不清的塑料袋。随着容器越积越多，他感觉到了一种更为紧迫的焦虑，他称为“废弃焦虑”，意思是如果听从自己的理性思维，把囤积物品中的无用东西淘汰掉，他的全身就会被焦虑填满。“后来我开始把东西统一归放，比如某个箱子只能用来装瓶子，不能装任何不相关的物品，这对我来说已经是非常大的改变了。”他说。

从那时开始，哈策尔就把药瓶都统一收在了一个专门的箱子里，但很快新的问题就出现了。有一天，他下定决心要把它们都扔掉，随即就陷入了一种窒息般的焦虑中。以后我可能会需要它们，他想，这是浪费。他用尽全力把成箱的药瓶扔进了垃圾箱。没有把它们放置在一旁以便等待回收利用对他来说已经算是一种胜利了，这代表他承认了有些东西确实只是垃圾而已。但他为此深感痛心，一股巨大的焦虑感就像静脉收缩一样，真切地在他的全身蔓延开来，但他忍了下来。在收垃圾日那天，那些瓶子永远地离开了哈策尔。但令人感到无奈的是，哈策尔的目光马上又落在了已经空下来的箱子上，箱子上贴着“瓶子”的标签，堆在最高处。这些瓶子被废弃掉了，就像一个失去孩子的母亲一样，看起来如此孤独。后面的事情可想而知，哈策尔又开始攒瓶子了。“这种囤积行为就这样不经意间又继续下来。”他疲惫地说道。

我们在哈策尔夫妻俩的小家里聊天的时候，哈策尔不停地踱来踱去，一会儿盯着标签看，一会儿爬到高处去看上面的箱子里面装的是什么，一会儿弯腰去读箱子底部隐藏的标签：“这些箱子里装的都是各种文件、杂志、旧报纸……哦，天哪！这几个箱子大概有 10 年之久了，但都没有贴标签。我已经不记得里面都装了些什么了。”箱子里面还装着成堆的旧家具、窗帘、木制百叶窗、硬纸箱、坏掉的椅子、电脑箱、塑料软管、网球拍、爆米花罐头、小地毯、猫砂盆、置物架和花盆等。哈策尔也不知道事情怎么就发展到了这个地步，感觉就像是陷入了一个国际象棋残局的梦魇中：“就好像新的棋子正在不断地进入棋盘，我无力阻止，也无法摆脱。”

喜欢对物品赋予情感意义？丢弃有潜在用途的物品会产生焦虑？害怕做出决定？是的，没错。哈策尔具有强迫性囤积行为的几点关键心理特征。当我问他，他是怎么变成这样的时候，哈策尔思索了一阵子，回想到了 20 世纪五六十年代时自己的童年生活。那时的小男孩都不敢表露出自己的感情，任何悲伤、

> 失望、沮丧和寂寞的情绪都要藏起来。“如果你说自己心情不太好，大人们会说，小男孩别有情绪，”他回忆说，“他们甚至还会嘲笑你。于是我学会了把自己的感情隐藏起来。我渐渐就养成了这一习惯。我永远在告诉别人‘我挺好的’。我觉得这就是为什么我对物品的依恋超过了对人的依恋。物品不会批评你，也不会对你有任何的要求。”
>
> 你肯定以为哈策尔的生活因囤积行为而难以维持下去，但其实，他的工资是很高的。他的妻子在一所有名的大学里工作，而且是一位钢琴家。虽然他愿意尽快把那些物品都丢掉，但把它们保留下来还是会让他感觉好受点儿，甚至更有益于他的身心健康。

无论科学家们最终将囤积行为的表现解释为难以做出决策、对各种物品赋予情感意义、不想浪费东西，还是同时表现出以上所有特征，不可否认的是，囤积行为的直接动机就是规避囤积者因丢弃物品而产生的焦虑。于是上述的各种行为在囤积者中都非常常见，因为不这么做的话，他们就会遭受难以承受的痛苦。对于社交焦虑障碍患者来说，与他人交往是种折磨，所以他们习惯与自己独处。囤积者也一样，他们不能舍弃自己的物品，因为只是想想这件事就会让他们感受到切肤之痛，甚至痛不欲生。

除了科学家归纳的以上 3 个特征以外，囤积者还有其他各种各样的特征。有些囤积者善于社交，有些却性格孤僻（后者往往是囤积行为的后果，而不是囤积行为的原因）。有些工作能力很差，有些在专业领域内非常优秀。有些囤积者在自己和他人之间筑起杂物堆的高墙，让自己远离外面的世界，而有些人却觉得囤积只是一种填补生活空缺的方式，那些永久保存的、永不离开的物品可以带给人一种永恒的感觉。他们知道没有什么是永恒的，一切都会消逝，因而深感焦虑，于是囤积便成为扼杀这种焦虑感的一种方式。

囤积行为很少会带来愉悦感和自豪感，这两种感觉可以用来区分囤积行为和收集行为。囤积者可能会将每件物品都视为宝贝，但绝对不会展示给别人看。他们只是觉得，只要东西放在那里就很安心。

> 米歇尔就是这样的人。在亚特兰大国际强迫症基金会年会期间，她告诉我，她在 20 世纪 70 年代加入绗缝俱乐部，参与制作纤维艺术品，从此便一发不可收拾地走上了囤积之路。起初，她囤积的物品在桌子上就可以放得下，但渐渐地，这些物品便堆得遍地都是。她甚至开始囤积橡皮图章和织布。她说："我是一个搞艺术的人。""所以别墅里那间最大的卧室里（顺便提一下，她和她丈夫于 1970 年买下了一座总面积 102 平方米的三居室小别墅）到处都是我的东西。我的艺术项目太多了，"她叹了口气说，"我有一个织布室，一个工艺室，还有一个专门用来存放各种印有橡皮图章的艺术用品的房间。我知道我的强迫行为都源于'搞创作的兴趣'，我喜欢缝纫、针织、勾线、给布上色、印染、蜡染、摄影、书法，等等。我是学艺术专业的，并且欣赏世界上所有美好的事物。"
>
> 然而，她真正完成的艺术项目却屈指可数。米歇尔经常在救世军购物中心购买一些蓝色的牛仔裤，只是为了裤子上的口袋。"我觉得蓝色牛仔裤上的口袋很漂亮，"她告诉我，"我可以

用它做出很多东西来。”她停顿了一下，继续说：“但家里已经没有空地方能容纳缝纫机了，所以我没办法做。”是什么东西占了地方了？我问她。“书！我喜欢书。”说着说着，她的眼睛突然一亮。“客厅里有一些装杂志的箱子、装书的箱子，有的箱子里还放着我以前剪下来的但从没读过的文章，都堆得很整齐，”她很肯定地对我说，“我在箱子和箱子之间留了很宽的过道，并不像羊肠小道那样窄。”虽然客厅里的两把椅子上都堆满了东西，“但是完全不影响人走路”。

三间卧室的衣柜里都塞满了她的衣服。“我到处收集 T 恤衫。”她解释道。她还租了三个储藏室，也全都被塞满了。虽然米歇尔并没有像大多数囤积者一样，对她的东西保持强烈的情感依恋，但很显然，她也被一种“我以后可能会需要这个东西”的想法束缚着，而且一直被一些看似永无休止的艺术项目牵绊着。“有一次，我想尝试着认真整理一下箱子里的东西，”她说，“我把所有箱子都贴上了标签，但是这需要花很多的时间，任务量大到让人不知道该从何下手。你能想象到这些箱子里的物品清单有多少吗？我必须全部仔细检查一遍后才能把东西扔掉，但我又没有那么多时间。或许我可以试着从厨房开始，然后处理客厅的东西……再然后，我可以把车库的东西带回来，然后进行分类……”她的声音越来越小，小到后来我已经听不清了。

如何消除囤积行为，扔掉无用的物品真的那么难吗

至少她的想法是正确的。囤积者知道怎样才能改变自己的状况。但问题是，他们通常并不愿意这么做。他们原本就知道自己囤积的原因和

目的。要知道，强迫性囤积行为者不会有自我矛盾的感觉，他们并不会认为想要囤积的欲望与自己的真实想法和核心价值观相违背，这一点与强迫症的情况有所不同。这种感觉本质上就是对囤积者的定义。因此，“大多数的囤积者几乎都不会寻求治疗，除非他们的配偶威胁说要离婚，家人发出了最后通牒，或房东威胁要撤回租房合同。”治疗师特伦斯·舒尔曼（Terrence Shulman）说。舒尔曼在密歇根州创立了舒尔曼强迫性盗窃、消费和囤积行为治疗中心。在提到那些向他求助的囤积者时，他还说：“这些问题并不是物品本身所造成的，罪魁祸首其实是其背后的情绪。囤积者并不确定自己是否可以解决这样的问题，这种不确定性给他们造成了很大的心理压力，甚至让他们无法正常生活。如果突发的洪水或火灾导致他们失去了这些东西，说不定他们反倒会长舒一口气，感到放松了。”

尽管目前还没有人真正找到克服囤积行为的治疗方法，但许多研究表明，有一种认知行为疗法是有效的，至少对部分囤积者来说，是有一定效果的。治疗中认知环节的主要目的是，帮助患者或客户正确认识囤积行为，给他们上一些设立目标的课程（从轻松的目标开始，例如，在下个疗程开始之前摆脱某个物品，或者拒绝某个即将到手的物品），并训练他们学会整理物品和做决定。这种方法已被写进了一个名为“埋在宝藏中”（Buried in Treasures）的项目中，同名图书由兰德·弗罗斯特和盖尔·斯特克蒂执笔，于2007年出版。在每周13次、每次2小时的治疗过程中，一位训练有素的引导员（不一定是专业人士；诊疗手册可在网上免费查看）会引导参与者思考自己为什么要保留他们带回家的某些特定的杂物，并探讨是什么阻止了他们把这些杂物扔掉的举动。囤积者还会训练自己给杂物分类的能力，通常从小物件着手，例如有的人会从厨房操作台开始（这么做能让囤积者获得满满的成就感，没有什么能够比厨房又能使用了这样的进步带给人更大的欣慰了）。

自 2007 年以来，研究人员一直在测试这种方法，测试结果令人备受鼓舞，于是他们着手进行合理的实验。例如，在弗罗斯特和斯特克蒂于 2013 年牵头的一项研究中，46 名囤积障碍患者被随机分配到该认知行为疗法小组和等待小组[①]中。干预治疗包括至少 25 次、每次 1 小时的疗程，辅以多次家访，为期 9 到 12 个月。通过认知治疗和行为治疗的结合，心理学家首先会帮助囤积者了解自己的动机。很多人往往都对自己囤积的原因知之甚少。治疗师还会尝试教囤积者以不同的和更健康的方式看待物品、回忆以及自身，并让他们进行思考，扔掉无用的物品真的那么令人憎恨吗？捐赠已故丈夫的衣服真的是对爱情的否定吗？还有更多类似的问题供他们思考。根据临床医生对患者家庭的评估，研究发现，3 个月后，接受治疗的患者中有 43% 的人有了“很大的”或“极大的”改善，而等待小组中的患者则无一人得到改善。（囤积行为很少能够实现自愈。）研究人员在《抑郁和焦虑》（*Depression and Anxiety*）杂志上发表的文章中报告称，在接受了为期 26 周的进一步治疗之后，71% 的囤积者有所改善，且大多数人都能保持他们已取得的成果。一年后，62% 的患者有了很大或极大的改善。

南森·布里奇（Nathan Blech）在他的见面会小组成员和他自己身上都尝试过这种认知行为疗法，尽管他并没有像做实验一样严格实施每一个步骤。当他邀请我去他位于布鲁克林的公寓看看时，一想到他之前给

① 研究人员经常用等待小组作为实验的对照组，因为他们认为想要参加但未能成功报名参加“埋在宝藏中”项目的人，与实际参与者的动机和囤积行为的严重程度等特征是相似的。

我看过的家里堆满杂物的照片，我就在想我该怎么从他家的门进入呢？但那已经是“以前的事了”。那时候，布里奇保留着重达数百斤的文件，其中包括祖父的大屠杀回忆录。这本回忆录是用铅笔写的，是祖父强迫自己撰写的一份家族历史研究项目文件（否则那些被纳粹杀害的家人的遭遇就会永远地消失在人类的历史中）。祖父同时还留下了数千页的笔记手稿、翻译手稿和相关的家族研究项目文件。那时候，从 T 恤衫到牙刷，几乎所有的东西，布里奇都要特意保留 6 份或 12 份，甚至 60 份，多到他一辈子都用不完的程度。但后来一切都改变了。布里奇与合作者共同创建了囤积者见面会小组，每周会在曼哈顿的一座摩天大楼里召开两次见面会。布里奇会在会上分享自己的训练内容。他用了几个月的时间，让自己不再囤积物品（尽管每次拒绝接受熟食店的店员送他的 6 个免费鹰嘴豆泥托盘简直会让他抓狂），并且一件一件地把家里的杂物堆都清理干净了。

由于囤积的大部分物品都是纸张，布里奇下定决心，要买台碎纸机，用来把家里堆积了十几年的税务文件全部都处理掉（不只是退税表，还有报税记录）。买回来的碎纸机在家中放置了好多天，它就像恶魔一样，等待着要吞噬掉所有的纸张，甚至包括他自己。每个最终成功克服囤积行为的人都有一种独特的领悟力和洞察力，布里奇就是这样。如果退税表中的某一页被粉碎掉，那么这份文件就不完整了，就像莎士比亚全集中没有《哈姆雷特》就不完整一样。“现在它已经不再完整了，”布里奇解释道，“再粉碎下一页退税表就变得容易多了，然后再粉碎证明文件。一旦把 1997 年的处理完，再着手销毁 1993 年的就变得容易多了，就这样一直继续下去。”当布里奇带我参观厨房、卧室和客厅时，我看出了他的尴尬，那里还是有很多纸袋、塑料袋和几十个装着历史文件和研究文献的文件夹（整齐地摆放在一个巨大的墙柜架子上），以及数十件 T 恤衫

（存放在嵌入式的抽屉中）。但我对他说，这其实已经很好了，他给我看的照片里的杂物堆基本都被清理掉了，而且目前留下来的这些东西都是常见的生活用品，他满意地笑了。

为什么会出现囤积行为

强迫性囤积行为的诱因可能是某个长期存在的东西，例如囤积者邦妮因为一张承载着自己梦想的泛黄报纸而忧郁不已；也可能是一种严重的创伤，例如当失去配偶或孩子时，囤积者就会保留他们拥有的每件物品，若丢掉这些珍贵的物品，他们便会心怀愧疚，觉得自己就像夺去了亲人的生命的宇宙一样残忍。事实上，《精神障碍诊断与统计手册（第 5 版）》中的一项研究发现，很多囤积者称，他们的问题是从配偶离世或子女离开家时开始出现的。这些至亲已经被夺走了，所以他们绝不允许任何东西再次被夺走。

弗罗斯特发现，大约一半的囤积者在刚开始囤积和保留物品的时候，都曾经有过一段特殊的经历。帕蒂就是其中之一。在看到我发布在 Craigslist 上的囤积者召集通知后，帕蒂找到了我。她告诉我，大学毕业后她就从父母家里搬了出来，她把自己所有的东西都堆放在她买的二手车里，例如日常的衣服、书、电子产品以及她为了记录生活而保留下来的全部信件的复印件（大部分都是她在外地念大学时写给父母的信件）。但某天晚上，帕蒂的车被偷了，从那以后她便再也没见过那些东西。几年后，相似的境遇又出现了，由于忘记支付储藏室的租金，里面所有的东西，包括衣服、唱片、家具、小饰物、钟表、文件和灯具等，都被物业卖掉了。帕蒂说，从那以后，“我开始喜欢保留东西，我想把所有的东西都放在自己的身边”。这会带给她一种安全感。她看到这些东西就会很安心，因为她知道东西就在那里，是不会离她而去的。

那些因突然失去某人或某物而开始囤积的人，相比于那些没有经历过这类创伤的人，其囤积行为通常会开始得更晚一些。而那些强迫性囤积行为发展得很缓慢的人，其囤积行为的起源往往可以追溯到童年时期。人类本性中有一些东西，如稀缺的隔代记忆和与生俱来的对物质的占有欲望，会让很多儿童从小就开始收集某种东西，可能是昂贵的娃娃或动作人物模型，也可能是甲虫的尸体。将近 70% 的 6 岁以下儿童都会这么做。即使一个孩子的收集欲望有可能存在演变成过度囤积行为的风险，也很难发展到把家里分割成几条羊肠小道的极端境地。因为孩子们既不独立，也没有可支配的信用卡。他们的一切收集行为都会受到父母的限制，囤积于他们而言就更是妄想了。父母总是一如既往地命令孩子，去清理你的房间，该扔的就扔到垃圾袋里。妈妈们每天还会翻看孩子的书包，检查有没有“遗忘”的家庭作业，顺便会把里面的旧纸和垃圾都扔掉，她们也许根本就想不通，这些无用的东西怎么会被孩子视为宝贝（“妈妈，我的蛾子尸体哪儿去了？！”）。

囤积行为大多是在童年时期初露苗头的，在 8 到 10 岁之间。正如成年囤积者在判断和做决策等高级认知过程中会经常遇到困难一样，执行功能较差的儿童则更容易出现囤积的倾向。所谓执行功能，就是包括整理、计划和关注等功能的一个笼统的术语。当一个人在整理方面存在困难时，他便无法确定自己想要的是什么，与自己无关的是什么，多余的又是什么。你丢了一支笔或一本书，于是你想要获取更多的东西。

曾有一项研究问到参与者他们的囤积行为开始的时间，通过年龄较大的强迫性囤积者给出的答案得出，平均年龄是 29.5 岁。当研究人员继续提出更多的调查问题，把囤积者引向童年和青春期的事件中时，囤积者们回忆起自己在更年轻时出现的囤积问题，或者至少可以说是一些体现了囤积倾向的问题。那时的他们和后来一样，有着同样的需求，想要获取和保留物品，丢弃物品会让他们感到焦虑或伤心，但那个时候他们还是孩子，无法采取行动。这也刚好契合了其他研究所得出的结果。那些研究也要求囤积者回忆自己是从何时开始获取过量物品的。研究结果表明，开始获取过量物品的平均年龄约为 12 岁，有 80% 的人表示自己的囤积症状出现在 18 岁之前（2010 年的一项研究将囤积行为的开始年龄划定为 11 至 15 岁）。当然，青少年时期，人们想要对自己的行为和空间拥有更多的自主权。他们会靠零花钱、课后兼职赚取的工资和其他经济来源来实现财务独立。囤积行为就像青春痘一样，在青少年中非常常见，而且在家长看来，囤积行为就跟生活秩序混乱、做事粗心大意一样，无可厚非。所以很少有家长或青少年自己发现囤积行为的迹象，也就更不可能将这些行为跟精神障碍的标志联系在一起了。

波士顿大学的研究人员在强迫症专题会议上讲到，成年囤积者很可能是在囤积者家庭中长大的，这与其他一些研究的结果恰好吻合：50% 至 80% 的囤积者至少有一个近亲或是绝对的囤积者，或是收藏爱好者。这个数值听起来似乎很高，但要知道，与其他有着一定遗传因素的行为一样，囤积行为并不是 100% 会遗传给下一代的。约翰斯·霍普金斯大学的强迫症家族研究于 1996 年至 2001 年期间展开，该研究对 800 多名强迫症患者进行了评估，最后发现只有 12% 的囤积者的直系亲属中也有囤积者：一位有囤积行为的父亲育有 8 个孩子，但只有 1 个孩子后来发展成了囤积者。

囤积行为究竟是如何遗传的？这是一个尚无定论的问题。2013年，曾有英国科学家报告称，囤积行为的遗传因素只作用于男性，并不会对女性产生影响。该研究对3974名同卵双胞胎和异卵双胞胎展开了调查，这些双胞胎的年龄都为15岁，每一个参与者都需要填写一份关于囤积行为的自我评估报告。这个双胞胎研究的基本原理是，由于同卵双胞胎具有完全相同的基因，而异卵双胞胎只有一半可变区的基因相同，因此比较两类双胞胎的相似程度可以为确定遗传基因所发挥的作用的大小提供一些线索。如果同卵双胞胎更相似，则表明遗传基因的作用更强。科学家在《美国公共科学图书馆·综合》（*PLOS One*）杂志上发表的文章中报告称，女性双胞胎囤积行为的发病率为2.6%，男性双胞胎为1.2%。但两者都是囤积者的同卵双胞胎兄弟的数量比异卵双胞胎兄弟的数量多（基因因素占囤积行为差异因素的32%），而女性同卵双胞胎和女性异卵双胞胎之间却没有这一差异（遗传因素仅占2%）。无论是对男性双胞胎还是对女性双胞胎来说，环境因素都在囤积行为的产生中发挥了更大的作用。

即使DNA确实起了一定作用，但有一点可以肯定的是，人类的遗传基因中并没有囤积这种基因。这种行为对基因来说过于复杂。更可能的原因是，囤积行为是由很多个基因共同作用，最后构成了制定决策等大脑执行功能的脑回路而形成的。当然，囤积者家族形成的另一个原因是，孩子会模仿父母或祖父母的囤积行为。这种模仿未必是有意识的，而是在这种生活方式的耳濡目染下，孩子们渐渐地接受了这些囤积行为。而且可以肯定的是，囤积行为一旦养成，就很难再改变。波士顿大学的研究人员报告称，只有1/7的青少年的囤积行为最后会自动消失。

回忆起经年久远的故事对每个人来说都不是件容易的事，大多数人都要绞尽脑汁才能想起自己对某事的最初记忆。但当我问到格蕾丝时，她却丝毫没有犹豫。“小的时候，我和姐姐在地板上玩，那些巨大的黑色塑料袋里装满了各种物品，有时我们俩会趴在袋子上面，”她告诉我，“那个时候我大概五岁。”那些袋子堆起来大概有半个成年人那么高，里面装着衣服、信件、坏掉的电子产品、报纸和杂志等，都是格蕾丝那对爱囤积的父母保留下来的。格蕾丝一家人住在费城的一个三居室的房子里，父母清理房间的方式就是把所有的东西都一股脑地塞进袋子里。格雷斯说：“那些袋子都堆得特别高，比我和姐姐的个头还要高。”

格蕾丝描述说，从前门进入自己的家，首先映入眼帘的就是堆至天花板的杂物袋，倚墙堆放的废弃家装物品，诸如搁架和柜子，还有淹没在成堆的信件、文件、硬纸板、塑料容器下面的沙发和椅子。杂物堆之间被开辟出了几条小路，沿着塑料制的指示路标的方向小心翼翼地向前走，便可以到达客厅和厨房。“房子里有一条万能的小路，”格蕾丝说，“可以通往地下室，那里的东西也是堆到了天花板，可以通向沙发处，可以通向厨房，还可以通向厨房后面的洗衣房。”厨房里的餐桌多年来一直埋没在一大堆塑料餐具、纸盘和辨认不出原貌的容器下面。东西会时不时地掉落在地上。“每次走来走去的时候，都难免会踩到些什么，脚下发出东西被踩碎的嘎吱嘎吱的声音。”格蕾丝和姐姐对此都已经习惯了。当有不速之客来拜访时，全家人都会躲起来。极少数的情况下，当提前约好的客人登门时，格蕾丝的父母会随手抓起几个黑色塑料袋，迅速地把信件和衣服塞进去，然后扔进地下室或车库，假装着只是客厅有点儿凌乱而已。

一天，学校郊游结束后，格蕾丝的一个好朋友来到她家等待父母过来接她。这一家人高度保密的杂乱无序的生活终于藏不住了。“我和姐姐兜兜转转着，迟迟不愿走上家门口的楼梯。”格蕾丝还记得当时的场景。她试图避免尴尬的事情发生，便佯装激动地说，这么好的天气闷在屋里实在是太可惜了，但她的朋友太累了，想进屋坐下来歇一会儿。“我还记得她当时瞠目结舌的样子，”格蕾丝说，“我们努力给她找各种电视节目看，试图转移她的注意力，但她却一直在环顾四周的垃圾堆。”

不久后，格蕾丝一家人搬到了一个破旧街区的待修房子里（那时她的父母经济非常困难）。这似乎是一个清理杂物、扔掉大部分东西的好时机。当父母谈论“清理计划”时，格蕾丝充满了期待，她幻想着成堆的黑色塑料垃圾袋摆放在路边，当时的心情就像其他小女孩渴望着去迪士尼乐园游玩一样。但一切却并没有如她所愿。他们需要在搬走前把房间清空，但包裹实在是太多了，根本来不及一一打开。抽屉里也装满了垃圾。格蕾丝的爸爸把所有的袋子、柜子和多年的信件都原封不动地塞进了搬家的卡车里。他坚信所有的东西都很有用（或者说不定某一天会派上用场），而她的妈妈在决定保留什么和丢掉什么的时候，也是束手无策。“他们根本就做不到。”格蕾丝告诉我。他们似乎必须永远和那些东西待在一起，就像古代的水手离不开保佑之鸟一样。

2012 年，格蕾丝大学毕业，获得了心理学学位。我与她交谈的时候，她已经回到了家中。像大多数千禧一代的人一样，她现在的工作（帮助有发育障碍的儿童）还无法养活自己。她和姐姐曾考虑过要在卧室、客厅和厨房里开辟出一些非囤积区域。她们觉得两天的信件都太占用生活空间了，于是会在第一时间毫不留情地将它们分类或扔掉。格蕾丝和姐姐都希望有朝一日能从家里搬出去，尽管毫无疑问，一旦她们真的搬出去住，父母就可能会遭遇和科利尔兄弟一样的命运了。

我们可能只是爱好收集

研究囤积者的科学家们坚持认为，像格蕾丝父母这种符合精神障碍诊断标准的人，和收集者之间其实存在很大的区别。收集者会对收集物进行分类，每个物品都属于一个特定的、有讲究的、定义明确的类别：这个东西属于火柴盒类；这个东西不属于杂志类；这个东西属于火车模型类；这个东西不属于服装类。收集是一种有体系、有计划且十分讲究的行为。但囤积者会随意获取各种各样的物品，且不做筛选。收集者以自己的收集品为傲，并乐于将其展示于人。他们收集的物品可谓千奇百怪。而囤积者却把东西到处乱丢，随着物品越摞越高，他们经常会忘记每个杂物堆里都有些什么。收集者所收集的物品通常是被淘汰下来的正常用品。调酒品收集者不会轻易用老式威士忌调酒，就像大都会艺术博物馆不可能把奇彭代尔[①]设计的椅子随便拿来布置餐桌一样。但囤积者不使用自己囤积的物品，通常是因为物品没什么用或压根找不到。收集者也不会感受到囤积者内心的那种痛苦和创伤。

然而，像许多相似的行为一样，收集行为和囤积行为也有很多的共同点，特别是引发两种行为的情绪都非常相似，以至于人们很难在“迷

① 托马斯·奇彭代尔（Thomas Chippendale），是18世纪英国最杰出的家具设计家和制作家，被誉为“欧洲家具之父”。——编者注

人的怪人”和“精神障碍者”之间画出一条清晰的分界线。“囤积行为和收集行为的某些特征是相同的，”兰德·弗罗斯特告诉我，“两者都是出于对物品的依恋而产生的，这也是我们每个人都会有的情结。”

收集者为什么会这样做？斯坦福大学古典考古学教授迈克尔·尚克斯（Michael Shanks）于2012年出版了《考古想象》（*The Archaeological Imagination*）一书，他在书中探讨了人类的收集行为，并写到，对于一部分收集者来说，他们的内心有一种想要理解“这个世界的混乱”的欲望，他们专注于这个混乱世界中的某个小角落，想要了解这个角落里的每一个细节。但对于其他收集者来说，收集是一种自我定义的方式，他们会认为，这里，就是自我的一部分。他们收集棒球卡片、动作人物模型、石头、娃娃、雪花玻璃球摆件，与手有关的物品（手套、手套制造模具、娃娃胳膊、船头模型、雕塑）或与小说《绿野仙踪》有关的物品（书籍、服装、纪念品），这是尚克斯在书中讨论的两个不寻常的案例，这些收集者以此来对世界施加秩序，并在自己的小领地上插上一面旗帜，以一种独特的方式来定义自己。

收集者用他们所收集的物品来定义自己，正如“果粉”坚持用iPhone，“三星粉”会在新品发布会当天买下盖乐世平板电脑，家具狂只从五金公司购置家具一样，这些都是他们为自己贴上标签的一种方式。在2014年布鲁克林历史协会收藏家之夜（Collector's Night at the Brooklyn Historical Society）上，乔恩·克鲁兹（Jon Cruz）称，他用收集总统竞选纪念品的方式来定义自己，他收集了自1894年以来的全部总统候选人的徽章，包括初选和大选，总计达数百枚。他还收集了一条1880年的印花大手帕，上面印有第20任美国总统詹姆斯·加菲尔德（James Garfield）和第21任美国总统切斯特·阿瑟（Chester Arthur）的肖像。克鲁兹是布朗克斯一所高中的政治老师，他告诉记者，他从 1984 年 8 岁开始就对政治特别感兴趣，从小就“喜欢跟大人谈论北美自由贸易协议之类的事情”。

收集者会主动向人展示自己所收集的物品，甚至有点儿炫耀的意思，以表达他们引以为傲的身份、价值观、品位和学识等品质。凯尔·萨普里（Kyle Supley）也把收藏品带到了布鲁克林的展会上。8 岁时，他被 1985 年的经典电影《回到未来》（*Back to the Future*）片头中的钟表深深吸引，并从此开始收藏钟表，到目前为止，他一共收藏了近 200 个钟表。其中有布谷鸟报时钟、沃尔特·迪士尼牌钟、猫形钟、艺术装饰钟，等等。YouTube 上有他的相关视频，题为《12 岁的萨普里：钟表收集者》（*Kyle at Age 12: Clock Collector*）。“我觉得从收集行为发展到囤积行为只有一步之遥，”他对《纽约时报》的记者说，“如果可能的话，说不定我们也会把家塞满，但是必须将它们高雅地陈列出来。”

然而，真正的囤积者是不会邀请任何人参观他们所囤积的物品的，更别说将它们陈列出来了，他们会尽一切可能将其与世界隔离开来。怎样“尽一切可能？”我有一位世交，名叫威尔，他在纽约郊区长大。他的妹妹现在仍在那里生活，而且有囤积物品的行为。每次威尔想要进屋时，妹妹都不会给他开门。一次，当他试图从一楼的窗户爬进去时，妹妹甚至打电话报了警。

为了帮助精神病学家在《精神障碍诊断与统计手册（第 5 版）》一书中对囤积行为进行准确分类，科学家们进行了一些现场测试，以评估依据各个诊断标准，医生能否准确地诊断出囤积障碍患者，而非误诊。一个夏日清晨，在曼哈顿北部华盛顿高地区的哥伦比亚大学教学楼里，我拜访了哥伦比亚大学的心理学家卡罗琳·罗德里格斯。“人们并不想把类似收集这类令人愉快的事情贴上囤积的标签，”她说，“在英国，有 20% 的人都是收集者。”

现场测试的参与者中，有 29 人自认为是囤积者，有 20 人自称为收集者（他们收集的东西包括漫画、硬币、邮票、玻璃大象模型、老式无线收音机、士兵玩具和潜艇模型等）。问卷调查了参与者是否觉得丢弃物品困难，以及生活环境的混乱程度，包括这种混乱是否对主要的生活空间造成了影响；当前的混乱状况和丢弃杂物的想法是否造成了“痛苦和创伤”（这是一个几乎通用的精神疾病诊断标准，是英美精神疾病学领域的一条重要标准）；是否因这些症状而“不想做任何事、去任何地方或与任何人相处”等问题。

2012 年，伦敦精神疾病学研究所的研究人员在《综合精神病学》（*Comprehensive Psychiatry*）杂志上发表的文章中报告称，该测试中的 20 个收集者都不符合囤积者的诊断标准，虽然其中有 90% 的收集者承认丢弃物品对自己来说很困难，85% 的收集者承认丢弃物品的想法让自己感到痛苦。他们之所以不符合囤积者的诊断标准，最重要的原因是他们的收集品不会造成生活环境的混乱，或引发诸如无法进入家里某个区域的问题，当然也不会给他们带来痛苦。好的收集行为反而会让收集者感到骄傲和快乐。而测试中的囤积者称，囤积物会对他们的现实生活造成困扰和痛苦。

囤积物的慰藉

与其他的强迫行为一样，人们很难判定囤积行为究竟是一种病态行为还是一种怪癖。研究囤积行为的专家坚持认为，病态囤积行为与收集行为的区别其实很明显，主要是前者会产生“痛苦和功能障碍”，例如导致囤积者无法正常使用家中的房间或家具。如果没有出现这样的状况，这种行为就构不成精神疾病。弗罗斯特认为：“收集者和囤积者对物品的依恋的性质是不同的。囤积者对物品的依恋往往是极端的、顽固的、死板的。”

囤积行为的基本定义是，不断获取并且难以丢弃大量无用的或无价值的物品（对于客观观察者来说），造成生活环境的混乱且无法正常使用生活空间，从而造成囤积者在社会、学术和工作等方面出现显著的临床痛苦或损伤（即功能障碍）。在此基础上，弗罗斯特、斯特克蒂和临床心理学家戴维·托林（David Tolin）三人联手，编写了一份诊断囤积障碍的调查问卷，旨在使痛苦和功能障碍的标准系统化。他们把每个问题的答案维度都设置为 0（无困难或根本没有困难）到 8（极困难或极端困扰），中间的数字分别代表轻度、中度或重度：

1. 杂乱的状况和过多的物品对你家中房间的使用造成了多大的困难？
2. 丢弃（或回收、售卖、赠送）那些他人可以轻易丢弃的普通物品对你来说有多困难？
3. 你目前在收集免费物品或购买无需的、不必要的或超出经济能力范围的物品方面的问题有多严重？
4. 杂乱的状况、丢弃困难、不断购买或获取物品的问题给你造成了多大程度的痛苦？

5. 杂乱的状况、丢弃困难、不断购买或获取物品的问题给你的生活（日常生活、工作/学习、社交活动、家庭活动、经济）造成了多大程度的损伤？

问题 4 和问题 5 中的“痛苦和功能障碍”标准都有一个明显的问题，这个问题曾在精神疾病学的其他领域引起了很大的争议。换句话说，若两个人有着同样的行为和精神疾病症状，但只有其中一个人因此而受到困扰的话，那么就只有这个受到困扰的人是精神疾病患者，而另一个（没有痛苦或功能障碍）则不是。例如，两个人可能同样抑郁，但如果其中一个人觉得这是一种完全可以接受的感觉和生活状态的话（“如果没有抑郁过，你就理解不了这个世界上的很多事情”），那么这个人就没有精神疾病。囤积行为也一样，人们可能将一个人归类为精神疾病患者，却将另一个人描述为积累物品以及依恋物品的人，而非精神疾病患者，因为他有很多的房子可以用来摆放物品，因此囤积并不会对他造成功能障碍。这种情境定义的方式只会出现在精神疾病学领域；而在其他领域，例如医学中，无论是否会对患者造成困扰，高血压就是高血压。2014 年，研究囤积行为的一位权威专家在《新英格兰医学杂志》（*New England Journal of Medicine*）上发表的一篇论文中指出了精神疾病学中的混乱标准，称有些囤积者“未必会报告自己的痛苦”。

“痛苦”的标准还引发了另一个问题。想想看有没有这种可能性——具有类似收集物品这种被社会认可且非常常见的行为，不会因为其自身的特质而造成痛苦，但精神病学家认定为精神障碍且社会嗤之以鼻的行为却必然会造成痛苦？老年服务社会工作者所接触的囤积者几乎都不会承认自己的行为缺乏理智，更别说患有精神疾病了。“大多数的囤积者都会告诉你，他们从不觉得这是一种疾病。”桑加亚·塞克森纳告诉我。直到家人或相关权威机构告诉他们这是一种疾病，他们不能以这种方式生活下去，这才造成了痛苦。转眼间，一种原本不符合精神疾病关键诊断标准的行为，现在竟然满足了官方确诊所需的所有标准。

精神疾病处于人类行为的区间范围内，但问题是它具体处在哪个位置。听了邦妮、哈策尔和其他囤积者所讲述的生活和故事以后，我渐渐明白了他们保留物品的原因，也理解了他们在被要求丢弃物品时所感受到的痛苦，这与我们每个人对大学物理教科书（那门课改变了我的人生）、母亲的婚戒和孩子的洗礼礼服的依恋的感觉是一样的。唯一的区别在于，后者只对特定的物品产生这种依恋，而囤积者则依恋每一样东西。

本章是以邦妮的故事开始的，现在对此做一个概括。作为一个囤积者，邦妮无法舍弃很多物品，因为她对那些物品有着深深的情感依恋，或许是因为那是她丈夫留下的东西或自己梦想的见证，或许是因为那些东西把她与年轻时代的生活联系在一起，那时孩子还很小，她觉得还有足够的机会和时间来躲避往后人生中的阴霾，去追求更美好的生活。弗罗斯特的一位患者无法丢弃任何与过去有关的东西。有一天，在弗罗斯特帮助她整理物品时，她在沙发上的那堆垃圾中发现了一个旧的自动提款机收据信封。在弗罗斯特的鼓励下，她勇敢地迈出了第一步（对于一个囤积者来说），将信封丢进了可回收垃圾箱。然后她哭了起来。她觉得自己“彻底失去了生命里跟这个信封有关的那一天”，弗罗斯特回忆起她的话，如果她要扔掉的东西太多，她就会说：“那我真的一无所有了。”

由于大部分的囤积者都会对一切物品赋予情感价值，因此旧版《精神障碍诊断与统计手册》将囤积行为描述为“无法丢弃破旧、无价值的物品，即使它们没有任何情感价值”，其实也是大错特错的。对于一个囤积者来说，那些看似毫无价值的垃圾也有可能蕴含着巨大的情感价值。每一个碎片和残屑都属于他们生活中的一部分，任何缺失都会使这个整体支离破碎。我们都会有类似的感觉，即使不像上面提到的那位女士一样纠结于一张自动提款机收据，也可能会舍不得扔掉阿德莱·史蒂文森（Adlai Stevenson）的节目单，因为那次我和父母还有幸跟他握了手；或最后一场棒球比赛的记分卡，因为当时带我和表哥一起看球的父亲已经不在了；或多年前的一件礼服，因为第一次与现在的配偶约会时穿的就是那件。从歌手转行到时装设计师的维多利亚·贝克汉姆曾在2014年接受英国杂志《造型师》（*Stylist*）的采访时说，她1997年第一次和足球巨星大卫·贝克汉姆约会时穿的那件绒面短裙，她直到现在还一直保留着。他们1999年结婚了。这与囤积行为之间的区别在于依恋程度的差异，而不是情感种类的不同。弗罗斯特称之为“一种特殊的能力，能看到他人发现不了的独特性和价值的能力”。如果严格按照旧版《精神障碍诊断与统计手册》的定义来看，那么邦妮等数百万人都不应该被归类为囤积者，因为从地板堆到天花板中的每一件物品都具有深厚的情感价值。

许多囤积者都喜欢赋予他们获取的物品深刻的情感意义，这种倾向处在人类行为区间范围的极端，在那里我们都能够找到自己的影子。在我家古玩架子上的花瓶里，有一朵从母亲葬礼上拿回来的花，时至今日，它早已干瘪。旁边还有几条彩色纸拉花，它们是在千禧年的新年夜洒落在时代广场上的。2000年1月1日，我照常去哥伦布广场附近的新闻周刊办公室工作，我从中央车站下车，走在空荡荡的街道上，遍地都是狂欢过后的拉花，我随手捡起了几个，心里想着，50年后再来看它们简直太有意义了，这可是从现代历史上最著名的新年之夜的现场拿回来的。

我儿子丹尼尔的房间里悬挂着他和足球队友们的照片，桌上放着少年棒球赛上获得的廉价奖杯，以及一年级时明戈女士颁发的“出色表现奖状”，如今也已经泛黄了。（我要补充一点，丹尼尔的房间十分整齐，他现在住在美国西部，但这些纪念品仍然摆放在家里。）难道收藏这些都是精神障碍的迹象吗？

虽然我毫不留恋地丢掉了一些旧衣服、文件甚至书籍（捐赠给了当地的图书馆），但我还是把这些珍贵的东西保留了下来，因为它们将我与回忆中的人和事联系起来。就如同一块块小瓷砖拼接成多彩的镶嵌画一样，我们所保留的这些物品塑造了我们的身份。它们加深了我们生活的意义，为我们提供了安全感，让那些过往和我们身外的世界永远陪伴着我们，永不离去。

第 9 章

强迫性获取，用过度获取对抗焦虑

每个人都是一头终将死亡的野兽，如果得到了钱，这头野兽就会穷极一生地购买各种东西。他们之所以会这样做，是因为在潜意识里，他们坚信肯定有一样东西永远不会过期。

——《热铁皮屋顶上的猫》（*Cat on a Hot Tin Roof*），大爹（Big Daddy）

囤积行为总是离不开过度获取行为。在 21 世纪的美国社会中，过度获取已成为一种风靡全国的娱乐方式。在 2006 年 12 月的一个新闻发布会上，当时的美国总统乔治 · W. 布什把获取行为上升到了爱国的高度："我鼓励大家多多购物。"对于我们许多人来说，随心所欲购买超出生活需求的物品可能是一种令人兴奋和快乐的享受，可能是对自己工作中表现出色的奖励，也可能是对自己工作中遭遇不公待遇的补偿（老板今天在会上批评了我，我应该给自己买双新凉鞋作为补偿），甚至可能是毫无缘由的挥霍和放纵。与人们的其他极端行为一样，过度获取，如购物、在商店行窃或领取免费物品等，很有可能也是由本书引言中提到的三种驱动力之一所造成的。这三种驱动力分别是：令人无法抗拒的冲动；与成瘾相似的追求愉悦感的动机；消除不断加重以至于最后将我们击垮的焦虑的需求。而我们最感兴趣的则是最后这种情况，即过度获取作为一种强迫行为，其目的是抚平人们内心的焦虑。

一年春天，我与珍妮约好一起去曼哈顿喝下午茶。在前往赴约的路上，珍妮从上西区经过，突然，她仿佛听见一个声音：看那栋褐色砂石建筑前面的大垃圾桶，垃圾桶顶上的大袋子里装着一条漂亮的被子。但就在一周前，珍妮曾在南森·布里奇囤积行为见面会小组的全体成员面前发誓，称她以后再也不会把任何非绝对需要及没有用的东西带回家了。

当然，需要与否是由个人主观决定的。

那条被子看起来很新，但珍妮突然又想起了她才许下的诺言。她的内心就好像有一个天使和一个恶魔在打架，而自己则被夹在中间左右为难。天使恳求她不要再往杂物堆中增添新的物品了，提醒她公寓已经被塞得满满的，只剩下几条羊肠小道、电脑桌旁和床上的空间了，如果这些空间也被堵住，那家里就真的无从下脚了。但恶魔却低声诱惑她说："过了这个村可就没这个店了。"她的理智告诉她事实并非如此。偌大的曼哈顿，到处都是被人丢弃的有用物品，一条漂亮的被子也没什么稀奇的。无论如何，她都没有必要再添置一条被子。她一度也曾想过要放弃被子，空手而归，但刹那间，一种难以忍受的不安感和焦虑感涌上心头。"天意如此，"她想了想，"我就应该收下它。"

珍妮是一名演员，但她扮演的大多都是小角色，每隔几个星期才会有戏可演，有时甚至几个月也接不到戏，所以她赚的钱并不多。珍妮小的时候，家里的经济条件很差。吃饭时家长总是教导她不能剩饭。她回忆说，"勤俭节约，吃穿不缺"是她家推崇的一句箴言。她告诉我，直到现在，她每次遇到打折的东西还是忍不住会买，而且会买很多。遇到她最爱吃的金枪鱼罐头，她会一口气买 8 到 10 罐。我插了一句：其实很多人都会这样，你这么做也没什么大问题，这种行为还不算是强迫性获取。珍妮深吸了一口气，又继续讲了一个关于洗衣机的故事。

珍妮家里的一台洗衣机，几年前坏掉了。但她修不起，更没钱换新的。有一天，她在大街上看到一家洗衣店门口放着一台洗衣机——牌子、型号正好和家里的那台完全相同。珍妮花钱雇来了邻居家的小孩，请他帮忙将洗衣机抬到她的公寓 5 楼。接着，珍妮把这台刚搬回家的洗衣机和原来坏掉的那台都拆掉了。（多年来，珍妮的动手能力一直非常强：作为一个囤积者，她家里已完全容不下修理工来帮忙了。）她发现，两台洗衣机的零部件可以互相替换，它们就像太极八卦中的阴和阳一样，可以完美地组合在一起。于是，她就从刚捡回家的那台洗衣机上拆下一些零件，用来修复那台坏掉的洗衣机。

也难怪珍妮不把在大街上捡“垃圾”当作一种精神病理症状了。她说，在纽约街头，“各种物品俯拾皆是。消防栓后面、垃圾堆后面，都可能藏着各种东西……我凭直觉就能找得到，挺有意思的。一般人可能看不出这些东西的用途，但像我这样的人，却总是能发现别人发现不了的物品的潜在用途。举个例子来说，别人可能会觉得一个破篮子毫无价值可言。但在我们看来，它还是有用武之地的”。甚至连旧马桶在珍妮眼里都是有用的。她走在路上看见了一个被丢在路边的马桶，觉得非常实用，于是当场就将它拆开了，并分了好几次将其中的零件全部拖回了家。这些零件可以用来修理家里已经裂缝的便池。“我把每个垃圾都视为有用之物，可治疗师却说这样的行为很疯癫，这一点我真是不太明白。”她说。

某天下午，珍妮发现她家公寓的附近有家“一元店”。路过时，珍妮起初并未太在意，但过了一会儿，她开始想，“哦，我应该进去看看有没有什么新上架的商品，不看白不看”。看到宠物尿布，她心想，其实她早就为 17 岁的宠物狗备了足够的尿布，但随后，她似乎听到大脑中有个声音在问自己：你还记得之前买的尿布放在哪里吗？焦虑感瞬间袭来，唯一的解决办法就是拿起货架上的尿布，放进购物车里。没走几步，珍妮又发现了塑料桌布，她总是习惯性地把一张桌布切成好几块，用来给宠物狗做垫子。这时她似乎又听见了一个声音：家里的置物架上还有一大堆毛呢布呢！花纹都类似于蒙德里安[①]设计的几何形状，很容易裁剪的，都用不着额外画直线、量直角，用剪子沿花纹的走向剪就可以了。天使和恶魔再次开始争辩，但每当主张“不买”的天使即将获胜的时候，珍妮都会感到一阵揪心的焦虑，那种感觉就好像过敏反应严重时喉咙里长满了小疙瘩一样，令人痛痒难忍。她告诉我：“我试着找出合理的理由来说服自己，无须再买尿布或桌布，但一想到这里，我的世界似乎马上就黯淡了下来，我最终还是屈服了。”于是最后她还是打包了成堆的桌布，带回了家。

一年夏天，珍妮回到母亲乡下的老家过暑假，她突然发现

① 皮特·科内利斯·蒙德里安（Piet Cornelies Mondrian），荷兰画家，风格派运动幕后艺术家和非具象绘画的创始者之一，他是几何抽象画派的先驱，对后世的建筑、设计等影响很大。——编者注

了一个专属于自己的天堂：大型折扣商品购物中心。“我花几百美元就能买到价值数千美元的东西，买完后再用快递寄回纽约，”她告诉我，“说出来你可能不信，我从早买到晚，买衣服、买家居用品、买装饰品、买厨房用具、买罐头食品、买谷物和糖果之类的干货。连续几天每天都是如此，直到最后累得筋疲力尽。”

即使现在回想起来，珍妮也不后悔曾经买下那些东西，她至今仍觉得有些东西买得确实很值。“有一年，我寄了 25 罐凤尾鱼酱回家。纽约的价格是 2.99 美元一罐，但老家那里只卖 0.25 美元！”她停顿了一会儿，“大概是 10 年前买的，到现在还剩下很多罐。”这种以省钱为由的购买冲动异常强烈，当她试图抵抗时，一种不自觉的、如鲠在喉般的焦虑就会冒出来，像是在给她传递一个信号，让她立即投降。“强迫性购物只是一种安慰，”她说，“那种感觉就像小时候在幼儿园里搭建高楼、堡垒一样。我也不想这样，但我终究还是无法克服这种强迫行为。”我们告别的时候，珍妮提起那个装着被子的塑料袋，她又跟我说了一件事。丢掉这条被子的人还把一些床单、毯子等床上用品都堆放在那栋褐色砂石建筑的外面。“但我都没拿。”她说。我无法准确形容她的语气，很复杂，好像有一丝得意，又有一点戒备。

强迫性购买，谁是购物狂

2006 年，斯坦福大学的几位精神病学家对 2513 名美国成年人展开了一项研究，从参与者“强迫性购买行为量表”的答卷来看，约 5.8% 的参与者有强迫性购买行为。洛林·科兰（Lorrin Koran）与合作者在《美国精神病学杂志》上发表的一篇文章中报告称，强迫性购买者的主要群体中的人多为年轻人，而且尽管存在由来已久的成见，但男性和女性是一样有可能进行强迫性购物的。近年来的多项调查所得出的患病率也与之相近。据 2008 年《消费者研究杂志》（*Journal of Consumer Research*）上的一篇研究文章估计，约有 9% 的美国人是强迫性购买者。

过度购买行为中也存在我前面提到过的归类矛盾：看似相同的行为，有可能是冲动行为，也有可能是成瘾行为，还有可能是强迫行为。“行为本身是没有差别的，但是不同的人完成行为的方式却截然不同，”临床精神病学家、神经科学家苏珊·阿马里（Susanne Ahmari）在我去哥伦比亚大学（她后来转到了匹兹堡大学工作）拜访她的时候说道，“一个人的某种行为可能是源于焦虑，但同一行为换到另一个人身上可能就是抑郁症或躁狂症，甚至只是感到无聊的表现。”心理治疗师阿普丽尔·本森（April Benson）在过度购买行为研究和治疗领域颇有建树，她认为，对其他人来说，“这种行为却更像是一种冲动控制障碍。他们渴望得到一些东西，并且无法制止自己的行动”。这就是 20 世纪初期精神病学家对强迫性购买行为的看法。

1902 年出版的医学著作《强迫观念和强迫行为》（*Obsessions and Compulsions*）是第一本关于强迫性购物的学术参考文献，该书的作者之一是法国波尔多的一位神经学家，他曾治疗过一位购物狂患者。该书的出版掀起了强迫性购物行为的研究热潮。被誉为现代精神科学之父的德国精神病学家埃米尔·克雷佩林，在其极具影响力的一本教科书中提及了“强迫性购买障碍”和“购物狂”的概念。瑞士精神病学家、“精神分裂症”和“孤独症”两大术语的发明者保罗·欧根·布鲁勒（Paul Eugen

Bleuler）在 1930 年出版的教科书中也对强迫性购物进行了讨论，将其命名为“购物狂”（oniomania，其原型为希腊语 onios，意为“出售”），属于一种“反应性冲动”或“冲动性疯狂”，类似于盗窃癖。他在书中引用了克雷佩林的观点：“购物狂患者的购买行为是强迫性的，患者可能会因此而意识不到经济状况的紧张，然后迟迟交不上钱，直到不堪设想的后果爆发，情况才会稍微有所好转。”

继克雷佩林和布鲁勒分别在书中对强迫性购买行为进行简短的描述之后，强迫性购买行为的研究热潮并没有在 20 世纪的精神病学领域中延续下去。这一现象甚至没有出现在 1987 年出版的《精神障碍诊断与统计手册（第 3 版）（修订版）》一书中，尽管它作为“无特别之处的冲动控制障碍”在 2004 年版的《精神障碍诊断与统计手册》中占据了几行的位置，但 2013 年第 5 版的《精神障碍诊断与统计手册》再次将其从书中移除。研究消费者行为的研究人员注意到了强迫性购买行为。“但对于大部分心理学家和精神病学家来说，它只是直到 20 世纪 90 年代才被写入教科书的一种不起眼的行为而已，”艾奥瓦大学的精神病学家、美国强迫性购买行为研究先驱唐纳德 · 布莱克说，“因此几乎没有人注意到它。”

然而，从 20 世纪 90 年代开始，精神病学家和其他行业人士开始总结强迫性购物者的病例史。他们在第一篇研究报告中总结了 22 例，在第二篇中总结了 24 例，在第三篇中总结了 46 例。从那时起，研究人员开始意识到，他们所研究的东西其实非常深奥，属于一种不同本体之间存在差异的现象。

对于部分过度购物者来说，这种行为并不像克雷佩林和布鲁勒所描述的那样，是一时冲动的结果，而是一种积累已久的情绪爆发时的表现。

抑郁、焦虑、厌倦和愤怒是过度购物者最常见的情绪，布莱克通过对相关科研文献的回顾，以及与患者的沟通得出了这个结论。他发现："这种行为最终可以缓解大多数患者的消极情绪，帮助他们恢复愉悦的心情。"如果患者的情绪得到了缓解，那么这种行为就是强迫行为，我将在下面对此展开详细的讨论；如果患者从中获得了愉悦感，那么这种行为就类似于给人带来愉悦感的成瘾行为。"在那种情况下，这个让人充满期待的东西就摆在那里，于是人们一想到购物就会兴奋，然后马上着手去买，"布莱克说，"很多人会觉得无法购物的感觉类似于戒毒的感觉，他们会经历轻微的烦躁不安、情绪不定，甚至神经过敏。"研究数据显示，约有1/5 至 1/2 的过度购物者同时患有药物滥用障碍，这更说明了他们极有可能是因为上瘾才过度购物，他们十分享受那种每次刷信用卡、提走一袋又一袋精美的物品时情绪亢奋的愉悦感。若没有感受到这种愉悦，他们就会怅然若失，如同赌博成瘾者没有在赌场上尽兴一般，他们必须再到商场买个痛快才行，哪怕只是一时的痛快。

与认为购物是为了追求愉悦感的观点相似，还有一种观点认为购物行为是患者在感到疲倦或抑郁时采取的自我疗愈的方法，他们通过获取漂亮的商品抚平自己内心痛苦的情绪：周四晚上没人约我，但我买到了一双超级好看的新款高跟鞋。寂寞、愤怒、空虚、受挫、沮丧、受伤等情绪都会导致购物者过度放纵。"大部分患者都表示，无论遭遇了什么样的痛苦和压力，购物都可以帮助他们转移注意力。"特伦斯·舒尔曼说。虽然他们的寂寞、愤怒和受伤等情绪跟购物并没有什么必然联系，但购物"就像一个缓冲通道"，舒尔曼说，特别是对那些感觉"必须多买一些才能满足的人"来说，购物会特别管用。2013 年，《赫芬顿邮报》（*The Huffington Post*）中的一个民意调查发现，40% 的女性和 19% 的男性表示，他们会通过购物来缓解压力。

但当过度购物成为名副其实的强迫行为时，它只是起到了暂时缓解焦虑的作用。就像囤积者只是为了缓解焦虑，并不能从所囤积的物品中感受到快乐一样，强迫性购物者只不过是通过购物来安抚焦虑的情绪。他们一直备受焦虑和痛苦情绪的煎熬，直到把想要的东西买到手才能得到解脱。“只有出去购物，患者越来越强烈的焦虑情绪才能得以缓解，”阿普丽尔·本森说，“这些患者只是出于被迫去做一些事情，而他们本来并不一定真的想这么做。”40% 到 80% 的人还同时患有焦虑障碍，像珍妮这样的名副其实的强迫性购物者就是其中之一。她并非冲动地捡起一条被丢弃的被子，或买下一辈子都吃不完的凤尾鱼酱，实际上，她并没有从获得的物品中得到快乐。相反，她会仔细斟酌，倾听自己内心的感受，仿佛听见内心有一个声音在说：你感受到了吗？你是否有一种喉咙发紧、心跳加速的感觉？你能想象焦急等待着爱人的电话，祈祷着他从失事飞机中死里逃生是种什么样的感觉吗？你的潜意识在告诉你，如果不这么做，那种难熬的焦虑感就永远也不会消失。

“驱使强迫性购物者购物的焦虑可能来源于方方面面，”本森说，“可能是害怕‘错过’某些东西，如同事们都去逛了商场的 7 月特卖会，或朋友们都买到了时下流行款式的衣服。”这种焦虑的产生往往是由于患者的自尊心受挫或对自身的价值产生怀疑。焦虑还可能是由不买的想法导致的。心理学家兰德·弗罗斯特回忆到，他曾经治疗过这样一位女士，某天她正在看购物频道时，看到了一个卖木偶的电视广告。但当电视里的购物电话迟迟未响，没有人购买木偶时，这位女士便开始着急，她觉得如果木偶“知道”没有人想买它们，一定会很伤心。于是她拨通了电话，一口气买下了 6 组木偶，她觉得这么做可以让木偶知道有人喜爱它们，自己也不必再为木偶的伤心失落而焦虑不已。

强迫性购买行为能够缓解人们的痛苦和焦虑，但并不会给人带来快乐，最多会带给人一种我不用再为生活而担心的感觉。神经科学的最新研究成果显示，真正的强迫行为，正如我每次提到这个名词时所描述的那样，带来的是解脱，而不是快乐。波士顿大学曾以一位名叫索菲的 60 岁的囤积障碍女性患者为案例做过研究。临床治疗团队第一次去见这位女性患者时，他们甚至无法推开她所在公寓的门，也因此没能够进入她的家中，双方只是尴尬地在房子外的小路上见了个面。索菲赞同治疗团队的观点，她也认为治疗应该先从东西分类开始。于是，她将所有物品分为保留的物品、捐赠的物品和丢弃的物品三类，并分别用不同的彩色贴纸做好标记。当一切治疗都进展得很顺利时，有一天索菲突然接到了一个电话，无奈之下，治疗计划只能暂停。电话那头，是她 15 年未联系过的、过去曾虐待过她的父亲。一听到父亲的声音，她的全身就被一种窒息般的焦虑感控制住了。接下来她做了一件事情，她知道只有这么做才能拯救自己：她跑出去买了 8 个吸尘器。索菲和珍妮一样，把自己获取的物品视为“一堵墙”，用来抵御外界的残忍和苛刻。索菲又开始拼命地买东西，因为她觉得这么做就能避免过去的噩梦重演，她已经摆脱那个可怕的人十几年了，真的很怕再次回到过去。

买还是不买，我们为什么会过度购物

强迫性购买行为初露苗头通常是在 18 岁左右的青少年时期或 20 岁出头的年龄段。正是在这个年龄段，青少年渴望拥有更多独自外出的自主权，以及实现经济独立（通过帮别人照看小孩、修剪草坪等杂活赚钱）。在强迫性购物者的个人经历中，早期阶段时他们并没有频繁地出现任何特定的生活模式。

罗丝出生于一个中产阶级家庭，但她在旧金山的富裕郊区圣卡洛斯上学。13 岁的时候，罗丝终于说服自己接受了这样的事实：学校里的其他女孩确实都比自己漂亮、出色、聪明和招人喜欢。她们每天都打扮得漂漂亮亮的去上学，于是罗丝暗下决心，再也不要像以前那样穿得随随便便的了。“我记得当时我是很自卑的，”某天早晨，她告诉我，“我也想像那些女孩一样漂亮，但好像永远都不可能。”

罗丝从此爱上了购物。起初，她只是觉得和朋友们一起上街购物很有意思，但不久后，她的购物便演变成了一种不顾一切的疯狂行为。她除了通过帮别人照看小孩获得一些小费之外，还可以同时拿两份零用钱。罗丝 14 岁时父母离异，从那以后，除了母亲定期会给她些零用钱以外，父亲也会时不时地塞给她一些钱。罗丝一有钱就会去购物，她总是喜欢独自一人到商场闲逛。社交因素不再是罗丝购物的主要原因，她的购物演变成了一种强迫行为。“我就是受不了兜里有钱，总想着赶快把钱花掉。”她告诉我。罗丝曾经很胖，但后来患上了饮食失调障碍，随着体重的下降，她突然发现瘦瘦的自己穿衣服竟然那么漂亮。“我越来越瘦，也越来越爱购物，”她回忆道，“我想着，‘哇，太好了，我现在可以想穿什么就穿什么了，以前穿不进去的衣服现在都可以拿来试试了’。”紧身牛仔裤、紧身毛衣和超短裙等。“我过去总会自惭形秽，”她说，“一直都觉得，是的，她更漂亮，她更招人喜欢，她更有钱，她更聪明。但现在，我可以自信地说我比她穿得更漂亮。我一直想要证明自己，购物让我实现了这个想法。买来的一件件衣服就像是安慰自己的奖励，让我不再觉得自己很差劲、很没用。购物对我来说就是一种缓解压力和失望情绪的好办法。如果一个月，甚至一周没买新的东西，我就会感到精神紧张。我能忍受的极限就是一个月不购物。当我重新回到商场的时候，就能瞬间感受到一种难以言说的放松感。”

罗丝的强迫性购买行为在很大程度上是源于一种焦虑感，她总是惴惴不安地以为，如果不去购物，她就会错失一些东西。“我总是觉得，好像每个人都在买东西，只有我例外，”她说，“所以，商场每次搞特卖活动我都会特别焦虑，总觉得如果不去看看就会错过好价格，然后心情就会变遭。而且，我总是惦记着那些打折的衣服。那些特别适合我身材的衣服，可能很快就被别人买走了，所以我必须马上出发。再不动身，我就要被这种焦虑逼疯了。”你一定可以想象得到，当她走出商场的大门，开车回到家，稍微松了口气时，那股刚刚才得以缓解的焦虑就会立即再次袭来，就像酒鬼酩酊大醉而呕吐不止，直至第二天早晨醒酒后悔恨不已的恶性循环一样，罗丝终日紧张着、焦虑着，心里无时无刻不惦记着下一次的强迫性购物。

几年前，罗丝转行做了一名服装顾问，但她知道，这就像酗酒者去酒吧工作一样，从事这份工作对她来说就如同跳进了火坑。“但我真的很擅长买衣服，自认为可以给顾客提供一些有用的帮助。”她说。但不幸的是，她的强迫性购买行为日益加重了，而且是出于一种新的焦虑：如果她没能提前预测到《时尚》杂志下期的流行单品，没能把自己打扮得像杂志里的模特一样时尚前卫的话，她的顾客就不会再信任她了。罗丝的信用卡多次因逾期未还款而被停用，甚至她父亲（两次）和前男友借给她的钱也不足以偿还欠款，她终于走到穷途末路，但依然没有停止强迫性购买。

2011 年初，罗丝开始将每笔开销记在记账本上，并时刻留心每件衣服的穿着频率，以及从没有上身穿过的衣服是否及时退回去了。她说："结果非常糟糕。"第二年情况也并没有好转。衣柜里只穿过一次或从来没有上身穿过的衣服反而更多了。在屈指可数的几次整理衣柜的过程中，罗丝随手一翻就找出了 34 件可以丢掉的衣服。囤积者很难忍受丢弃物品的行为，但强迫性购物者则不同，他们通常没有这样的困扰。① 后来她从本森开发的一个聚焦过度购买行为中的认知、情感和行为等因素的项目中得到了启发。

本森建议患者，在购买物品之前，先自行思考以下 6 个问题：

- 我为什么会来到这里？（"这里"指的是零售购物网站或实体店。）
- 我当时的感受是怎样的？如果答案是"我的衣服都太旧了，而明天有工作面试，想要穿得漂亮点"，或者"周末我要参加朋友的婚礼，却没有什么合适的衣服，如果穿着不得体，到时候会很尴尬"，那么你的购买行为就是完全合理的。如果答案是"我明明知道我不需要这双鞋，但如果不买的话，我就感觉自己像一个充满气的汽水瓶一样，马上就要爆发了"，那么你就很可能是受到了强迫行为的驱使而想要购买，并因此而陷入困境。继续思考下一个问题。

---

① 他们反而觉得丢掉旧东西，才能为获取更多的东西腾出空间。

- 我需要这个东西吗？回想你上一个问题的答案。如果答案不是为了参加面试或婚礼，请继续思考下一个问题。
- 如果暂且不买会怎么样？如果答案是“我会穿着很不体面的衣服去参加面试（或婚礼）”，那么就可以立即买下它。如果答案是“我简直焦虑到要爆炸”，那么请尝试想象一下这样的场景：未来，你可能会受到比眼下更强烈的焦虑的困扰，这样的思考策略可以让你缓解当前的焦虑，从而放弃购买任何物品。
- 简而言之：我拿什么来付款？对大多数人来说，相比于放弃购买，债务负担的加重会引起更强烈的焦虑。如果你也这么想的话，关注一下随之而来的情绪是什么。当你看到下个月的信用卡还款账单时，你的内心能否承受得住？当你选择延期还款时，你是否会感受到压力？当你向配偶或家人寻求经济上的帮助时，你是否会觉得丢脸？想想购买所产生的这些让人窒息的消极情绪，说不定就可以缓解你的那种非买不可的焦虑。准备在商店行窃的人也可以使用类似的方法，想象一下被捕或入狱时的恐惧和被亲朋好友知道时的羞耻感，以此来进行自我克制。
- 我会把它放在哪里？我将用它来做什么？思考这两个问题也有助于缓解当前的焦虑。同样，再次将自己置身于设想的场景中。想象一下你把买到的东西带回家，为它寻找放置的位置。如果你囤积的鞋子、衬衫和小摆件等已经非常多了，可能其中的很多物品很久都没有使用过了，甚至有些连包装都未拆开过，那么你想买的这件东西与你的囤积物品相比就显得格外多余了，仿佛地中海中的一滴水一样不起眼，这样的思考过程也可以帮助患者消除那种强迫获取时的焦虑感。这种效果在珍妮身上体现得非常明显。在思考过后，珍妮放弃了那些摆放在商店里，或被弃于街头的物品，决定不再把它们带回家。一想到已然拥挤不堪的公寓里再新添一件物品的场景，珍妮想实施强迫行为的冲动就会被按捺下来。

除了自行思考这几个现实的问题以外，本森还鼓励患者思考和剖析自己过度购买的缘由。她说，她会让患者回想“这一切是如何开始的”，以及确定究竟是哪个瞬间触发了自己的焦虑情绪，且这种焦虑必须通过购物才能消除。

“我必须弄明白自己为什么想要过度购买，以及过度购买会带来什么后果。”罗丝说。2013 年 1 月，她开通了一个名为“购物狂，快快好起来”（Recovering Shopaholic）的博客，将自己的每笔购买、每次购买时的动机、每种可能发生的羞耻后果都公布于众，希望以此来控制自己的强迫性购买行为。到了 2013 年年中，她的博客已吸引了数百名来自世界各地的读者的关注。她觉得，通过这个博客，她正在试着去跟困扰了自己长达 30 年之久的强迫性购买行为做斗争，同时也代表数百万同病相怜的患者进行发声。“我不希望自己的生活就是一直在商场里购物，我希望能为后代留下一些真正有价值的东西，”她说，“直到现在我才发现，我还有很多任务都没有完成。我还没有生儿育女，也还没有做出一番成功的事业，我把时间全都荒废在购物上了。”

在治疗师的引导下，大多数强迫性购物患者都能够首先找出自己走进商场的情绪诱因——悲伤、空虚感、愤怒、恐惧、沮丧、羞耻、内疚，等等。除此之外，本森在其执笔的畅销书《买还是不买：我们为什么过度购物，如何停止购物》（*To Buy or Not to Buy：Why We Overshop and How to Stop*）中称，诱发过度购买行为的情绪和“真实且重要的内在需求”有关。例如，内疚需要靠赎罪或得到他人的包容来缓解；空虚感需要靠找到自己的价值来消除，因此一个中肯的好评对一个感到严重空虚的人来说就非常重要了。这种方法虽然不适用于每一个人，但它至少考虑到了不同过度购物者的不同情绪，而强迫行为中的焦虑情绪就是其中之一。

盗窃癖，他们为什么会管不住自己

我们常会做这样的比喻，强迫行为使患者困于大脑的监牢中。这样的比喻对强迫性获取者来说并不是危言耸听：在千奇百怪的强迫行为中，似乎只有强迫性获取行为才真的会将患者送进监狱里[①]。我们无从得知每年会有多少强迫性偷窃者在行窃后侥幸逃走，但据估计，至少有 87% 的强迫性偷窃者曾被当场逮捕过，尽管真正入狱的仅有 20%。

盗窃癖属于一种冲动控制障碍，非常罕见，仅有不到 1% 的人患有这一症状。盗窃癖也有一种强迫性的表现形式，是由不断累积的焦虑所造成的，且只有盗窃才能消除这种焦虑。这听起来像是一个完美的偷盗借口，但是听了很多人向我描述的商店行窃动机后，我似乎渐渐看清了问题的实质。他们称自己长期经受着一种紧张感，日复一日，这种紧张

① 不包括病态赌博、饮酒和药物滥用，在某些情况下，这些行为是成瘾和冲动控制障碍的结合体。

感加重到了令人难以忍受的程度，于是患者放弃忍耐，并试着去偷东西，这样一来，紧张感就像缓慢泄气的气球一样，逐渐得以缓解。盗窃狂的盗窃行为中并没有愤怒或仇恨的成分。然而，在强迫性商店行窃者中……好吧，直到我遇见 50 岁的凯特琳。

我与凯特琳在 2014 年交谈过一次，当时她已经 15 个月没偷过东西了，她诉说完自己的故事的那一瞬间，我突然觉得，哇，简直就像美国篮球巨星乔丹在巅峰时期选择退役一样。凯特琳是一个商店行窃高手。她第一次行窃是在商店偷了一个棒棒糖，当时她才 9 岁，但在那之后，她很多年都没再偷过东西，直到二十几岁时才又重操旧业。三十几岁时，凯特琳的经济状况非常糟糕，于是盗窃对那时的她来说便成了家常便饭：由于缺钱，她偷过衣服、瓶装维生素、化妆品和食物。她经常会在家研究自己的财务状况：兼职做市场营销赚的钱根本不够花，信用卡的透支额度已经用完了，接下来还要向朋友借钱。每每想到这里，一股实实在在的焦虑感似乎就会从她的心脏涌向四肢，好像血液也会随之变得更灼热、更黏稠了。如果某天和男朋友吵架了，或遇到了什么不开心的事，她甚至会焦虑到耳鸣发作，变得像瘾君子一样焦躁不安、身体痒痛、无法安坐。这时，她就会想起自己曾在商场里看到过的某件东西，她知道，那才是平息焦虑的法宝。

刚开始行窃的时候，她会在当地某家药店取处方药品时顺便扫视四周，看看自己需要什么，有什么东西可以偷。牙膏、洗发水、香皂、维生素、化妆品，她发现这些东西都很容易得手，只需提前把手袋打开，假装弯腰去看架子底层，悄悄拿到东西、装进手袋就可以了。“一走进商店，我就能感受到那种压抑已久的焦虑，每次都是。”她说，“偷完东西后整个人都放松了。”

凯特琳的父亲嗜酒如命。她还记得，小的时候，每次父亲喝醉了，都会把她的哥哥们痛打一顿，家里其他人也都吓得瑟瑟发抖。于是凯特琳便不幸地成了母亲的撒气筒，三天两头遭到母亲的暴打。她家很穷，家人甚至连饭都吃不饱，可想而知，这样的成长环境有多么恶劣。每当提及一贫如洗的原生家庭时，凯特琳就会想起那些不堪回首的经历。“那些给我留下心理阴影的事情，我被欺负的那些年……”她喃喃道，声音有点哽咽。“我努力使这种不公平的遭遇得以平衡。”她激动地说。她永远也无法从脑海里抹掉被虐待的那段记忆，但通过去商店偷东西，她似乎可以使得“她的”世界中的好事和坏事、公平和不公平、快乐和痛苦，即她的命运“稍微平衡一点儿”。

舒尔曼曾治疗过很多强迫性购物患者和商店行窃患者，称多数的强迫性商店行窃者在受到虐待或应有权利被剥夺后，都会“强迫性地去为自己的所作所为正名”。“他们似乎是想要平衡自己的得失。他们觉得自己应该得到补偿，应该拥有盗窃的特权，以此来报复自己曾经遭遇的不公待遇。”舒尔曼说道。

凯特琳向我讲述了一段很有代表性的经历。有一次她去欧洲度假，在返程时由于航班延误，她被滞留在了阿姆斯特丹史基浦机场（Schiphol Airport）。可想而知，机场里的各大高档商店都没能逃脱凯特琳的“魔爪”。她决定再多给家人和朋友带一些“礼物”，把随身背包全部装满。名牌围巾、领带、巧克力、名贵香水和化妆品统统都被她收入囊中。她不但没有为此而担惊受怕，反而隐隐地体会到了一种舒适感。她甚至觉得她偷这些东西是理所应当的，因为自己确实没钱给家人买礼物。从那之后，机场商店成为凯特琳最喜欢光顾的行窃地点，她会定期去偷杂志、免税化妆品、衣服和各种礼品等。“那里还有好多东西呢。”她说。她不费吹灰之力就能偷个盆满钵满，大号背包、手袋和衣服口袋全都能派上用场。“但随着年龄的增长，我不再需要偷了，”后来，她成为某高档住宅区一名小有名气的房产经纪人，“但我还是一直在偷。我知道商店的安保人员在哪里，监控摄像头在哪里，我甚至觉得我的听觉和视觉都要比一般人更敏锐。”她的偷盗计划得逞了数百次，偷来的东西都分给了亲朋好友，或塞进了衣柜、厨柜和抽屉里。

凯特琳说，三四十岁的时候，她的商店行窃行为更为严重，她“一看见需要的东西就动手去偷”。结果可想而知，3 年半的时间里，凯特琳因行窃被捕了 3 次。第一次是为一位生病的朋友偷一瓶维生素和一瓶感冒药，价值总计 11.30 美元。两次被捕后，她曾想过收手，但她回忆道：“我感觉自己就像在地狱里一样，悲痛欲绝。我对丈夫说，我必须去偷点东西！他冲我大吼道，你为什么就管不住自己呢？”

“我真的做不到。”她说。

在律师的辩护下，凯特琳最终被判了轻刑。在认罪之后，她被处以罚款和 200 小时的社区服务（在红十字会献血中心）。这一次她真的被吓到了。这个典型的例子揭示了为什么区分行为中的冲动、成瘾和强迫因素之间的差异，并非只是心理学分

> 类层面的研究问题，而是为患者提供有效治疗方案的关键第一步。凯特琳没能幸免于法律的制裁，但值得庆幸的是，她的商店行窃行为并不属于盗窃癖所属的冲动控制障碍的类别。针对她的行为，目前还没有经过证实的有效治疗方案。但凯特琳的过度购买行为确实是一种强迫行为，其元凶便是焦虑的情绪。于是，舒尔曼问她，为什么她认为要这么做？舒尔曼会向每一位强迫性商店行窃者提出这一问题。“我试图帮助我的患者了解他们实施强迫行为的动机，”他告诉我，“他们究竟是在尽力弥补损失或空缺？还是在试图纠正错误或不公？我试图让他们了解为什么会发生这种行为。大多数人都会回答不知道，但一旦他们深入地思考，想法就会有所转变。”舒尔曼让凯特琳反思是何种焦虑致使她行窃，并问她除了行窃以外有无其他消除焦虑的办法。“我总是问，究竟是为什么你觉得必须这么做？”舒尔曼说，“我不同意匿名戒酒会的那种不过问原因，只要求‘停止行为’即可的办法。一般来说，自我反思非常有用，而且是极其有必要的。”

这就是舒尔曼提出的认知行为疗法中的认知环节：让患者回想起她父亲坚决不允许她穿新衣服的往事。“这有助于人们了解其自身的强迫行为动机这一警告信号。”舒尔曼说。在凯特琳的案例中，当她被告知不能拥有某物或不能做某事时，她童年时期被剥夺拥有某物或做某事的权利的那些经历，就会激起她所有的愤怒回忆，她至今仍在企图实施某种行为来进行自我补偿。

虽然我见到凯特琳的时候她已经一年多都没有偷东西了，但她还是会时常惦记着行窃，而且那种强大的力量一直都在帮助她缓解焦虑。“商店行窃就像是我的老情人，他的离开让我觉得空落落的，”她告诉我，“那是一种渴望的感觉，我觉得在商店行窃是我做过的最酷的事情。”

藏书癖背后的疯狂

大约 250 年前，欧洲流行着一种另类的获取方式，很大一部分人发现自己有强迫性购买、获取、保留、展示、炫耀书籍的疯狂行为，但这些书他们并不一定真的会读。这一行为引发了广大民众的争相效仿，并有了一个名字：藏书癖。那些受困于藏书癖的当事人以及目睹当事人受尽折磨的旁观者，都能感受到藏书癖这种行为背后的疯狂，而这种疯狂正是精神病学家用来将强迫行为归类为精神障碍的一个标志。英国著名政治家、书信作家切斯特菲尔德（Chesterfield）伯爵给他的私生子菲利普留下了数千封的教子家书，在听说菲利普有着获取稀有书籍的癖好以后，他在一封家书中警告这位年轻人：“千万当心，别走上藏书癖这条不归路。”

切斯特菲尔德伯爵似乎早就预见到了未来。曼彻斯特疯人院的约翰·费里亚（John Ferriar）博士于 1809 年创作了一首诗，并在诗中写道：“无尽的欲望，痛苦地挣扎 / 那个不幸得了书籍病的人。”他警告世人，这种“暴躁的狂热”会带来“焦虑的劳作”。费里亚博士把这首诗寄给了他的好朋友——大名鼎鼎的藏书者理查德·希伯（Richard Heber）。这首诗用来形容希伯再贴切不过了。（据当时的一家巴黎书商估计）他的藏书约有 30 万本，其中有近 15 万本合订版书籍，以及数千本簿册，分别藏于 4 个国家的 8 所房子里。

1809 年，藏书癖引起了社会上知名人士的激烈讨论。英国书目家、牧师托马斯·弗罗格纳尔·迪布丁（Thomas Frognall Dibdin）也在这一年出版了《藏书癖》（*The Bibliomania*）一书，用明确的医学语言对“藏书狂热”进行了描述。英国作家艾萨克·迪斯雷利（Isaac Disraeli）（英国首相本杰明的父亲）也提醒世人，藏书狂收藏的书籍是“疯癫大脑的精神病院”。“藏书癖从未像现在这般猛烈地肆虐着人心。”迪斯雷利在《文学趣谈》（*Curiosities of Literature*）一书中感叹道。当时社会上的很多知名人士都有这种收集首版书籍，并在自己的豪宅中将其展出的强迫行为。除此之外，他们还会收集牛皮纸版、限量版、大纸张版、未分页版、有丝绸内衬版、带金系带版、彩色皮革封面版、“伊特鲁里亚艺术风格装订版”等各种象征着藏书者学识广博、品位独特、财富充盈的版本。

维多利亚时期，很少有藏书狂对自己的藏书狂热留下过什么解释，但幸好有（对后代而言）托马斯·菲利普斯（Thomas Phillipps）爵士的存在。菲利普斯是一位纺织制造大亨和其侍女的私生子，他从小就有藏书的癖好，6 岁时就已经收集了 100 多本书。“他把所有的零用钱都花在了收藏书上，”1896 年《国家传记辞典》（*Dictionary of National Biography*）中记载道，“他一生都在收集不同年代、国家、语言和学科的稀有手稿材料（他从父亲手中继承了巨额遗产，却常因为收藏手稿而经常负债累累）。”菲利普斯把自己的强迫行为称为“旧书购买狂热”。他甚至会跑遍欧洲的每一个角落去购买藏书：“编年史，房契，国王、王后和贵族的户口本”；各种手稿，其中包含 1300 份来自意大利的手稿、900 卷法国大革命时期的文件、大约 500 份“来自东方的手稿”，以及最初为国王、教皇、美第奇家族（Medicis）[①] 创作的彩色手稿。

---

① 美第奇家族是 15 世纪至 18 世纪中期在欧洲拥有强大势力的名门望族。——编者注

据学者估计，到菲利普斯去世的时候，他已累计收藏了大约 6 万份手稿，以及数千本合订书籍、契约、法律文件、巴比伦圆筒印章刻书、地图、家谱图、信件和画纸等，甚至达到了剑桥大学图书馆藏书数量的两倍，但这只不过是他实现其宏伟目标的一个开始罢了。菲利普斯在去世 3 年前曾留下一封信称，他的目标是拥有“全世界所有书籍的副本！”我们知道，他的藏书已经够多了。当他把收藏在伍斯特郡的中山房屋中的藏书都搬到切尔滕纳姆市（Cheltenham）的瑟雷斯丁房屋中时，足足雇用了 160 个搬家工人、230 架马车和 103 辆拉货车来运输，精神分析学家、艺术历史学家沃纳·慕斯特伯格（Werner Muensterberger）在他 1994 年出版的《收集：心理学视角下的一种不羁的狂热》（*Collecting：An Unruly Passion：Psychological Perspectives*）一书中记载到。

菲利普斯晚年时，大英博物馆的一位工作人员专程去探望了他。一进门，各种叠放的大纸箱映入眼帘，里面存放着各种手稿、书籍、文件，以及其他多年累积下来的宝物。大英博物馆的弗雷德里克·马登（Frederic Madden）爵士写道：“每个房间里都堆满了文件、手稿、书、契据和邮包等物品。地板上、桌子上、床上、椅子上、梯子上，每个房间里都堆满了大箱子，一直堆到天花板。”菲利普斯曾写信邀请时任哈佛大学校长的贾里德·斯帕克斯（Jared Sparks）到自己在瑟雷斯丁房屋的家中坐客，并在信中让斯帕克斯做好心理准备：“我们白天只能在绘画室里活动，晚上有三间卧室供我们自己和客人使用。”他在给另一个朋友的信中也曾写道：“我家里没有用来吃饭的客厅，我们只能在保姆的房间里吃饭！”

但菲利普斯为什么会这样？1837 年前后，他在其藏书清单的序言中写道：“我曾在历史文献中读到过，很多有价值的历史手稿都遭到了严重的破坏。”他因此“深受触动”。他的“首个愿望”就是将英国甚至全世界的所有手稿作品都收集过来，因为他曾“读到过那些藏书是如何遭到清道夫的破坏的”，他们根本不关心书里写着什么，他们眼里只有书中镶嵌的黄金边以及其他贵重的金属。

另外，菲利普斯收集契据、宪章等手稿作品的强迫行为也是源于过度的焦虑。他写到，他曾亲眼看到“胶水制造商店和裁缝店里”的工人利用这些文件来提取纤维，为此他深感痛心，所以他才会这么做。菲利普斯坚信，如果他不曾那样疯狂地走遍欧洲，去收集他所能找到的一切书籍和手稿，就会导致一场文学史上重大灾难的发生，其后果甚至不亚于亚历山大图书馆毁于大火。他称自己所收集的手稿“在任何困境中都能起到慰藉作用”，不难想象，菲利普斯一次又一次地依靠着它们，缓解了焦虑的情绪。

菲利普斯强迫性地收藏书籍的最后一个原因便是，私生子的身份一直让他感到自卑，他觉得只有书籍能够填补自己内心的空虚。他对自己的出身而感到焦虑，认为自己会受到诅咒，这反而激发了他对历史的起源、事情的起因的兴趣，于是他将各种契据、教堂资料、墓碑铭文都收集过来。“他毕生的努力，实际上都是因为他对自己见不得光的身世感到焦虑而造成的。”慕斯特伯格说。

100 多年前，在精神分析学家慕斯特伯格的眼里，菲利普斯应该被诊断为“性格顽固，并因此产生一种强迫性的专注，而且和其他强迫行为一样，是由不理智的冲动所造成的”。(“不理智”似乎言之过重；委婉一点儿来说，菲利普斯藏书其实是为了扼杀掉自己内心的焦虑。他担心如果自己不把某本书或某份文件保存下来，那它就将面临被丢弃或毁坏的结局。) 像菲利普斯这样的藏书收集行为“有助于控制焦虑或不确定因素”，慕斯特伯格认为“收集不单单是为了体验愉悦……它更是一种应对不断涌现的焦虑和恐惧的办法”。

慕斯特伯格并不是唯一一个对书籍收集者行为中的焦虑缘由做出诊断的人。1966 年，诺曼・韦纳（Norman Weiner）在《精神分析季刊》（*Psychoanalytic Quarterly*）上发表的文章中写到，强迫性地获取书籍可以“减轻焦虑”。但韦纳指出，同其他的强迫行为一样，这种缓解也只是暂时的。“当焦虑再次袭来时”，藏书狂就不得不“开始寻找下一本好书”。就像菲利普斯一样，他总是担心如果自己不挺身相救，那些举世无双的作品就会永远消失，但这种担心从未因某一本书的到手而彻底停止过，甚至直到他收藏了 15 万本书以后，这种担心仍在持续。

纸上谈兵的精神分析终究是有着很大的不确定性，而且当研究人员开始研究强迫性购买书籍这种行为时，其研究内容已是一个世纪以前发生在患者身上的事情了，所以研究人员是很难准确地考证当时的情况的。“而很多精神分析学家却忽视了这种现象。”韦纳写道。甚至在接下来的半个世纪里，情况也几乎没有什么改变。《精神障碍诊断与统计手册》从未把藏书癖定义为一种障碍，而且也不把它看成强迫症或其他障碍的一种表现。强迫症所定义的特征之一是强迫行为令患者感到自我矛盾。但藏书癖恰恰相反，藏书者觉得，藏书行为就是自己内心深处最真实的欲望的显现。

尽管在我们看来，菲利普斯多年来一直以收藏书籍为乐，但实际上，他后来差点儿就被那些书给逼疯了。他曾多次试图说服英国国家图书馆买下他的藏书，但都没能成功。菲利普斯毕生的努力得到的却是社会的冷眼旁观，这让他苦不堪言。于是，他留下遗嘱，要求他的书永远保存在瑟雷斯丁房屋里，任何一卷都不得售卖或捐赠。大法官法院最终驳回了他的请求，原因是菲利普斯没有留下足够的财产用于这些藏书的维护，他的藏书最后被分给了国家图书馆、私人档案馆，以及 J. 保罗・格蒂（J. Paul Getty）和亨利・亨廷顿（Henry Huntington）等同样喜爱收集书的后人。花了整整 50 年的时间，菲利普斯的大部分藏书才被卖掉，尼古拉斯・巴斯贝恩（Nicholas Basbanes）在其 1995 年出版的《文雅的疯狂：藏书家、书痴以及对书的永恒之爱》（*A Gentle Madness：Bibliophiles, Bibliomanes, and the Eternal Passion for Books*）一书中讲述到。1929 年，瑟雷斯丁房屋里仍剩有 3 万份手稿、文件和书，原封不动地装在木板箱和纸箱里。直到 20 世纪 90 年代，这些书仍在零售和批发售卖中。

菲利普斯在人生的最后阶段终于将这些藏书视为了负担，他的继承人也急于将他所有的藏书出手。但一代代藏书狂依然前赴后继，他们和菲利普斯一样，是这些历史书籍的救命恩人。很多原本会被丢弃或遭到破坏的书籍，恰恰是由于他们的强迫行为以及引起这种强迫行为的焦虑的存在而得以幸存下来。这提醒着人们，强迫行为其实也是有好处的，当然，这样的提醒可能并不是第一次。

第 10 章

强迫性有所作为，用强迫性奉献对抗焦虑

2014 年夏天，喜剧演员琼·里弗斯（Joan Rivers）在纽约某医院接受咽喉手术时突然停止呼吸，不幸离世。在被送往医院的前夜，里弗斯在曼哈顿西岸咖啡馆完成了人生中的落幕演出。就在里弗斯去世几天后，西岸咖啡馆的老板史蒂夫·奥尔森（Steve Olsen）对《纽约每日新闻》（*New York Daily News*）的记者说，里弗斯的工作热忱简直令人叹为观止。不久前他还问过里弗斯，为什么已经 81 岁高龄的她仍然活跃在舞台上，表演单口喜剧，参加真人秀、脱口秀、网络秀，走红毯领奖？“她当时回答说，因为只有这么做才能让她感觉到自己是实实在在地活着。”奥尔森回忆道。里弗斯去世后，电视台对她生前留下的影像进行了梳理，以回顾她一生的生活和工作。工作人员发现，至少有两个影像片段中都出现了同一段对话：她在去世的几年前接受了一次采访，当无数次被问到为什么会一直不停地工作时，里弗斯取出了一本老式线圈日程计划册，然后翻到很久很久以后的某一个月，那一页的 30 天计划框全部都是空白的。她一边用手指着那页纸，一边说，她最大的恐惧就是来自那个时候：那时，不会再有人邀请她去演出，她的粉丝也早就把她忘在了脑后；那时，虽然她的身体并未死亡，大脑也还有一点儿意识，但她的职业生涯却已经走到了尽头。所以她从小就一直在强迫自己努力工作，立志要在这一行里闯出一片天地。

这就是一种渴望有所作为的强迫行为。有时，这个“有所作为”仅仅指的是像里弗斯一样，在时代广场上某个灯光昏暗的娱乐俱乐部里，用自己的幽默博得台下几十位微醺观众的开怀大笑，这种强迫行为的动机便是发现自己的工作发挥了一些作用时的那种喜悦。例如，年轻教师培养出了非洲村落里第一批会读书写字的学生时的那种骄傲感；作曲家看到自己创作的歌剧在全球首演，台下观众深深地陶醉于其中时的那种自豪感；运动员、商人和科研人员等超越了竞争对手时的那种成就感。如果是通过志愿者的形式或从事某些有益于他人的工作来实现“有所作为”的话，那么这种行为的动机可能就与想加入志同道合的团体，并享受被视为“有作为者”的成就感有关。犹他大学心理学院院长卡罗尔·桑松（Carol Sansone）曾对服务于当地的艾滋病患者和贫困学校的志愿者进行了研究，他告诉我：“实际上，志愿者们如果看到自己的努力真的对别人有所帮助，他们就会一直坚持做下去。”拉里莎·麦克法夸尔（Larissa MacFarquhar）在其 2016 年出版的《陌生人溺水》（*Strangers Drowning*）一书中描述道，极端的“有所作为者”在很大程度上是受到了责任感（通常是宗教层面的）的驱使，他们甚至不惜牺牲自己或自己儿女的利益，也要坚持帮助那些素未谋面的陌生人，比如收养几十个弃婴，或在野兽经常出没的森林中为麻风病人建立隔离区等。

但是这些看似积极向上的行为，在有些人身上反映的却是一种负面的心理动机。1984 年，心理学家南希·麦克威廉姆斯（Nancy McWilliams）

在《精神分析心理学》（*Psychoanalytic Psychology*）杂志上发表的一篇论文中写到，针对极端渴望有所作为者而做出的分析显示，他们受到一股“强迫力”的驱使，这种“强迫力”通常源于“对不幸遭遇者的理解和认同”。强迫性渴望有所作为的人，他们的种种行为并不是受到了自身的责任感或自己对他人的影响力的驱使，而是受到了焦虑这种令人反感的力量的驱使。那种让人如热锅上的蚂蚁般坐立不安、大脑亢奋、肌肉紧张，甚至压抑得喘不过气来的焦虑感，逼迫着他们投身志愿活动、创作文学艺术作品、追求卓越，捐献肾脏，或献身其他使世界变得更美好的事业。他们的这种强迫行为会直接或间接地影响着社会，使我们受益，并可以帮助他们消磨自己内心的那种强烈的焦虑。于他们而言，为他人谋利并不是激励他们采取强迫行为的动力，平息自己内心的焦虑才是他们真正的动力。但如果他们的强迫行为顺便也能给他人带来好处，那么从中获益的人自然也会心存感激。

这就是为什么里弗斯的强迫性演出行为的案例出现在了本章，而不是前面讨论强迫型人格障碍工作狂的章节中。强迫型人格障碍患者之所以会疯狂地工作，是因为他们不相信其他人可以像自己一样胜任这份工作，认为稍有懈怠和放松就会造成无法挽回的错误和混乱的局面，这很可能会使他们正在极力改善的不完美和混乱的现状雪上加霜（如拒绝格式化坏电脑硬盘的莉萨）。但里弗斯的强迫行为却与此截然不同，它来自一种更为深刻的存在学意义上的焦虑。他们想象着自己要面临的死亡、在人世间要遭受的苦难，以及仿佛真实存在的恶魔……他们焦虑地实施着某些行为，只有那么做了，才敢放心大胆地说出：反正那些事不会落到我头上。

越来越多的人开始崇尚慷慨、利他主义、志愿行为，以及其他形式的追求有所作为，甚至一众犬儒主义者都开始对其大加赞赏。正因如此，这些并不罕见的行为没能吸引科学家们的关注。究竟是什么原因迫使一些人非同寻常地做出慷慨的、无私的或其他利他行为？科学家们在这个领域所进行的研究屈指可数。仅有一个值得注意的例外，那就是对一种最不寻常的利他主义行为的研究：向陌生人捐献肾脏。

我能感受你的痛苦

在美国，约有 45% 的人会志愿报名在死亡后捐献器官，约有 5% 的符合献血条件的人参与献血。但除此之外，还有一种被称为“非定向捐赠”的行为，比如捐献肾脏，特别是向陌生人捐献肾脏。截至目前，美国已有 2000 名志愿者无私地捐出了自己的肾脏。虽然每一个健康的人都有 2 个肾脏，但捐出 1 个备用肾脏无疑是一种非常伟大的无私行为。捐献者不仅得不到任何报酬（只有手术账单可以报销），在术前还需要做全面的体检和心理测试，还可能需要专程赶到外州接受手术，术后需要经历长达数周的恢复期，他们除了要忍受身体上的疼痛以外，还要承受亲朋好友的指责和不理解（诸如，“你怎么可以为了一个陌生人这样不爱惜自己的身体、伤害我们的家庭？”“你觉得自己捐出一个肾，就比别人更伟大了吗？”）。

很多科学家也曾对此感到疑惑不解。根据进化生物学的核心理论，自相矛盾的是，人类一切利他行为的本质其实都是自私的。他们是为了日后换回更多的好处和利益，例如提升自己的声誉，保佑子孙后代兴旺发达等。从自然选择的角度来看，这些行为其实是为了更好地适应外界的环境。如此看来，这样的利他主义实际上是伪利他主义，这一观点从弗洛伊德时期开始，一直盛行到 20 世纪后期。在英国，人们曾普遍认为向陌生人捐肾是一种心理失调的行为，因而直到 2006 年这种行为才被合法化，而在美国，20 世纪末之前，这种行为一直被视为一种精神疾病的表现。

但最近的研究中对这种行为的描述则温和了些。在 2014 年的一项研究中，心理学家们对两组参与者进行了脑成像检测，其中实验组为 19 名向陌生人捐献肾脏的参与者，对照组为 20 名未捐献器官的参与者。两组参与者都需要连续观看 80 张图片，每张图片仅停留几秒，图片内容为恐惧、愤怒、平静等面部表情。在此期间，研究人员会对参与者进行磁共振成像（MRI）和功能性磁共振成像（fMRI）检测。磁共振主要是用来检测大脑结构，功能性磁共振则负责评估特定事件中的大脑活动。根据乔治城大学的阿比盖尔·马什（Abigail Marsh）及其合作者在《美国国家科学院院刊》（*Proceedings of the National Academy of Sciences*）上发表的文章中的记载，磁共振成像的结果显示，实验组中捐献肾脏者的右侧杏仁核体积比对照组约大 8%，而杏仁核的功能就是产生恐惧感。他们还从功能性磁共振成像的结果中发现，当捐肾组参与者看到可怕的面部表情时，相同的大脑结构明显比对照组表现得更为活跃，这说明捐肾组参与者对该表情更为敏感。这些发现与前人的研究结果相一致，曾有研究表明，利他行为的生物学原理在于大脑对他人痛苦经历的高度敏感，而恐惧的面部表情恰好是激起利他行为者同情心的一个重要因素。“这些极度敏感的人经常因此而做出罕见的利他行为，”马什总结道，“我猜测，人们需要杏仁核来理解别人的恐惧或痛苦，并将其呈现于自己的大脑之中。因此，极端利他者对他人的恐惧或痛苦会非常敏感，目睹别人的遭遇甚至会让自己有种切肤之痛。”他们从内心情感上可以由衷地感受到别人的恐惧。

他的话突然引起了我的注意。典型的利他主义者常把“我能感同身受”这种老掉牙的话挂在嘴边。因为他们确实能感受到别人的恐惧和痛苦，就像自己亲身经历了一样，这是杏仁核双重作用的结果，即先察觉到他人的感觉，然后在自己的大脑中产生同样的感受。马什还发现了一个问题：“我总是问捐献者，他们究竟为什么要捐献自己的器官。很多人说他们很快就做出了这个决定，他们先前并不知道原来活体就可以捐肾，而当他们得知捐肾不必等到人死了以后时，他们的反应通常是，‘哇，我马上就可以去做这件事了。’几乎一眨眼的工夫他们就做出了决定：‘我必须帮助那些人。’如此看来，这种行为更像是感情用事，而非经过理性思考后所做出的决定。”就像实验中功能性磁共振成像结果所显示的那样：他们其实并没有充分权衡利弊，或冷静思考捐肾的风险和回报，然后就做出了决定。相反，他们只是感受到了一种类似于焦虑的痛苦，只能通过实施一种特殊的行为才能进行缓解。

马什的研究给我带来很大的触动。我联系了几位肾脏捐献者，希望能够进一步了解他们捐肾的动机。2006 年，哈维・马索（Harvey Mysel）在接受了妻子的活体肾脏移植后，创建了活体肾脏捐献者网络（Living Kidney Donor Network）。但我又在想，有没有这样一种捐献者呢？他们是被迫而为之的，因为他们知道自己有能力提供帮助，不愿因自己的怯懦而眼睁睁地看着病人遭受着痛苦甚至死亡。在这种情况下，捐献者的动机应该是焦虑，他们的捐献行为则是一种强迫行为，因为他们如果不这么做的话，一种压抑得让人喘不过气来的近乎被逼疯的感觉就会出现，且久久挥之不去。

埃米・多诺霍（Amy Donohue）是来自菲尼克斯市（Phoenix）的一位脱口秀喜剧演员。多诺霍在 40 岁出头的时候，无意间看到了一位关注已久的女博主在 Twitter 上发布的一条求助动态，称她的母亲急需肾脏移植，寻求愿意活体捐献的好心人帮助。多诺霍看到了以后立即在下面回复，当然愿意，何乐而不为呢？接着，她也只是在网上简单地搜索了几个网页，看看自己究竟惹上了什么样的麻烦。

这个一时冲动而做出的决定，不是经由大脑思考做出的，而是出于本能的第一反应做出的，恰好证明了功能性磁共振成像中的发现——肾脏捐献者对他人的痛苦极度敏感，所以才会做出这样的决定。“这种敏感从何而来呢？”我问多诺霍。她思考了一下，好像想要努力找出答案，然后提到了她童年时期的一段经历。是的，多诺霍从小到大家人和朋友一直夸她心地善良。8 岁时，她的酒鬼父亲被母亲赶出了家门，从那以后，她便担起了家庭的重任，每天忙着帮母亲照顾妹妹，用电饭锅准备一日三餐。记忆的闸门瞬间打开，多年前的往事如潮水一般倾泻而出，多诺霍似乎再也压抑不住了。“人性到底怎么了？”多诺霍声嘶力竭地大喊道，“到底是从什么时候开始，人们对身边需要帮助的人熟视无睹了？甚至连献血这样的举手之劳都不愿意做。太虚伪了！看到世界上有那么多急需肾脏却走投无路的人，我太气愤了！”尽管多诺霍看到了一条 Twitter 消息便决定捐出自己的肾脏，可能是出于本能的同情心，但她坚持把这件事情做完（即使以丢掉工作为代价），则是出于内心的愤怒。她受够了那些只考虑自己的数百万自私自利的人，她想表明自己的决心，坚决不与那样的人同流合污。过了一会儿，她平静了一些，对我说，其实她的决定里还隐含着一些更为深层的东西。“她虽然拿走了我的肾，但其实我得到的比她多，”多诺霍说，

“我没有孩子。”于是她用这种方式在这个世界上留下自己的痕迹，就仿佛在地球上的某个角落插上了一面旗帜，宣称这里是我的地盘一样。

我不想成为美国作家马克·吐温所描述的那种手里拿着锤子，然后把一切都看成是钉子的人，我不想总是带着焦虑的滤镜来看待一切。但是，当多诺霍跟我诉说的时候，她表达的动机背后显然涌动着一股焦虑的暗流，驱使着她留下自己的印记，从而证明她曾经来过这个世界。很多人都有着同样的动机，但只有少数人会从中感受到深刻的焦虑。多诺霍的这种焦虑虽然不是病态的，但这种焦虑却强烈到足以让她慷慨到不惜放弃自己身体的一部分，去救助他人。

卡拉·耶斯维奇（Cara Yesawich）居住在芝加哥郊区，是一位屡获殊荣的广告经理。2010 年，54 岁的耶斯维奇捐出了自己的肾脏。虽然她细致地研究了活体捐献者的手术成功率和后续的健康恢复状况，细致到几乎能将相关数据倒背如流，考虑得相当周全了，但她还是坚持等到两个儿子都长大了以后才去接受了这个手术，以防手术发生意外而无人照顾两个孩子。她告诉每一个愿意倾听她的故事的人：“活体捐献是挽救那些等待器官移植的病人，让他们继续活下去的唯一途径。”（经过复杂的肾脏配型后，那些志愿者所捐献的肾脏救活了 8 名患者，耶斯维奇便是捐献者之一。）

我们聊天的时候，耶斯维奇很认真，一直在念叨着等待接受捐献的患者的数据（有成千上万名的患者要等待 5 年之久才能等到一颗合适的肾脏，且每年都有 5000 名左右的患者因未能等到合适的肾脏而死亡），她哀叹很多透析中心和器官移植项目都没有对患者进行过活体肾脏捐献知识的普及。随后，她说出了自己选择捐献的原因，也是我意料之中的。“为了帮助别人。我想要发挥自己的力量，我知道我的捐献可以改变另一个人的命运，”她说，“我希望这个患者能够活下来，与家人团聚，重新主宰自己的人生。”其实很多人都有过捐献的念头，但真正付诸行动的人却屈指可数。那么，真正做出捐献的人究竟是受到了什么力量的鼓舞而采取行动的呢？而未捐献的人又是因为什么而却步不前呢？耶斯维奇是马什磁共振成像研究的志愿者之一，她至今仍记得父亲以前常问她的一个问题：“你为什么总是这么爱管别人的事呢，耶斯维奇？”“我觉得他说得没错，”她一字一顿地，然后提高音量说，“我确实能感受到别人的情绪，不想看到别人遭受疼痛或苦难。我觉得那句看似冠冕堂皇的话其实非常适合我：我确实对别人的痛苦感同身受。”

焦虑的利他主义者

耶斯维奇和多诺霍的利他主义行为，源于与里弗斯类似的焦虑心理。当时，科学家们正在展开一项研究，以探究焦虑是如何推动着某些具有特定心理特征的人去追求有所作为的。这项研究是基于依恋理论而进行的，该理论是 20 世纪中期由英国精神病学家约翰·鲍尔比（John Bowlby）提出的，目的是探究不悦、焦虑、愤怒和行为不端等状况的根源。该理论认为，情感安全感形成于人们孩童时期的最初几年，孩子认为他们的照顾者是他们获得安慰和安全感的可靠来源。但有些孩子生来就是不够幸运的，他们渐渐发现那些本该保护和照顾他们的人其实并不值得依赖。为了方便起见，我把照顾者设定为孩子的父母，这些人无法持续给予他们足够的安全感。依恋安全感指的是人们相信总会有人在关爱、陪伴着自己，特别是在紧张和痛苦的时候。

鲍尔比试图解读幼儿的行为，特别是婴儿依赖母亲以寻求保护和安慰的行为。但随着依恋理论研究的深入，他和助手们发现，孩子的依恋感会延伸至成年期。那些依恋安全感强的孩子，他们相信总是会有人陪着自己的，所以长大后也能够很好地进行自我调整，以适应与他人的亲近和相互依赖关系，他们相信自己会从最亲近的人那里得到安慰，并愿意与他人建立亲密关系。这种人大多会认为一切局面都是可控的，并坚信自己可以战胜困难。相比之下，那些依恋安全感弱的孩子就从未有过这种信任感。他们时常会感到不安和孤独，他们缺乏安全感，对一切都没有把握，并始终觉得，即使是最亲近的人也是无法指望的，心理学家称这种现象所造成的一种结果为焦虑型依恋。这类孩子通常会拼命地想要亲近他人，焦虑地渴望得到他人的保护、关爱和支持。长大以后，他们更加渴求亲近的关系，一想到伴侣或朋友不能在自己需要帮助的时候及时出现，或做了让自己失望的事，或离开自己，就会感到异常的焦虑。他们通常并不会相信自己是有能力、有办法克服困难或战胜痛苦的。

依恋理论与肾脏捐献等渴望有所作为的行为之间也有着千丝万缕的联系。堪萨斯大学的心理学家欧米瑞·吉拉斯（Omri Gillath）对依恋情感和利他主义行为之间的关系进行了研究，一般来说，那些安全感强的人做起事来通常会更为慷慨和无私，而缺乏安全感的人则不然。“人们的安全感就像一个有限的心理资源，”他解释道，“如果你的这项资源非常有限，那么你就必须把它都用在自己的身上，以应对各种潜在的威胁。但如果你的安全感资源很富足，甚至过剩，你的情感需求已经得到了极大的满足，那么你就会将注意力和情感资源转向他人。”这与马什发现的人们的幸福指数与肾脏捐赠率之间的相关性相呼应：当人们的心理需求得到满足时，他们就有能力把情感和精神资源分给别人一些。而当人们自己尚陷于一潭情感匮乏的死水中而无法逃离时，他们也就无暇再顾及他人了。

但还有一个有趣的例外。焦虑型依恋者通常在看到或知道他人正遭受痛苦时，自身也会产生强烈的痛苦。这些人可能是被迫通过利他行为或其他形式的慷慨行为来帮助他人的。“因为他们会对他人的痛苦产生一种强烈的情绪，”吉拉斯说，“他们认为，‘这些遭遇未来也可能会发生在我的身上’。”然后便开始感到焦虑不已，只有尽量帮助他人减轻痛苦，自己的焦虑才能得到缓解。“当缺乏安全感的人志愿做好事时，他们的焦虑程度就会降低，”吉拉斯说，“他们实际上以此获得了安全感。”

几年前，我参加了一个活动。在活动上，神经科学家讲述了通过经验积累和心理训练来改变大脑结构和功能的相关研究。随后，一位出生于法国的生物学家马蒂厄·里卡德（Matthieu Ricard）说道：“当你真的想要帮助别人时自然就会伸出援手，而当你目睹他人的遭遇而感到非常痛苦时，你也会采取行动，通过帮助他人来减轻自己的痛苦。”有些人会被迫帮助别人，因为无论他人的痛苦轻重与否，都能引发他们极度的焦虑。因此，焦虑者志愿帮助他人，往往都是出于这个原因。

这恰好与肾脏捐献者的相关研究结果相吻合，肾脏捐献者的同情似乎也是源于对他人痛苦的极度敏感。然而，这种焦虑也不一定总是会使人们付出这么巨大的代价。

当去机构化[①]这一潮流席卷美国时，科恩·杜德克（Kenn Dudek）正在一家疗养院做着一份几乎无法养活自己的工作。“我们现在才知道，过去大家对这些疾病的思考完全是错误的，”杜德克告诉我，“曾有一个人因被诊断出患有我们现在所说的躁郁症而住进了我所工作的疗养院。他告诉我，他以前曾在一个知名乐队中演奏小号。我当时实在想不通，一个小号演奏家怎么就变成了现在这个样子。他人非常好，而且很有趣，但莫名其妙地就得了这种疾病，从此便很难正常生活。我觉得有大部分患者都没能得到正确的治疗，就连有些自称为心理健康专业人士的人也很失职，他们大肆使用氯丙嗪和其他具有高度镇静作用的抗精神病药物，就像分发薄荷糖一样，他们随随便便地将这些药物发放给精神分裂症患者和躁郁症患者。于是，患者们开始不自觉地流口水、昏昏欲睡，整日坐立不安，最后什么事都做不了。”

这种治疗方法最终会耽误患者的治疗，造成致命的后果，因此备受诟病。“精神病学、心理学、社会工作行业——这些领域的专家学者都有义务研究一下为什么这种现象持续了几十年，甚至变得越来越严重。”杜德克说。他的意思是，在当时那个本该是科学启蒙的时期，为什么这些精神疾病患者却没能得到应有的重视？医学专业毕业生一走出校门就从治疗最严重的精神疾病患者起步，而随着经验的积累，他们逐渐把重心转向不太严重、容易治疗的病例。医生们多年努力工作、积累经验所追求的奖励难道就是避开那些真正最需要帮助的患者吗？“我真的没想到，精神疾病患者得到的治疗这么差劲，而整个治疗流程中最差劲的就是心理健康专业人员的治疗方式。”杜德克说。

---

① 去机构化的概念源于国外的精神医学，巴克拉克（Bachrach）将其定义为“减少传统州立的大型精神科医院，而发展以社区为基础的照顾方式”。——译者注

1944 年，6 名前精神病患者和两名志愿者携手建立了“我们不孤单”（We Are Not Alone）小组，呼吁减轻重度精神疾病，如精神分裂症、躁郁症和抑郁症等，所遭受的社会的孤立。1948 年，他们购买了曼哈顿地狱厨房（Hell’s Kitchen）[①] 附近的一栋联排别墅，当时那里是凶残的敌对帮派出没的地方，“喷泉之家”（Fountain House）就这样诞生了。它的主要作用是为因精神病休学的大学生提供教育和入职前的培训。杜德克于 1992 年成为“喷泉之家”的校长。“这些都是极其怪异的疾病：它们不知不觉地与患者融为一体，”杜德克告诉我，“这些人突然间就变成了彻头彻尾的精神分裂症患者，而不再只是有精神分裂症表现的人。他们的人格成为诊断书中的一个诊断依据，而他们的人性则已经完全被剥夺了。从我刚开始干这行起，我似乎就可以从诊断书中了解一个人。我做不到视而不见，总是想伸出援手，帮助他们发现疾病世界之外的自己。”杜德克在职业生涯早期所目睹的不堪的治疗场景，迫使他将此作为一生所追求的事业。

每周工作 70 小时、三更半夜接工作电话就是杜德克的生活日常。而他之所以会心甘情愿地接受这样的工作模式，除了对早年目睹的治疗场景感到不满外，还有一些其他的原因。杜德克是在波士顿城外一个人口密集的天主教社区长大的。他的父亲是一名二战老兵，尽管智商为 160，但由于患上了创伤后应激障碍，便只能做些送奶工和清洁工之类的工作。杜德克在喷泉之家的精神疾病患者身上看到了父亲的影子，也感受到了那些本可以有所作为，却委曲求全活着的人的无奈。除此之外，杜德克

① 关于“地狱厨房”这个名称的由来众说纷纭，虽然这个地名拥有非常高的知名度，但毕竟是个贬义的称呼，因此在行政上纽约市官方将其命名为“克林顿”（Clinton）。——编者注

的弟弟也是一个重要的原因。弟弟比自己小2岁，在4岁时不幸夭折。“这段回忆总是牵动着我的思绪，虽然我也不知道它是怎样影响着自己的，”杜德克说，“我觉得自己背负着两条生命，这可能就是我强迫性地去做这项工作的原因之一。”

强迫性创作，我是为了画画而活着

心理学中的一系列理念认为，人类所进行的每一次蓄意行动，包括传宗接代、让香火得以延续、留下一些意义非凡的遗产以求名垂千史，其目的都是逃脱死亡。后者便是几个世纪以来的艺术家投身于创作的主要原因。杰夫·昆斯（Jeff Koons）在1986年接受采访时说道：“我们有责任用艺术影响更多的人，使世界变得更美好。”威廉·德·库宁（Willem de Kooning）更是一语中的，说出了一个重要的事实：“我不是为了活着而画画，我是为了画画而活着。”

大多数非专业领域的人是看不出艺术作品背后的这种强迫动机的，但也有个别作品明显地展现出艺术家的这种强迫动机，如同画布上的色彩一样清晰。在《痴迷史》一书中，伦纳德·戴维斯就讲述了新概念艺术家马克·隆巴迪（Mark Lombardi）的悲惨故事。隆巴迪的代表画作是素描，实际上是图谱，描绘人际关系网络的图谱。戴维斯写到，他“会强迫性地画出很多圆圈，并用弧线把它们连接在一起”，以描绘世界各地的政治家、团体和个人之间的资金流动，例如，其中有一幅画题为《比尔·克林顿、力宝集团、阿肯色州小石城的杰克逊·斯蒂芬斯》（*Bill Clinton, the Lippo Group, and Jackson Stephens of Little Rock,*

Arkansas）[①]。但是，隆巴迪绝不是草草几笔就画完了事。他仔细研究了所能查到的各个人物之间的关系和他们之间的每一笔交易。《马克·隆巴迪：世界关系网》（*Mark Lombardi：Global Networks*）一书的概况介绍中提到，他整理出了超过 14 000 张约 13 厘米长、8 厘米宽的索引卡片，上面记录着在罗纳德·里根总统执政期间，伊朗门阴谋事件（Iran-Contra conspiracy）中的资金流动细节、“托尔委员会报告”（The Tower Commission Report），以及发生在 20 世纪 80 年代的一些其他的阴谋事件。工作中的隆巴迪被朋友描述为“着了魔的人”“疯子”。隆巴迪会“一连几天不眠不休地工作”，他的一位朋友说，这是一种躁狂症的表现。为了追踪政府对丑闻的报道，他缠着二手书商乞求复印某些报纸和新闻周刊，并从中剪下了很多篇文章。2000 年噩耗传出，隆巴迪上吊自杀。

马西·西格尔（Marcy Segal）告诉我：“很多艺术家和具有非凡创造力的人内心深处都会有一种不安。”1977 年，西格尔加入国际创造力研究中心（International Center for Studies in Creativity）研究人的创造力，该研究中心归属于布法罗州立学院。之后，她继续从事一些帮助企业和其他团体挖掘员工潜在创造力的工作。2001 年，“世界创造力和创新周活动”（World Creativity and Innovation Week）在加拿大举行，后来这个活动在全球范围内逐步推广开来，而西格尔则一直是背后起推动作用的人物之一。就像不断发展的“创造力研究”领域中的许多人一样，西格尔认为，其实每个人都具有创造力，或者更准确地说，每个人都有“创意的点子”。这种创意不一定是指发现科学领域的某个不确定性原理或创作出像《格尔尼卡》这样的惊世画作，而是发明一个锁门器，在公共卫生间的门锁

① 这些人和公司均卷入了比尔·克林顿第一个总统任期内的白水门事件（Whitewater scandal）中。

坏了的时候用来锁门，或研制出一款小食品，在厨房里的趣多多巧克力饼干被吃光的时候拿来充饥这样的生活小事。

西格尔的研究主要集中在创造力与人的性格的对应关系上。截至目前，她已经确定了四种对应关系，而其中“不安”这一性格类型会促使人们在各种情况下进行创造。她说，对于那些具有工匠性格或即兴创造性格的人来说，他们的不安源于“受够了”某种做事的方式，或对某种瑕疵品的厌倦。“他们开始思考其他方案，”她说，“那种不安会一直存在，使得他们对眼下的状况感到十分焦躁。于是，他们便将这种不舒服的感觉利用起来，促使自己去创造。”因激光研究成果而获得 1981 年诺贝尔物理学奖的物理学家阿瑟・肖洛（Arthur Schawlow）曾说过：“最成功的科学家往往不是最有才华的人，而是被好奇心推动的人。他们总想知道答案是什么。”（肖洛的研究领域是物理学，而非心理学，所以我们用“推动”一词来取代“强迫”一词。）

西格尔认为，“变革促进者或理想主义者”总会对世界的现状感到焦躁不安。“他们总会觉得，‘事情不应该像现在这样’，”她说，“只要没看到改变的迹象，他们就会一直焦躁不安下去。”还有第三种性格类型的人，他们的创造动力源于他们因精通某种技能或有所成就而获得的愉悦感。西格尔说：“无能和愚蠢会让他们感到不安。”“他们不得不做些事情”来改变不堪的环境状况，或完善自认为需要完善的事情。最后，西格尔将具有创造性性格的人称为守卫者或稳定者，这种类型的人在事情进展得不顺利时，也会感到焦躁不安。当他们所在的机构、家庭或整个社会要出现故障时，他们就会感到有一股强大的力量，迫使他们采取行动以避免故障发生。西格尔说，从艺术到科学再到商业，“工匠、变革促进者、精通某种技能的人和守卫者这四种性格导致的不安感觉都可能有助于激发人们在任何领域的创造力”。

哈佛大学商学院教授特雷莎·阿马比尔（Teresa Amabile）自 20 世纪 80 年代以来就一直在进行创造力研究，她凭借“创造力成分理论”在该领域闻名遐迩。该理论模型认为，创造力要求一个人在其想要创新的领域中拥有某种特定的技能和“内在任务动机”——即我们所说的焦虑驱动下的强迫动机。阿马比尔称它为“激情，即一个人承担任务或解决问题的动机，因为该任务或问题有趣、涉及面广、具有挑战性或让人有成就感”，她在 2012 年的一篇论文中这样写道。如果用“强迫动机”来取代她所说的“动机”，那么我们就都有创造动力了。每一个富有创造力的人都需要有这种强迫感，以打破阻碍创造性思想的传统观念和怀疑主义的束缚，只是有些人的这种强迫感还不够强烈而已。举个例子，1995 年的某一天，麻省理工学院媒体实验室中心的物理学家乔·雅各布森（Joe Jacobson），没有像往常一样在办公室里阅读文献，而是跑到沙滩上晒了一上午太阳。一种若即若离、令人烦恼的感觉控制着他，用西格尔的话来说，就是一种认为自己“已经受够了”和“事情不应该像现在这样”的感觉。这种感觉迫使他到了下午又开始思考索尼电子阅读器和亚马逊电子书中的电子墨水制作技术。

从未停止创作

1958 年，29 岁的画家杰伊·德费奥（Jay DeFeo）开始创作《玫瑰》（*The Rose*）。这件巨幅油画约有 4 米长，3 米宽，厚度约达 30 厘米，重约 1 吨，耗时 8 年才完成。她日复一日，没完没了地画，这位“垮掉派画家”刮掉一层层的颜料，只是为了涂抹更多的颜料来继续作画（令人震惊的是，有的地方甚至有 20 厘米厚）。虽然德费奥在她的一生中共创作了数千幅画作，但是《玫瑰》“是她最为杰出的作品，奠定了她的声誉”。惠特尼博物馆馆长马拉·普拉瑟（Marla Prather）在 2003 年出版的《杰伊·德费奥和〈玫瑰〉》（*Jay DeFeo and The Rose*）一书的前言中写道：“一想到这幅画，她的心便无法平静。”该画作自 1995 年以来一直收藏在该博物馆中。

小说家玛莎·谢里尔（Martha Sherrill）曾经做过记者，她在 2003 年出版的小说集的一篇文章中描述道，德费奥根本无法抗拒《玫瑰》的力量：“这幅画作越来越厚，它那令人叹为观止的创作过程几乎要了她的命。它仿佛有一种神奇的磁力，将所有的一切，包括人、颜料、德费奥工作室圣诞树上的松针和德费奥自己，都吸引了过来，不肯放手……有人开玩笑说，这幅画只有在德费奥本人去世后才能完成。还有一种传言流行了起来，《玫瑰》和德费奥之间是一种奇妙的情爱关系、是宗教和信仰者、是强迫动机和行为者。”在 1959 年的一封信中，德费奥谈到了作画的强迫行为给她带来的折磨，“我有时甚至希望这种折磨越痛苦越好，偶尔出现的极度痛苦感反而就是我想要的”，这样就能避免更多不堪设想的后果的发生。对德费奥来说，《玫瑰》就如同亚哈（Ahab）船长①难以征服的白鲸和弗兰肯斯坦（Frankenstein）博士②呕心沥血合成的怪物。

1965 年，《玫瑰》最终被运到帕萨迪纳艺术博物馆（Pasadena Art Museum）（德费奥所住的公寓位于旧金山海特·阿什伯里区附近的菲尔

① 美国作家赫尔曼·梅尔维尔（Herman Melville）创作的小说《白鲸》（*Moby Dick*）中的角色。——译者注

② 英国作家玛丽·雪莱（Mary Shelley）创作的科幻小说《弗兰肯斯坦》（*Frankenstein*）中的角色。——译者注

莫尔街，搬运工先凿下了房屋墙壁上的一大块灰泥和装饰脚线，然后才成功地把她的画从楼上的公寓里搬运下来）。即便如此，德费奥还是一直在强迫自己对画作做些修改。当时的博物馆馆长詹姆斯·德梅特里安（James Demetrion）说，她还是摆脱不了“那种痴迷的感觉”，她又画了 3 个月，才最终同意将画作展出。

《玫瑰》这幅画将古典风格、洛可可风格和巴洛克风格融为了一体，涂抹在画板上的“一层又一层”的大片颜料宛若经过了切割和雕刻，厚得像雕塑一样，它描绘的仿佛是星爆（也许是火山？子宫？哲学家的石头？或是玫瑰花？），星爆的中心正向四面放射着光芒。或许，这些光芒是从宇宙最遥远的地方被吸引而来。这就像是德费奥正在描绘一股可怕的、令人着迷的、无所不能的神奇力量，迫使她变成了一个仿佛在履行契约的奴隶，正如戴维斯所说的那样：“如同飓风中的受害者被卷入了飓风眼。”1997 年，托马斯·霍芬（Thomas Hoving）把这部作品写入了《西方文明最伟大的艺术作品》（*Greatest Works of Art of Western Civilization*）一书中。当惠特尼博物馆试图将其从仓库中取出，用于临时展览时，请来了 8 名工人。他们打开保护画作的钢罩，用了一个大型起重机、一辆卡车、一部抓爪机和多辆推车，花了几乎整整一天的时间才把它运到临时展台上。

与德费奥和隆巴迪相比，更家喻户晓的是凡·高。从 1888 年到 1889 年的 444 天里，凡·高在法国阿尔勒创作了大约 200 幅油画，其中不乏《向日葵》和《海上的渔船》这样的世界知名画作，还有 100 多幅素描画和水彩画。他几乎每 36 小时就能完成一幅画作。1985 年，哈佛大学的神经学家沙拉姆·寇仕斌（Shahram Khoshbin）在《洛杉矶时报》（*Los Angeles Times*）上发表的一篇文章中说：“当你亲眼看到那些画作，并得知每一幅画作都是在一天之内完成的时候，你一定能意识到这个人的强迫行为肯定相当严重。”

在创作的强迫行为方面，书面文字工作者丝毫不逊色于视觉艺术创作者。19 世纪欧洲最伟大的也是最多产的 4 位小说家，查尔斯·狄更斯、巴尔扎克、安东尼·特罗洛普（Anthony Trollope）和爱米尔·左拉（Émile Zola），虽然“多产”这个词用来形容他们的作品并不够准确，但他们所创作的新闻稿、文学作品、评论文章以及信件的数量确实十分惊人，他们强迫性的工作习惯已经达到了偏执狂的程度。除了吃饭睡觉这样的生理需求，任何事情都不能让他们中断写作。如果把《狄更斯全集》和《巴尔扎克全集》跟《莎士比亚全集》放在一起对比一下厚度，你就会觉得，这些 19 世纪的作家把 16 世纪的前辈衬托得就像一个只在周末才会写作的业余写手一样。他们并不像早期作家那样，只有灵感出现（或催债人上门）的时候才会拿起笔奋笔疾书，写作于他们而言更像是一场马拉松长跑。特罗洛普一生写下了 47 部小说以及 16 部非小说书籍。[①] 巴尔扎克一生创作了 3000 多个小说人物角色，创作了 100 多部戏剧、故事和小说，每天都会在办公桌前进行长达 15 ～ 18 小时的辛勤写作。

左拉家的壁炉架上刻着一行字：*nulla dies sine linea*，意思是“从未停止写作”。事实也的确如此。他一生留下了 37 部小说，10 本其他类型的书，评论文章、信件和新闻稿更是多到摞成堆的程度。由 15 名医生组成的专家委员会专门对左拉进行了一次采访，正是从这次采访中，我们才得以证明，他的马拉松式写作是由焦虑所致的，属于强迫性写作。在询

① 他的母亲弗朗西丝·特罗洛普（Frances Trollope）在 50 ～ 76 岁共创作了 114 部小说，所以这种强迫性的写作行为对他们来说可能是家族性的。

问了左拉一些关于写作习惯和心理状态的问题后，医生们得出结论，他很痴迷于“秩序”，有时甚至会痴迷到“病态的程度，因为它会引起某些只有患有精神障碍的人才会出现的症状”，阿瑟·麦克唐纳（Arthur MacDonald）在他 1898 年出版的《爱弥尔·左拉的人格详解研究》（*Émile Zola：A Study of His Personality，with Illustrations*）一书中描述到。在左拉那个年代，强迫症一词还未出现。左拉似乎是为了对抗“那些精神障碍症状”才创作了一部又一部的小说，他自行塑造出了一个个秩序混乱的社会，并幻想着自己能够扭转这种局面。在左拉的写作世界里，他可以随意将自己笔下的角色和他们所处的社会安排成他想要的结局。除此之外，他创作大量的评论文章和新闻稿的目的也是为了针砭时弊，指出社会秩序问题的要害。麦克唐纳称，左拉是因为恐惧情绪才变成这样的，他“出于恐惧而完成某些事情”，并为“如果不这样做”会出现的后果而感到担心，“驱使着左拉写作的理性情感并不是愉悦，而是他强加给自己、要求自己必须完成的任务”。

医生专家委员会发现，每每想到无法写作的场景，左拉都会备受焦虑感的困扰，但这种焦虑和对秩序的痴迷只是左拉巨大的痛苦缘由中的冰山一角。他还深受“多疑癖”的困扰。作为强迫症的一种表现形式，多疑癖在左拉身上表现为，总是幻想着自己以后可能会无法写作，从而产生焦虑，而他惯用的应对方式就是从不停止写作。他就像是一个走在钢丝上的杂技演员，一旦停下来，就可能会坠落身亡。医生团队还发现了左拉身上一些其他的强迫症症状，包括强迫计数行为。“走在街上时，他会数煤气灯、门，特别是马车的数量，”麦克唐纳记录道，“在家的时候，他会数楼梯有多少个台阶，办公桌上有几种不同的东西。”而麦克唐纳也很好奇，这种强迫性的写作行为和其他精神怪癖“是否有助于他智力的提升”？是否帮助他完成了写作上的成就？“可能正是患病成就了一个又一个伟大的天才吧，”他总结说，“这种因果关系，可能就是所谓的‘不疯魔不成活’吧。”

然而，在19世纪所有的小说家中，只有陀思妥耶夫斯基看清了自己的写作是源于精神折磨这一事实。关于写作的目的究竟是什么，他曾在《地下室手记》(*Notes from the Underground*)一书中自问自答。“或许我能从写作中获得真正的解脱。”他推测道。例如，很久以前的一段记忆“几天前突然出现在我的脑海里久久挥之不去”，他继续回忆说，“我必须想个办法摆脱它”。而他能想到的唯一一个途径就是“把它写下来”。

把陀思妥耶夫斯基和左拉放在今天来说，他们无疑都是典型的多写症（hyperscribrosis）患者，即有着强迫性和难以抑制的写作冲动的患者。多写症患者的症状通常表现为作品数量巨大，但更有趣的症状则是写作需求极其强烈，并因这种需求而产生强迫感和焦虑感，于是多写症患者就像强迫症患者强迫自己清洗、检查、数数和把物品摆正一样，强迫自己进行写作。

无力抵抗的写作欲望

1998年，爱丽丝·弗莱赫蒂（Alice Flaherty）早产生下了一对双胞胎男孩，但没过多久，两男孩双双夭折。在哈佛大学医学院的神经学家看来，弗莱赫蒂在这件事发生之后便坠入了悲痛的深渊，无法自拔。一个多星期之后，她却出现了另外一种完全不同的感觉：难以抑制的写作需求。她会把每个想法都写在纸上，把头脑中不断涌现出的各种想法都用文字记录下来。在那之前，弗莱赫蒂就是一位多产的写作者，她在做实习医生的时候就记下了大量的笔记，内容多到后来编成了一本神经学教科书。“儿子夭折以后，就好像有人打开了我体内的开关。在我看来，每件事情都变得异常重要，我必须全部写下来并保存起来。”2007 年，她在接受《今日心理学》杂志采访时这样说道。

弗莱赫蒂完全无力抵抗写作的欲望，就连堵车的时候，她都会抓紧时间在小臂上潦草地写些东西。有的时候，她半夜醒来，也会拿起一些便利贴，在上面写写画画。整整 4 个月的时间里，她根本就无法专心做其他事情。更奇怪的是，一年以后，当弗莱赫蒂又产下了一对健康的双胞胎女儿（虽然也是早产的）时，那种强烈的强迫性写作欲望依然没有减弱，她依然备受煎熬，不停地去记录自己的所思所想。结果，2004 年，她写完了《午夜疾病》（*The Midnight Disease*）一书。在这本书中，弗莱赫蒂分别描述了写作（创造力的神经生物学）和不写作（作家写作遇阻的原因）这两种状况，并简要介绍了她自身所患有的这类多写症的情况，称其是一种无法停止写作的强迫行为，且写作数量之大，甚至可以达到陀思妥耶夫斯基的作品数量。“就算我表面上逃避写作，内心却还是急不可待，”弗莱赫蒂写道，“脑海中的文字就像一艘正在下沉的船上的老鼠一样，四处乱窜，想赶快逃出，却又逃不出去。”

诗人蒂娜·凯莉（Tina Kelley）曾说，如果连续很多天都没有写作，那么一种明显的不适感和不安感就会将她包围。“当我在生活中经历了一件离奇的事儿时，我的第一想法就是把它写进日记里，先写下来，然后根据它写首诗，好像只有这样，我才算是把它从我的大脑系统中消除了，”她告诉我，“我一直觉得写作能够起到自我治愈的作用。”她每天起床后的第一件事就是写下昨天所发生的事情，她觉得自己“必须”这样做，如果因为其他事情的压力，或“因为最近太忙”而草草写完了事，或延迟写作，或干脆没写，这种强迫性的写作欲望就会变本加厉，演变成身体上的不适了。凯莉目前已经写完了两本诗集：《严谨》（*Precise*）和《极乐福音》（*The Gospel of Galore*）。但仅靠写诗的微薄收入很难维持生活，于是她在《纽约时报》兼任了多年的记者，在此期间，发生了9・11恐怖袭击事件，《纽约时报》推出了“悲恸的群像”讣闻专栏，从2001年9月15日到2002年9月10日，共刊登了2500多篇讣闻报道，以简短的语言记录每位遇难者的一生。凯莉执笔完成了其中的121篇。写作过程中，她会难以抗拒地去想，千万不能遗漏了遇难者的任何一个生活细节：消防局里唯一一位穿48号靴子的消防员，一位小时候喜欢把自动割草机拴在煤砖上，然后怡然自得地看着它一圈又一圈转着割草的金融工作者，等等。“如果不这么细致，那就是辜负了他们。”凯莉说。她被这种强迫动机折磨得片刻不得安宁，唯有屈服，不停地去写作，才能得到解脱。

其实，早在古巴比伦时期，人们就用一种尖锐的利器在黏土上写来写去，那时这种强迫写作行为大概就已经存在了。公元前5世纪，希波克拉底认为它是一种“神圣的疾病”。而到了公元2世纪早期，罗马诗人尤文纳尔（Juvenal）则将其描述为一种“无法治愈的写作疾病”。尽管到了左拉生活的时代，已经有部分科学家注意到了这种强迫写作行为，但到了现代，它还是未能引起科研人员们的广泛关注。

情况在20世纪70年代出现了转机。波士顿神经学家斯蒂芬・沃克斯曼（Stephen Waxman）和诺曼・格什温德（Norman Geschwind）发表了一篇具有开创意义的论文，研究人员将 7 名同时患有癫痫的强迫性多写症患者的颞叶与真实的电流连接在一起，并观察到电流活动会引发患者的癫痫发作，但也可能会迫使他们写作。这项研究的参与者中有一位 24 岁的女性，自 15 岁起，她“每天至少要花费几个小时的时间在写东西上面”，她会“随身携带着几张便笺”，几位医师在 1974 年的《神经学》（*Neurology*）杂志中这样记载道。她给出的理由是，这样“我就能知道自己在做什么了”。她强迫性地将“前几个小时内所做的事情”全部都记录下来，甚至包括癫痫发作的过程和刚刚出现的幻觉。除此之外，她还整理了各种清单，包括她收藏的唱片、父亲用口琴演奏的乐曲、她公寓里的家具、喜爱的物品和讨厌的物品，等等。她回忆说：她在 17 岁时学会的一首歌的歌词，她“至少写了几百遍”。研究人员称：“她会在任何可以写字的东西上面写，例如纸片或餐巾纸等。她还说自己有时会强迫性地反复写同一个单词，或抄写某个物品上的商品标签。”

还有一位癫痫症患者强迫性地逐日记录自己的经历，尽管就像大部分的多写症患者一样，他的这些流水账并没有什么文学价值。“昨夜很凉爽，我把空调关了，并打开了窗户。昨晚我睡得不好，每隔两小时就醒一次。今天我往墙上钉了几颗螺丝钉，挂上 3 张照片，可把我累坏了，我必须躺下休息一会儿，所以我睡了两个小时。”他努力地捕捉下每一个日常细节，唯恐随着时间的流逝，那些瞬间也在记忆的长河中消失了。并且，他希望每一位可能看到这些文字的读者，包括未来的自己，都能够理解他的自说自话。这种强迫性的动机在字里行间随处可见，他大量使用括号标注，以确保内容完整，没有信息遗漏，例如：“周末（周六和周日）我不出门散步。”“我们所研究的大部分写作资料都有着强迫性的本质。”沃克斯曼和格什温德用科学研究人员应有的严谨口吻准确地描述道。

神经学家将患者的多写症归因于癫痫发作：与大脑颞叶有关。颞叶位于耳朵里侧的大脑部位，它对处理的声音输入结构，包括语言理解结构的韦尼克氏区（Wernicke's area）的运作，均起到了一定的作用。同时，它与生成和处理情绪的脑边缘区域也有着广泛的联系。格什温德认为，他的患者之所以会患上多写症，原因之一可能就在于此：与那些脑边缘系统没有受到颞叶电流的过度刺激的人相比，多写症患者会随着情绪反应的强化，出现更多和更深刻的强迫性的感觉。“据推测，”格什温德写道，“这些行为上的改变（包括强迫性写作）是间歇性电流通过颞叶的结果，从而导致脑边缘系统反应发生了改变。”说得通俗一点，当痛苦情绪像刺刀一样尖锐时（癫痫发作引起的脑边缘系统的剧烈反应），他们会被迫在纸上（或屏幕上）写下文字，觉得只有这么做才能缓解因单恋、损失、背井离乡、战争和不公遭遇而遭受的痛苦。“由于每件事情都有着特殊的意义，”格什温德总结道，“患者便会频繁地用大量的篇幅详细记录下来。”有时还会采取图像和文字两种途径相结合的方式。以凡·高为例，444 天里，他除了创作了 300 件艺术作品外，还疯狂地写了 200 多封信，每封信至少 6 页，用来记录每一天的经历。值得一提的是，凡·高也是一位癫痫症患者。

强迫性写作并不是陀思妥耶夫斯基这种天才级别的人的专属癖好，生活在波士顿的一位隐居者，阿瑟·克鲁·英曼（Arthur Crew Inman）也是一位强迫性写作者。英曼出生在亚特兰大，他家因经营棉花制造和销售而致富。在哈弗福德学院（Haverford College）上了两年学以后，英曼因精神崩溃而退学，从此便开始靠家里的钱为生，并最终搬到了波士顿。在那里，他累计写下了超过 1700 万字的日记，共 155 卷。1985 年，哈佛大学出版社出版了 2 卷共 1661 页的《英曼日记：我公开的秘密忏悔》（*The Inman Diary : A Public and Private Confession*，以下简称《英曼日记》），并用巧妙委婉的语言称其为“我们这个时代最值得一读的奇妙文学之一”。这本书不仅描述了英曼个人的人生经历、生活过的国家和移居城市的历史，以及他对政治、革命、噩梦般的可怕处境和各种强迫行为的看法，还记载了他雇用的年轻女性“聊天者”的人生经历，在英曼昏暗的公寓里，她们向英曼讲述各自的人生故事，一讲起来就是好几个小时的时间。

利布曼・史密斯（Libman Smith）是《英曼日记》的编辑，他花了整整 7 年的时间才读完原稿，并让英曼填写了一份用于检测人格和行为怪癖的调查问卷。结果显示，英曼在“对细节的强迫性关注”一项中得分很高，从他列出清单并严格遵守时间表的行为中就能看出来，还有“各种情绪加重”“自大狂”和“个人命运感”这些项。这些表现共同反映（或导致）了一种有害的情绪，即焦虑，他只有将自己的每一次想法、发现或感觉罗列于纸面上才能消除这种焦虑。英曼是这样诊断自己的：“我宛若生活在一个相机盒子里，相机快门失灵了，滤镜也坏掉了，胶卷的感光度过高，外面的世界本来是非常可爱美好的，但在我看来却是一幅痛苦和混乱的场面……现实世界中最平常的东西，声音和阳光、物体凹凸不平的表面、人与人之间适度的距离，都越过挡在中间不堪一击的障碍物，突然击溃了我心中那已经摇摇欲坠的堡垒，导致我内心隐藏的那种敏感无处可藏，时隐时现。”

第 11 章

强迫症患者的大脑，危险，现在必须减轻焦虑

韩国有一位 46 岁的男子，身体一直都很健康。但某一天，他突然得了一种重病：连接两条脑主动脉的血管里长了一个动脉瘤，并且突然破裂。在这种情况下，大多数患者都会出现局部失明、周边视觉丧失的症状，但这位韩国男子的症状却显得有些不同寻常。

动脉瘤破裂对这名男子的左侧眶额皮层和尾状核造成了巨大的损伤。眶额皮层位于眉下（因此以“眶”为名）的大脑皮层，主要负责高级认知功能，比如做计划和判断。而尾状核则位于眶额皮层下方，从侧面看尾状核就形似一个弯曲的问号。尽管长期以来人们一直认为尾状核仅仅控制人的自主运动，但后来的研究结果证明，它还具有认知功能的作用：一是它可以规划各种行动，引导人们达成目标；二是它还可以指导眶额皮层以确定需要对传入的感觉信息给予多大程度的关注。由于第二种作用，当尾状核出现障碍时，传入的感觉信息就会被标记为引起比实际更严重的后果的原因，从而导致强迫症，我会在下面进行详细论述。

1997 年初，这名男子接受了神经外科手术治疗。医生切除了其动脉瘤，并清除了脑内积存的脑脊液。几个月后，他身体恢复得很好，但接踵而至的却是其行为上的巨大转变。7 月的某一天，他来到公园散步，这是他动脉瘤破裂后第一次来这里。突然，地上的一个小东西引起了他的注意，那是一颗玩具枪子弹。他把它捡了起来，没走多远，他又捡到了一颗。从那以后，一去那个公园，或者说一出门，他就会感到一种难以抗拒的强迫性的冲动，驱使着他去寻找玩具枪子弹。他对其他东西，如硬币、文件或贵重的物品等，都不感兴趣，只有小圆球状、橡皮擦大小的玩具枪子弹强烈地吸引着他。走路的时候，他会时刻盯着路面，一边走一边寻找，即使在大雨天等极为恶劣的天气里，他也会沿着大街小巷，搜寻玩具枪子弹。两年的时间里，他积攒了 5000 多颗子弹，这引起了首尔三星医疗中心神经学家和精神病学家的注意。2001 年，神经学家杜克那（Duk Na）及其合作者在《神经学》杂志上发表的文章中描述称，这名男子会把捡来的子弹装在瓶子里，且从没想过取出或处理掉它们，或重新收集其他东西。

眶额皮层损伤的患者还会表现出一些其他形式的强迫性收集行为。1995 年，一名 49 岁的法国男子在巴黎沙普提厄医院（Salpêtrière Hospital）接受了脑肿瘤治疗。医生通过 CT 扫描发现，这位患者的额叶皮层有两处大的凹陷。近两年内，他总是无法自制地到处搜寻废弃的家用电器，足迹遍布了家乡的每一个角落。2002 年，沙普提厄医院神经学家伊曼纽尔·沃尔（Emmanuelle Volle）及其合作者在《神经病学》杂志上发表的一篇文章中记录称，这名男子会强迫性地搜寻电话、洗衣机、电视机、吸尘器、冰箱和录像带（毕竟当时是 20 世纪 90 年代）。按照惯例，他每个月都会有目的地、有方法地外出搜寻两次，仿佛是去完成一项使命一般。这名男子把最开始找到的 35 台电视机存放在客厅里。客厅被堆满了以后，女儿的卧室、走廊、浴室、三个酒窖，甚至连通风竖井也未能幸免，均堆满了他捡来的“宝贝”。除了收集家用电器这个强迫行为以外，这名男子并没有表现出其他任何认知方面的缺陷，不过他确实很难对其他事物提起兴趣。

上天似乎对上面提到的韩国患者和法国患者开了个玩笑，在他们的大脑中留下了一些漏洞，从而引发了他们奇怪的强迫行为。由此，我们是不是就可以得出结论：大脑中的额叶区或尾状核区的损伤会造成患者的强迫行为呢？事情要是这么简单就好了。

强迫行为的大脑活动原理究竟是什么？从目前来看，神经科学家还未找到这个问题的答案，解决这个问题仍有很长一段路要走。神经科学家目前已知的只是强迫动机控制大脑的各种方式。但值得注意的是，研究表明，导致大脑难以抗拒地、强迫性地想要做出一种行为的因素远不止一种。例如，人们的囤积行为就是由多种心理因素造成的，包括对毫无价值的物品的强烈情感依恋，以及决策能力受损导致囤积者无法决定丢弃什么和保留什么。人的感觉和思想等一切心理活动实际上都是大脑活动的反射，因此，每种心理特征都与相应的神经生物学原理相对应。

然而，这个原理究竟是什么？这恰恰是最令人抓狂的问题。多年来，精神病学的发展屡遭坎坷，其中的一个重要原因就是，专家们虽然发现了数百种疾病，但却始终无法为其确定客观的诊断标准。精神疾病和其他疾病不同，无论是血压计的精确数值，还是更实际些的神经影像检测，都无法用作精神疾病诊断的必要依据。为了弥补这一点，精神病学家和神经生物学家曾迈出了大胆的一步，将疑似患有精神疾病的患者放到了磁共振成像检测机器中进行检查，以检测他们的大脑活动，找出问题所在。然而，这个尝试最后也以失败告终。这样的状况使时任美国国家精神卫生研究所主任的心理学家托马斯·英塞尔（Thomas Insel）深受困扰。2013 年，他对《精神障碍诊断与统计手册》一书进行了猛烈抨击，称其“缺乏有效性”，且并未依据客观实验检测来进行诊断。他在美国国家精神卫生研究所的官方博客上写道：“我们应该为精神障碍患者提供更好的治疗。”

强迫症患者的大脑回路

功夫不负有心人，不懈努力的精神病学家终于在探索强迫症的大脑运作原理上取得了史无前例的重大进展，强迫症也随之成为由精神障碍转变为神经疾病的典型例子。20 世纪 80 年代后期，精神病学家开始了初步尝试。当时加州大学洛杉矶分校的精神病学家和神经科学家联合在报纸上登出了一则广告，邀请有意愿的强迫行为者参与一项大脑成像研究。广告发出后，数百名志愿者前来报名，在对他们进行了标准心理评估后，科学家们从中选出了 24 人，并运用当时最为先进的科学技术——大脑正电子发射断层显像（positron emission tomography，简称 PET）对他们的大脑进行了扫描。结果显示，在这些人的大脑中，眶额皮层、相邻的前扣带皮层，以及位于大脑内侧与耳朵连接处的纹状体三个区域的活动水平普遍较高。

眶额皮层的功能非常多。一方面它能权衡复杂的决定，尤其是那些涉及风险的决定，另一方面，它也能产生思虑和担忧。在强迫症患者的大脑中，它主要发挥着错误检测器的作用：通过对实际事件与预期事件进行比较，给人以提示，例如，当大脑期盼已久的奖励没有实现时，它就会发出信号。出现问题时，实际体验未达到预期时，或者有些东西看起来有些异样时，比如墙上稍微歪了的照片、摆放不均的书堆、没有按标签分类的罐头、让强迫症患者陷入恐慌的其他无关紧要的瑕疵等，眶额皮层中的神经元就会被激发。于是，一种干扰性的、持续的和本能的感觉在他们的心底油然而生，从而使他们意识到问题的存在。强迫症患者之所以总是能够感知到常人无法发现的问题，可能就是由于他们大脑中的眶额皮层活动水平的升高。

前扣带皮层的错误检测机制则略有不同。当你犯下错误或做出一个你潜意识里或直觉上知道有点不妥的选择时，前扣带皮层就会被激活。一个常见的例子是，在一个叫作斯特鲁普任务（Stroop task）的广为人知的心理测试中，被测试者要说出一个颜色词是用什么颜色的墨水书写的，当然这个颜色词和墨水的颜色是不一致的（例如，用红色墨水写“绿色”这个颜色词）。前扣带皮层的主要任务就是检测你所犯的错误，而非大脑之外的世界。

纹状体从许多其他的区域接收信号，并向这些区域发送信号。其神经功能等同于 20 世纪 40 年代的一种电话总机，它通过电线传递信号，但其传输信号的强度却提高了无数倍。纹状体影响着人的自主运动、学习、记忆和目标导向行为等，而其中的一个组成部分——向其他大脑结构发送抑制性轴突的尾状核，就是强迫症的罪魁祸首。尾状核是大脑的“镇定”中心之一。（患有收集子弹强迫症的韩国男子的尾状核就不幸受损。）尾状核越活跃，流动的轴突所传递的电流就越强，人们就越能感受到大脑的嘘嘘声。当尾状核异常活跃时，大脑的抑制指令就会从轻柔的“安静一点儿”的提示音，突然转变成一声严厉的“闭嘴”。尾状核——这个大脑回路上的第三个结构负责抑制活动，它大多数时候都很安静。（若拿《骨头儿歌》[①] 的讲解来做类比，这个结构的作用就相当于人体的脚踝骨头。）正如当枪支的消声器被消音时枪的响声才最大。当抑制功能由于尾状核的过度活动而被阻滞时，下一个结构，即扮演着开关角色的丘脑的活动就会失控，造成的结果就是：丘脑活动增强。丘脑会对前扣带皮层及其相邻的眶额皮层起到激活作用，因此，这两个结构也会随之变得过度活跃起来。这个现象是科学家通过观察强迫症患者的大脑神经影像所发现的。眶额皮层和前扣带皮层的过度活跃就意味着过度敏感的错误监测。

这个眶额皮层 / 前扣带皮层 / 尾状核的大脑回路——通常简写为皮层 - 纹状体回路，就是人们常说的“担忧回路”或“强迫症回路”。“它的主要功能就是通知你一些不好的事情即将发生，比如你的手会受到污染，被细菌覆盖，提醒你要对此有所行动，”加州大学圣迭戈分校的桑加亚·塞克森纳说，“强迫症患者的大脑活动模式都非常相似，普遍表现为眶额皮层、尾状核、丘脑和前扣带皮层的活动增强。当他们的病情有所好转时，这些区域的活动强度才会降低。”

这个造成强迫症的大脑故障回路自问世起就一直备受关注，不仅仅因为这是科学家破解的第一个强迫症原理，更因为它重新定义了强迫症患者大脑的活动模式，其根源并不是直接面对消费者的药品广告向公众

① 西方经典儿歌，以欢快的曲调和歌词描述人体骨骼结构。——译者注

大肆宣传的“内分泌失调”，很多人都已被洗脑，一直将精神障碍归因于此。在这种谬误的引导下，越来越多的患者开始求助于调整内分泌失调的药物处方，但可想而知，它们所带来的实际效用微乎其微，甚至可以忽略不计。更糟糕的是，这些药物把大多数的精神病学家从对症下药的心理治疗师变成了一个个诊断机器和发药机器。但我们讨论的主要目的并不是指责这种观点有多荒唐。对我们而言，真正重要的是，科学家们通过实证分析揭示了这种观点的错误所在：大多数精神疾病的原因都是大脑线路出现异常，而非神经内分泌失调。强迫症就是第一个证实这一结论的例子。

健康的大脑中同样也可能存在担忧回路。“你能想象那种心情吗？你正在过马路，很担心一辆你没注意到的汽车突然把你撞倒在人行道上？”国际强迫症基金会的执行董事杰夫·西曼斯基说道，“正是这个相同的大脑回路，让强迫症患者意识到危险的存在。”只不过有些人的大脑生来就比较敏感（只要稍有异常，他们的强迫症回路就会被激活），而另外一些人的大脑敏感度则是靠后天发展而成的。“所以你要保护自己，远离危险，或者尽一切所能来消除危险或缓解危机感。”西曼斯基说。这样一来，强迫症患者的危险意识就越来越强，他们会时刻提醒自己潜在的威胁近在咫尺，因此内心的焦虑也就变得更加理所当然。于是，强迫症患者的大脑回路就会变得越发活跃，看到任何微小的异常信号都会发出“危险！危险！”的警报。久而久之，大脑渐渐认识到，通过实施强迫行为来服从警报命令就可以减轻焦虑。苏联生理学家巴甫洛夫的实验力证了这一点（后文会有提及）。

认识了强迫症的大脑回路可以说是一次重大的飞跃，它意味着科学家们距离理解强迫症的大脑运作原理更近了一步。然而，大脑的过度活跃并非那么明确，易于诊断，因为仅通过神经影像是无法可靠地检测到强迫症的。科学家们在观察了数百张脑部扫描图后，自然就会发现担忧回路的活动特征。然后观察 100 个正常大脑的平均活动水平，将其与 100 个强迫症大脑的平均活动水平进行对比，他们便可以发现二者之间显而易见的区别。但并不是每种强迫症患者的大脑都会表现出这种模式，耶鲁大学的精神病学家马克·波坦扎告诉我："我们目前还无法依据大脑成像对患者进行精神疾病的诊断。"我们用人的身高来做个类比。如果你取 100 个男性身高的平均值，与 100 个女性身高的平均值进行对比，前者的数值肯定会大于后者。然而，这 100 个女性中说不定会有高于男性平均身高的特例，而这 100 个男性中也可能会有低于女性平均身高的特例。

每当大脑表现出一些异常或怪癖时，人们常常会思考这样一个问题：这种异常从何而来？答案只有两种可能：一，它是与生俱来的，是由患者的大脑发育基因从父母那里遗传而来导致的，或者是由于患者在母亲子宫里发育的过程中受到外界事物的刺激而产生的；二，它是后天形成的，是由于某些经历对患者造成影响而产生的。强迫行为既有可能是先天的，也有可能是后天形成的。

家族研究已表明，与无强迫症家族病史的人相比，强迫症患者近亲的强迫症发病率要高 5 ～ 7 倍，这说明了遗传因素在强迫症的形成中的作用：如果一个人的近亲中有强迫症患者，那么这个人就更有可能患有强迫症，但"更有可能"并不意味着"一定"会患上强迫症。这从侧面反映了一个事实，即世界上并不存在"强迫症基因"这种东西。强迫症不会像家族性黑矇性痴呆（Tay-Sachs）和镰状细胞病一样，由父母遗传给子女。相反，复杂的精神疾病往往是由多种基因发挥作用而形成的。例如，2012 年，美国麻省总医院的科学家们就对强迫症进行了首次全基因组关联研究。他们招募了 1465 名强迫症患者、5500 多名未受强迫症影响的对照组成员，以及 400 个由强迫症患者、患者父亲和患者母亲组成的三人小组，分析了大约48万个基因变异体，并得到了两个意外的发现。美国麻省总医院在《分子精神病学》(*Molecular Psychiatry*) 杂志上发表的文章中报告称，其中一处位于一个名为 BTBD3 的基因附近，BTBD3 基因似乎与大脑线路有关（它将一个神经元的输出神经纤维导向另一个神经元的输入神经纤维）。另一处位于一个名为 DLGAP1 的基因附近，DLGAP1 基因参与编排神经突触的形成。小白鼠的大脑中也有着相似的基因，如果将其移除，小白鼠也会出现类似强迫症的症状。这表明大脑的健康发育离不开 DLGAP1 基因的正常运作，该基因的缺失或异常会以某种方式导致强迫症大脑回路的形成。

2014 年，约翰斯·霍普金斯大学的研究人员对 1400 多名强迫症患者及其 1000 多名近亲的基因组进行了扫描，并发现了第三个与强迫症相关的基因。研究人员在《分子精神病学》杂志中记录称，他们发现，与没有强迫症的人相比，在强迫症患者及其近亲的大脑中更容易找到 PTPRD 基因附近的 DNA 变异体。通过对动物进行实验，研究人员发现 PTPRD 基因的主要作用为调节生长和分化等多种细胞活动。尤其是，它能促进神经轴突和树突的生长，而轴突和树突的主要功能则是将信号输入神经元以及从神经元中输出。这个过程中出现任何差错都可能会使强迫症患者的异常大脑回路埋下隐患。虽然这些基因研究取得了一定的进展，但它们依然未能给出令人信服的解释，毕竟有很多强迫症患者并没有携带异常基因，而很多异常基因携带者却没患上强迫症。异常基因所发挥的作用只是增加了强迫症的患病风险而已。

环境因素导致儿童出现强迫行为的说法甚至更加模糊。有一种观点认为，当人们觉得这个世界充斥着未知和威胁时，他们就会强迫性地去做一些事，觉得唯一可以掌控的就是自己的强迫行为（尽管实际上他们连强迫行为也无法控制）。一些心理学家推测，父母对细菌的过度担忧会传染给孩子，但同样有可能的是，孩子会以某种叛逆的行为来回应这种担忧，例如有的孩子会故意把自己弄得脏兮兮的。除此之外，其他有关环境因素的影响只不过是大家的猜测而已。

囤积者的行为可能源于大脑皮层的损伤

在《精神障碍诊断与统计手册（第 5 版）》中，囤积行为不再作为强迫症的表现形式之一，而是作为一种独立的病症被单独列了出来，其原因之一就是这两种障碍的大脑活动模式是截然不同的。也就是说，强迫症患者大脑中的皮层 - 纹状体“担忧回路”会明显表现出过度活跃的状态，但这一异常并未出现在只有囤积障碍的人的大脑中。神经学家的这项发现恰好佐证了心理学家的观点：囤积者不会过度担忧，他们不会像强迫症患者那样总觉得哪里不太对劲儿。只要没有人干涉他们堆到天花板的杂物堆，他们就不会表现出任何的异常。

菲尼亚斯·盖奇（Phineas Gage）是囤积行为大脑运作原理的早期研究对象之一。他的大脑可是非常有名的。即使你对他的故事有所耳闻，也请认真读完我接下来的叙述。我相信，这些片段一定是你闻所未闻的。

> 盖奇是一名铁路维修工头，1848 年，他正在佛蒙特州卡文迪什（Cavendish）附近监督一名工人清理铁轨，以便铺设铁路，就在那时，突然发生了一场爆炸，一根长达 1 米的铁夯从

他的左颧骨下方穿入头颅，刺穿了他的大脑额叶，并从头顶飞出，落在了距离他近 30 米远的地方。随后令人震惊的怪事发生了。尽管盖奇看起来左摇右晃，但他竟奇迹般地上了一辆牛车，最后回到了住所。当地的一位医师前来为他治疗伤口，并处理了残留在他头部的头骨碎片。从这场重伤中恢复后，一向性情温和的盖奇脾气突然变得暴躁，说话不再轻声细语，总是会发无名火、出言不逊，而且变得“极其顽固”“变化无常”，J. M. 哈洛（J. M. Harlow）博士在 1868 年记录道：“当别人的建议和他的欲望发生冲突时，他就会变得非常不耐烦，根本无法克制住自己的脾气。”

盖奇的故事成了一代又一代精神科学家经常引用的经典案例。他的经历就像是大自然（或铁路工人）对人类所做的一次戏剧化的实验。通过这次实验，科学家们开始将大脑某区域的损伤与特定的情绪和心理变化联系起来。盖奇被铁夯所刺穿的大脑前额区域正是发挥情绪控制、理性思考和计划等高级认知功能的部位。但哈洛说，研究囤积行为的科学家们还挖掘到了另一个鲜为人知的后果：在此次事故后，盖奇对纪念品产生了“极大的兴趣”。

仅凭此案例就在大脑额叶损伤与囤积行为之间建立因果关系是非常不严谨的，2005 年，一项对 86 名脑损伤患者的研究表明，盖奇并无什么异常。这些患者在大脑遭受损伤之前，并无精神疾病史或异常的收集行为，更没有囤积行为。但神经科学家在进行了更深入的研究后发现，86 名患者中有 13 人“曾有过异常的收集行为倾向，主要表现为大规模地、毫无秩序地积累无用的物品”，艾奥瓦大学的安东尼奥·达马西奥

（Antonio Damasio）① 及其合作者在《大脑》杂志中写到。这些患者尤其喜欢积累报纸、杂志、垃圾信件、目录簿、家用电器及其零件、食品、衣服、破损家具及其零件、废金属、汽车零件、食品袋、食品容器、空瓶和硬纸箱等。科学家们写道："这类患者的收集行为都是极其异常的，即便外界对其进行了干预，他们也无法停止。"

这些囤积者的大脑额叶皮层都曾遭受过损伤，这不免又让人联想到了韩国的那位囤积玩具枪子弹的男子和法国的那位囤积家用电器的男子。于是，这些人大多在额叶皮层控制下的相关功能方面存在缺陷，这点也就不足为奇了。他们的记忆能力和组织能力往往都低于正常的水平，这正好印证了兰德·弗罗斯特所观察到的执行功能缺陷的现象，比如很多的囤积者甚至不知道该如何从堆积如山的物堆中选出一件物品并将其丢弃。

达马西奥所研究的囤积者的前扣带皮层也遭受过损伤。前扣带皮层就是那个对强迫症患者尖叫着有点不对劲儿的大脑结构。然而，这些囤积者的前扣带皮层却非常安静。尽管他们的东西堆积如山、高至天花板，甚至把家里挤得只剩下几条羊肠小道，但囤积者大脑中的前扣带皮层显然并没有发现有什么不对的地方。相反，在小白鼠实验中，研究人员发现，驱使小白鼠去获取和保留物体的皮层下结构并未受到任何损害。这使得艾奥瓦大学的研究团队推断出，大脑受损的患者之所以会出现囤积行为，可能是因为负责监管外来信息的大脑前额区域因受损而丧失了功

① 安东尼奥·达马西奥是美国南加州大学神经科学、心理学和哲学教授，欧洲科学与艺术学院院士。其著作《当自我来敲门》《笛卡尔的错误》中文简体字版已由湛庐引进，由北京联合出版公司于 2018 年出版；《万物的古怪秩序》中文简体字版已由湛庐引进，由浙江教育出版社于 2020 年出版。——编者注

能。实验结果显示："虽然人们通常会以为认知限制是制止人类行为的必要条件，但实际上，即便在认知限制出现的情况下，收集食物和其他物品的动机也可以正常发挥作用。" 科学家们写道："所以这就导致未受抑制的囤积行为动机也相对自由地发挥作用了。"

事实也的确如此。参与研究的志愿者中有一位 69 岁的家庭主妇，她大脑中的额叶皮层曾遭受过损伤。这位主妇囤积了大量从邻居家的垃圾堆里翻出来的破损家具、家用电器、草坪装饰品、宠物用品和衣服等，这些物品把一个可以容纳两辆车的车库填得满满的。她从来就没想过要去使用或修理这些物品。"她的壁橱和抽屉都被塞满了，" 艾奥瓦大学的研究团队写道，"还有很多衣服……堆在房间地板上，到处都是。" 无独有偶，一个 27 岁的男子在接受脑动脉瘤切除的神经外科手术时，其额叶皮层意外受损。从那以后，他便开始收集各种工具、电线和废金属，这些物品也是从邻居家的垃圾堆里翻出来的，然后把它们都堆放在地下室和车库里。还有一位同样遭受过额叶损伤的焊工，其行为与那位子弹收集者的行为类似。丰收之后，他会强迫性地收集散落在他家附近田地里的玉米粒（这可是在艾奥瓦州）。"他几乎每天都会收集玉米粒，" 科学家们记录道，"他收集的玉米粒堆了好几堆，但他仍然停不下来，因为玉米粒会逐渐腐烂或被老鼠吃掉。除此以外，他还会把废金属、废弃的汽车零件和家用电器零件等都捡回家。"

艾奥瓦大学的这项研究发现了突然变成囤积者的人的大脑结构的异常。但要想弄清楚囤积者在面对抉择时的心理活动，也就是其精神障碍的症结所在：是保留还是扔掉？我们则必须研究其大脑功能的异常。

艾奥瓦大学的研究结束几年以后，有关大脑功能异常的研究开始了。

在美国神经精神药理学会 2007 年年会上发表的一项研究中，来自加州大学圣迭戈分校的桑加亚·塞克森纳还发现，囤积者大脑中的前扣带皮层似乎并没有正常地发挥作用。他在对比了 20 位强迫性囤积者和 18 位健康对照者的大脑神经影像后发现，与对照组相比，强迫性囤积者的前扣带皮层活动强度明显更低。囤积行为越严重，前扣带皮层的活动强度就越低，塞克森纳指出："也就是说，他们看着家里堆积如山的状况会觉得很正常，根本就感觉不到有什么不对劲儿的地方。"

囤积行为真的与前扣带皮层的活动强度低有关吗？为了找到答案，康涅狄格州哈特福德生活研究所（Institute for Living in Hartford）的临床心理学家戴维·托林及其合作者做了一个巧妙的实验。他们找到了 43 位强迫性囤积者、31 位强迫症患者和 33 位健康者，让他们把自己的部分物品，诸如垃圾信件、旧报纸等一同带到实验室。当躺在磁共振成像检测机器里时，参与者可以看到一个屏幕，屏幕上会先后展示出他们自己的垃圾信件和旧报纸，每一幕都会有研究人员的一些文件掺杂在其中。每一幕所展示的物品都标有"你的"或者"我们的"这样的字眼，以帮助参与者进行区分。（托林在实验中也用了其他的一些物品，例如空的食品容器和玩具。）每次屏幕上出现物品时，托林都会问参与者：实验助理可以撕掉这个吗？这个呢？那这个呢？这些问题并不只是说说而已，参与者需要即时做出实际的决定。如果参与者说"可以"，那么研究人员就会当着他们的面把它撕掉。当然，他们会有 6 秒的时间来做决定。

2012 年，托林团队在《美国医学会杂志·精神病学》（*JAMA Psychiatry*）中报告称，实验结果不出所料，同意丢弃自己物品的囤积者明显少于相应的强迫症患者或健康参与者。囤积者在面临抉择时所感受到的焦虑、犹豫和悲伤程度要远远高于强迫症患者和健康参与者。他们越是感到焦虑、犹豫、悲伤和“不对劲儿”，同意撕掉的物品就越少。

大体上，囤积者的大脑活动模式与非囤积者并无不同。然而，它们存在两处显著的差异。研究人员通过功能性磁共振成像发现了囤积者大脑中所特有的活动模式，这一模式似乎就是他们在决定是否同意撕碎文件时的痛苦根源。当囤积者在决定“保留还是撕碎”研究人员的文件时，他们大脑中的前扣带皮层的活动强度相对较低。达马西奥和塞克森纳发现，很多囤积者大脑中的前扣带皮层区域都遭受了损伤或功能异常。

托林的功能性磁共振成像实验还显示，当囤积者看到自己的物品，并且需要立即决定到底是将其保留还是扔掉时，他们大脑中的前扣带皮层和脑岛的活动水平就会立即飙升，最后不仅高于健康大脑的数值，还远远超过了标准数值。囤积行为越严重，囤积者大脑中的活动强度就越高。此外，囤积者越是犹豫不决（我应该怎么做？我知道撕碎那封很久以前的信也没什么，但……），越觉得“不对劲儿”，其大脑中的脑岛和前扣带皮层就会越活跃。

托林团队关于大脑的前扣带皮层活动增强的这一发现，似乎与塞克森纳和达马西奥得出的囤积者前扣带皮层区域活动强度极低的结论相互矛盾。但请注意，在达马西奥和塞克森纳的实验中，囤积者的大脑基本都处于平和状态，他们无须思考任何事情。但在托林团队的研究中，囤积者的大脑却被迫要求判断某些事情是否已经出现异常或即将出现异常，也就是说，同意撕掉那张自己很感兴趣的超市传单会不会是一个可能招致灾难的错误决定。此时大脑中的前扣带皮层就像一个昏睡了一整天的高中生，临考前半小时才突然惊醒，为了弥补错失的时间，大脑中的前扣带皮层便开始疯狂活动起来，仿佛在说，我的工作就是评估在某种状况下是否出现了问题，眼下的状况是有人问我可不可以扔掉那张废纸？很显然这里出现问题了！于是大脑中的前扣带皮层便用最大的音量嚷嚷着："出问题了！出问题了！"这就是为什么囤积者会感到异常焦虑，生怕做出一个会引发痛苦的决定。

大脑中的脑岛是位于皮层褶皱深处的一个结构，长期以来科学家们对脑岛功能的研究结果是相互矛盾的，因此它一直是个未解之谜。达马西奥最终破解了这个秘密：脑岛可以处理和诠释身体感觉，诸如心跳加速和出汗等，并将其与某种情绪关联起来——在这个案例中就是焦虑这种情绪。此外，脑岛似乎也能评估刺激因素的情绪显著性、监测错误和评估风险。在人体中，脑岛负责接收与情绪体验相对应的身体状态的输入，并且可以识别出引发相应身体状态的情绪（恐惧、兴奋、焦虑……），然后将结论发送至更高级的认知区域，于是人便可以有意识地进行思考，嗯，我的心跳很快，我现在一定很紧张。当囤积者就是否要将囤积已久的纸张放到碎纸机中搅碎而被迫做出决定的时候，这样的大脑运作便开始了。他们的第一反应就是焦虑，在身体上的反应便可能是心跳加速。脑岛会立即接收这一信息输入，并将其转化成"焦虑的情绪"。

托林和他的合作者们写到，总而言之，大脑中的前扣带皮层和脑岛是"'大脑显著性网络'的核心"。该网络的活动强度低会导致"囤积障碍患者频繁表现出动力减弱以及洞察力下降的状态"。由于无法在重要的和无用的、有价值的和无价值的物品之间做出取舍，他们便选择保留和珍藏所有物品。然而，当囤积者面对自己积攒下来的大堆物品时，大脑内的这些区域就会变得高度活跃，人就会出现哪里不太对劲儿的感觉，认为自己处于即将做出错误决定的危险处境中，因此便决定将所有的物品都保留下来。

除此以外，至少还有一个大脑区域与囤积行为有关。2008 年在《分子精神病学》杂志上刊登的一篇研究论文中，伦敦国王学院的研究人员对 29 名强迫症患者（其中 13 名患者有囤积行为症状，16 名患者无囤积行为症状）和对照组的 21 名健康参与者进行了磁共振成像扫描。这些参与者观看了三类图片：囤积障碍患者喜欢囤积的物品的图片（旧杂志和报纸、空的食品容器、衣服和玩具等），让健康参与者感到极其恶心和焦虑的场景的图片（被肢解的尸体、蜘蛛、蟑螂和人体排泄物等），以及常见的普通场景的图片（家具、大自然、宠物等）。

在观看囤积物品的图片时，按照实验要求，参与者需将图片上的囤积物想象成自己所囤积的物品。此时，囤积者的大脑前端区域，即一个被称为腹内侧前额皮层的结构表现得更为活跃（与非囤积者相比）。这是一个很有趣的发现，因为这个区域有着两个关键的功能：首先，它是决策的中心。其次，它可以抑制人对负面物体、想法和经历的情绪反应。基于它的第二个功能，我们可以把腹内侧前额皮层想象成一个慈祥的母亲，它在不停地安慰着一个不安的孩子，说：好啦，好啦，情况并没有那么糟糕。或者，如果囤积者看到的是垃圾，它会提醒道：不要担心比萨盒上的油渍。我们可以把它清理干净，然后用来收纳报纸！腹内侧前额皮层扮演着决策者的角色，在结果未知或可能存在风险的情况下，它对人们做出选择起着至关重要的作用。囤积者在看到明明不属于自己的囤积物时，这个大脑结构也会一边极力想要弄清楚，自己是否会因为丢掉它们而感到不安？一边极力试图平息这种焦虑，这种焦虑是由于把囤积物设想成是自己的并被要求扔掉它们而产生的。

如果类似的神经影像研究也能用在强迫性购物者、锻炼者、游戏玩家和网络用户身上就好了。但遗憾的是，目前已有的少数研究要么参与实验的人数太少，要么后来的研究人员并没有重做实验加以验证，要么实验设计本身存在漏洞，未能提供有价值的结论。例如，2011 年发表在《消费者政策杂志》（*Journal of Consumer Policy*）上的一篇文章报告了一项研究，该研究对 23 名强迫性购物者展示了一些在售商品及其价格，然后让他们自行决定是否购买，与此同时，研究人员将他们的大脑扫描成像。德国路德维希港应用科技大学的格哈德·拉布（Gerhard Raab）及其合作者报告称，看到商品时，这些购物者的伏隔核——多巴胺回路的关键部位，表现得更为活跃（相比对照组）。看到价格时，购物者大脑中的脑岛（诠释心跳加速等身体状态背后的情感原因）和前扣带皮层（强迫症患者大脑中过度活跃的错误监测结构）则表现出较低的活跃程度。说到这里，你可能会联想到这样一个画面：强迫性购物者在极其渴望买下一款漂亮的新饰物时，通常会格外兴奋，甚至丝毫不在乎价格。因为他们大脑中负责判断物品价值的神经机制失效了。但除了一件事：当这些实验参与者决定是否购买时，他们大脑中的前扣带皮层变得更加活跃了。我们确实可以想当然地将其解释为强迫性购物者的错误监测机制运行了起来。但是，当购物者做出购买决定时，其大脑中的前扣带皮层活跃程度较低的这种发现还可以用另一种合理的理由来解释（“他们无法预测自己什么时候可能会犯错”）。如果研究人员没有对行为背后的大脑活动预先做出假设，那么神经影像检测就如同一次捕鱼探险，你永远也判断不出捕获的究竟是一只珍贵的马林鱼，还是一只旧靴子。

2013 年，耶鲁大学的马克·波坦扎和罗伯特·利曼（Robert Leeman）在《加拿大精神病学杂志》（*Canadian Journal of Psychiatry*）上发表的文章中对成瘾行为和强迫行为的神经生物学研究作了综述，字里行间尽是警告的言辞和不满的语气，例如“其结果似乎截然相反”“这些截然不同的结果可能是由方法论上的细节问题造成的”。对强迫行为唯一稳妥的描述是，它形成的原因可能会涉及多巴胺驱动的奖励回路的功能障碍。幸好，关于多巴胺的科学研究已经有几十年的历史了。

帕金森病患者的奇怪案例

从某种程度上来说，强迫行为的神经生物学原理是条件反射学习，其发现者为苏联生理学家巴甫洛夫。巴甫洛夫在研究消化系统时发现狗一看到食物就会分泌唾液，于是便对狗展开了实验。巴甫洛夫还发现，一位实验室工作人员的出现也会令狗表现出同样的反应。巴甫洛夫推测，因为每次食物出现时，都会有这位穿着实验服的研究助理出现，那么狗的反应很可能是针对实验服的。巴甫洛夫做了一系列实验，找出了条件刺激及狗相应的反应。其中一个实验最为著名——巴甫洛夫每次在喂狗的时候都会摇铃。于是狗将另一种条件刺激——铃声，与食物联系了起来。经过连续几轮的训练之后，狗只要听见铃声，即便没有看到肉，也照样会流口水。

深受强迫行为折磨的人就像巴甫洛夫实验中那些流着口水的狗一样。强迫行为通常会伴随着一种想要摆脱痛苦情绪的强烈冲动，这种痛苦情绪便是焦虑，他们必须实施某种行为才能将其摆脱。例如，不断查看手机从而消除担心错过重要短信的焦虑。焦虑的消退与对应的行为是密不可分的：看，这就是所谓的条件反射学习。这与西曼斯基的观点不谋而合：强迫症患者在屈服于强迫行为的时候，可以缓解自身的焦虑，久而久之，大脑便会习惯于这么做了。

但是，驱动强迫行为的绝望和焦虑并不是仅凭巴甫洛夫的条件反射理论就能解释清楚的。帕金森病患者的存在更加说明了这其中还有其他因素的作用。

神经化学递质多巴胺在大脑中的作用就如同开车与制毒一样截然不同，其中的缘由无人知晓。黑质是位于大脑底部附近的一个结构，其中的多巴胺所传递的信号能使运动平稳、可控。当分泌多巴胺的神经元死亡时，人的手、胳膊、腿、下巴和脸都会颤抖。这种平衡和协调能力受损的症状，就是帕金森病的表现之一。多巴胺还有一个功能，就是在性高潮体验中使人的大脑思绪游离、兴奋到极致。这是因为多巴胺不仅在黑质中起作用，而且在以伏隔核（因强迫症而引人注意）为中心的奖励回路中也具有独特的功能。奖励回路会将你真实体验到的奖励感和你所期望的奖励感进行对比。达到或超过期望值的体验便会给大脑带来强烈的奖励感，人也会因此体验到极大的愉悦。

想象一下，这些完全独立的活动和奖励系统之间是否可能存在着交叉的大脑线路呢？药理学家们似乎从未考虑过这一点。

几十年来，医师们一直用左旋多巴，即多巴胺前体，来治疗帕金森病。他们给出的理由是，如果让大脑大量摄入多巴胺前体，那么它就会产生更多的多巴胺，这就好比接连不断地往面包店送面粉和糖，面包店就会源源不断地烘焙出蛋糕一样。但是，20 世纪 90 年代，一类新的药物被引入，它们被称为多巴胺激动剂。这种药物和左旋多巴一样，本质上也是一种替代治疗药物。但是多巴胺激动剂主要是在疾病后期发挥功效，与多巴胺受体结合。这里可以继续做一个大胆的类比，多巴胺激动剂的功能就像是让顾客直接吃糖和面粉等原料，而不用等待蛋糕出炉一样。

一旦多巴胺激动剂与多巴胺受体相结合，就会触发过度反应。打个比方，在同一个插座上，当你连上 20 世纪 70 年代的一台古董时钟收音机时，你所听到的声音就会非常微弱。有一天，当你连上一个 400 瓦的吉他音箱时，通电的一瞬间，震耳欲聋的《水上烟雾》（*Smoke on the Water*）曲子便会响彻整个房间。多巴胺激动剂的作用过程差不多就是这样的。当同一个受体接入不同的分子本体，所产生的结果也是截然不同的。“多巴胺激动剂就像一种超级多巴胺一样作用于受体，”梅奥诊所的精神病学家迈克尔·博斯特威克（Michael Bostwick）说，“它们非常厉害。”

随着科学研究的深入，科学家们对此做出了进一步的解释。2000 年 9 月，西班牙马德里大学奥克伯尔分校附属医院的神经学家和精神病学家小组报告称，他们用左旋多巴对帕金森病患者进行治疗，其中的 10 名患者却突然变成了病态赌徒。他们最喜欢玩的是老虎机。何塞·安东尼奥·莫利纳（José Antonio Molina）博士和他的合作者在《运动障碍》（*Movement Disorders*）杂志上发表的文章中写到了这种现象，并认为：“这可能与多巴胺治疗有关。”在此之前，从未有任何研究“明确地指出过”强迫性赌博和多巴胺药物之间的关联。

在此之前，类似的情况也曾发生过。1989 年，神经学家瑞安·尤提（Ryan Uitti）及其合作者发现，13 名帕金森病患者在服用左旋多巴不久后就出现了性欲亢进的症状。然而，这个发现只是发表在了一本名不见经传的《临床神经药理学》（*Clinical Neuropharmacology*）杂志上，并未引起广泛的关注。1999 年，时任菲尼克斯穆罕默德·阿里帕金森研究中心（Muhammad Ali Parkinson Research Center）主任的神经学家马克·斯泰西（Mark Stacy）也发现，他的两名帕金森病患者在增加了服药剂量不久后，便开始大肆赌博，每个人损失了60 000美元。但他当时只是在一个运动障碍会议上展出了一张海报，大致地描述了这一观察结果，直到2003年才正式发表了论文。

当时，新一代多巴胺激动剂已投入使用了近10年，但直到2000年强迫行为与药物之间的关联才被发现，这不免让人感到不解。“但医生并不会问到那些问题，”穆罕默德·阿里帕金森研究中心的神经学家埃里卡·德莱福－邓克利（Erika Driver-Dunckley）说，“患者走进医院，医生自然就会询问他们的运动障碍表现。谁会想到去问帕金森病患者有没有突然出现强迫性赌博或看色情电影的冲动这种问题呢？”

然而，在西班牙马德里大学的研究报告发表之后，神经学家开始求助并仔细检查过去的治疗笔记。德莱福－邓克利和斯泰西对1999年5月1日至2000年4月30日帕金森病患者的病例进行了统一梳理，很快，他们就真的得到了一些发现：在1281名服用多巴胺激动剂的患者中，有9名曾提到自己突然出现了强迫性赌博行为，德莱福－邓克利和斯泰西及其合作者将这一发现写成论文发表在了2003年的《神经学》杂志上。

诚然，这种小概率事件并未构成一种流行病，但是别忘了，这是一种查阅文件的回顾性分析，受到了德莱福－邓克利提到的“不问，不说”窘境的限制：神经学家没有理由去询问帕金森病患者是否陷入赌场无法自拔这种问题，就像眼科医生没有理由去询问眼疾患者有没有脚趾囊肿一样。德莱福－邓克利告诉我，她后来也试着去询问患者这样的问题，“患者会讲述他们因外出找妓女而导致离婚，或者赌博输光了全部积蓄的经历。这种现象本身就已经很奇怪了，但更令人困惑的是，在常人印象中大多严于律己”——总是表现出一副古板、保守的样子的帕金森病患者为何会突然性情大变。多巴胺供应量的下降导致他们无法接收到传递愉悦感的大脑信号。“几起病例过后，我发现这可能是很重要的一个原因，”她继续说道，“在向我讲述赌博的经历时，他们一般不会说自己花在赌博上的钱只比平时的开销多一点点，而是大多这样来描述，‘我把所有的退休金都花在了赌博上’。有些患者一周之内就输光了所有的钱，有些患者则每周都会去赌场，一个月的时间就把钱都输光了。这种现象不只出现在赌博和性欲亢进这两件事上，有些患者还会表现出强迫性梳头或强迫性清扫房屋的症状。”

为了克服回顾性分析的局限性，2002 年至 2004 年，梅奥诊所的詹姆斯 · 鲍尔（James Bower）和 J. 埃里克 · 艾尔斯科格（J. Eric Ahlskog）向一些帕金森病患者询问了是否在服用多巴胺激动剂后开始表现出某些异常行为的问题。梅奥诊所的研究小组在 2005 年的《神经学档案》（*Archives of Neurology*）上发表的文章中报告称，有 11 名患者表示，他们大多是在服用多巴胺激动剂或增加剂量后的 3 个月内，产生了强迫性赌博的欲望。大多数患者服用的是普拉克索（药品名为 Mirapex），这种药物锁定在伏隔核（大脑的奖励回路中心）非常丰富的多巴胺受体上。梅奥诊所的博斯特威克说：“这篇论文表明了这种症状出现的必然性，值得我们的高度重视。”

这 11 名患者中有一位 54 岁的已婚牧师，在过去，他每隔四五年才会去赌场一次，输掉20美元后就会马上离开。但在服用多巴胺激动剂后，“他几乎每天都会去赌博，几个月后输掉了约 2500 美元，他对妻子隐瞒了这一切”。研究人员写道：“他很不情愿地向神经学家坦白了这一切。”还有一位 63 岁的老人，过去每 3 个月才会去赌场一次，但在服用了帕金森病药物后，他赌博的频率上升到了每周 2 ～ 3 次，他对神经学家说，虽然他的“理智”告诉他应该停止了，但他却总是能感觉到一种“令人不可思议的强迫动机”，让他无法收手。还有一位 41 岁的计算机程序员，在服用帕金森病药物之前从未赌博过，而在服药之后，他觉得自己简直要被那种迫切想要上网赌博的强烈动机逼疯了，在短短几个月的时间里他就输掉了 5000 美元。“除了赌博，”梅奥诊所的研究人员描述这个可怜虫说，“他还会强迫性地购买一些自己明明不需要或不想要的物品。”

布朗大学阿尔伯特医学院的神经学家约瑟夫·弗里德曼（Joseph Friedman）指出了服用多巴胺药物的帕金森病患者出现的另外一些更加罕见的强迫行为。“有位会计会一遍又一遍地记数字，”弗里德曼于 2006 年在麻省总医院的内刊中讲述道，“有位患者一到冬天就无法自制地修剪篱笆，有位患者着了魔似的铲除杂草，还有位患者不敢去商店购物，因为她只要一走进商店就会盯着瓶瓶罐罐上的标签读个没完。”但只要医生让他们停止服用刺激多巴胺分泌的药物，他们的强迫行为就会随之消失，无一例外。

只有少数帕金森病患者会在服用多巴胺激动剂后表现出强迫行为。梅奥诊所的神经学研究员安哈尔·哈桑（Anhar Hassan）及其合作者回顾了 2007 年至 2009 年期间的 321 位帕金森病患者的病情记录。在此期间，运动障碍医师们敏锐地觉察到了强迫行为的产生可能与药物有关，为了进一步确认，他们向患者询问了相关问题，结果显示 69 名患者（占 22%）在服药期间突然表现出了强迫行为。2011 年，梅奥诊所的研究小组在《帕金森综合征和相关疾病》（*Parkinsonism and Related Disorders*）刊物上发表的一篇文章中报告称，在服用了高剂量药物的患者中，强迫行为的发生率高达 33%。哈桑发现，在这些患者中，有 25 人突然出现强迫性赌博行为，有 24 人有强迫性性行为，有 18 人突然开始强迫性购物，有 6 人突然开始强迫性使用计算机，有 8 人“强迫性地沉迷于其他嗜好”。

其中有一位 63 岁的女子，她在服用药物之后，每周会花三四百美元买花，每天会花整整 12 个小时的时间来插花，而她在服药之前却从未有过这方面的爱好。还有一位 57 岁的男子，在服药后突然开始强迫性地制作家具和陶器，甚至熬夜到很晚才睡。更有一位 51 岁的人半夜点起灯，给屋子重新布线、刷漆。一名 55 岁的男子，开始强迫性地清洗浴缸。有些男人似乎掉进了鼓吹男性尊严的魔咒里，比如一个 56 岁的男子开始每天去沃尔玛购买一块新手表，一位 63 岁的男子购买了很多辆兰博基尼和宾利跑车（是的，他有很多跑车）。研究人员补充道：“还有人会强迫性地吃冰激凌。”女性新出现的强迫行为似乎也惊人般地符合了我们对女性的固有印象，例如，一位 53 岁的女性开始强迫性地购买服装首饰，一位 72 岁的女性开始强迫性地购买厨房用品，其疯狂程度甚至连玛莎·斯图尔特（Martha Stewart）[①] 都望尘莫及。

为何有的帕金森病患者在服用多巴胺激动剂后开始强迫性赌博，而有的患者却开始强迫性地做园艺，科学家们对此感到疑惑不解。在了解哪些帕金森病患者更容易患上多巴胺激发的强迫症这一问题上，他们的研究取得了一定的进展。男性、年轻的患者、发病年龄小的人、性格冲动的人，以及患有帕金森病长达 20 年或更长时间的人似乎会更容易受到影响。如今，这种关联已成为无可争辩的事实。2014 年，在《美国医学会杂志·内科学》（*JAMA Internal Medicine*）上发表的一篇分析文章使用了美国食品药品监督管理局的数据库，该数据库记录了医师们汇报的患

① 她曾担任过数年专业模特，1976 年创立了 Omnimedia 公司。公司上市后，斯图尔特成为亿万富翁。——编者注

者对药物的不良反应情况。分析发现，由多巴胺激动剂激发的强迫行为是其他药物的 278 倍。哈佛医学院的乔舒亚·加涅（Joshua Gagne）写道："这种看似偶然的联系其实存在很大的必然性。"

我们不是多巴胺的奴隶

如果由多巴胺激发的愉悦－奖励回路真的如科学家们最初所设想的那么简单，那么本书就不会讨论帕金森病患者了。他们的行为可能会被解读为一种成瘾行为，是由赌博等行为带来的愉悦感所驱使的，而不是一种由逃避或减轻焦虑的迫切需求所驱使的强迫行为。但是事实证明，愉悦回路这种说法并不准确。

1954 年，彼得·米尔纳（Peter Milner）和詹姆斯·奥尔兹（James Olds）在蒙特利尔的麦吉尔大学开展了一项实验，实验者将电极植入了小白鼠的大脑中，他们的目标是调节睡眠与觉醒周期的网状结构。然而，这个电极却偏离了设定的路线，被误插在了下丘脑上方，而下丘脑正是边缘系统"情绪中枢"的一部分。于是，这个着落点便阴差阳错地接收了原本旨在用于网状结构的刺激。在这个实验中，每当小白鼠按下控制杆时，其大脑中植入的电极就会对其大脑边缘系统产生电刺激。小白鼠会有什么样的感觉呢？ 1954 年，研究人员在《比较与生理心理学杂志》（*Journal of Comparative and Physiological Psychology*）（现已不存在了）上发表的文章中报告称，如果小白鼠在觅食的途中有机会按下控制杆，它就会对食物失去兴趣，转而去按控制杆。"如果条件允许的话，它就会在很长一段时间内频繁而有规律地按压控制杆"以刺激自己的大脑。研究人员还写道："通过这种奖励方式对动物行为实施控制是很极端的，可能超过了以前在动物实验中所使用的任何其他的奖励方式。”

1956 年，奥尔兹在《科学美国人》(*Scientific American*) 上发表的一篇题为《大脑的愉悦中心》(Pleasure Centers in the Brain) 的论文中写到，麦吉尔大学的研究小组将电极植入下丘脑附近的伏隔核中时，发现了同样的效果。研究小组首先让小白鼠禁食一整天，然后用诱人的小点心试图引诱小白鼠爬下斜坡。然而，只要有机会让大脑边缘系统受到刺激，小白鼠就会放弃进食。于是，小白鼠便不停地按压控制杆（最频繁的时候每小时约按压 2000 次），尽情地享受着这种愉悦，完全没把心思放在寻找食物上。接下来，实验人员给了小白鼠两种选择：选择按下控制杆来刺激大脑的“愉悦中心”（我们暂时遵循奥尔兹在 1956 年提出的命名方式），或者选择摄入一些肉以便在冰冷的笼子里暖暖身子，小白鼠选择了前者。20 世纪 70 年代的一项研究证实，曾被奥尔兹称为“愉悦中心”区域中的神经元主要靠多巴胺运作，于是多巴胺被冠以大脑的“愉悦化学物”的称号。自此，“愉悦回路”的这个说法便深入人心了。

接下来的情况则变得更为复杂了。我们再重新思考一下麦吉尔大学实验中的小白鼠，它们的行为被解读为追求愉悦。但是老鼠其实和人一样，会出于多种原因重复某些行为。那么是否存在这样一种可能性：小白鼠的大脑中缺乏表达情感的神经中枢，它们之所以会按下控制杆，并不是因为它们体验到了愉悦感，而是因为它们不按下控制杆就会感到焦虑呢？

2010 年，牛津大学的精神病学家摩顿·克林格尔巴赫（Morten Kringelbach）和密歇根大学的心理学家肯特·贝里奇（Kent Berridge）回顾了过去几十年的此类实验，在《医学发现》(*Discovery Medicine*) 杂志上发表的文章中写道："愉悦电极很可能名不副实。"尽管有些研究"也发现部分患者会强迫性地按压控制杆，但从这些患者的主观叙述来看，他们并没有明确地表示电极确实能带来真正的愉悦感"。相反，伏隔核受到的电刺激给他们带来的愉悦感是非常轻微的，远不及小白鼠所表现出的愉悦感强烈。研究人员从而表明，刺激多巴胺回路根本就不会引起强烈的愉悦感，而是会引起一种想要受到刺激的强迫性欲望。认识到这一点非常重要，即喜欢和想要之间的区别：一个人可能想要，甚至需要做某事，但并不一定能从中得到快乐。相信每一位强迫症患者都对此深有体会吧。

科学家们最初的"愉悦中心"标签其实夸大了多巴胺回路的作用。多巴胺回路更像是一台预测机器，它可以预测某种事物所能带来的奖励程度，一旦奖励出现，就将现实与自己的预测进行对比。如果现实达不到标准，人就会感到失落、不满和焦虑，那种感觉就像在贝多芬第五交响曲的开场和弦中耐着性子听完了 G-G-G 调，却迟迟等不来 E 平调一样（正如我在第 4 章中所描述的那样）。在这种情况下，伏隔核就会产生一种想要再试一次的感觉，让现实达到多巴胺所创造的兴奋感，于是赌徒又抓起了一手扑克，减肥者又尝了一口芝士蛋糕，购物狂又一次来到了商场。你渴望着让现实达到预期，满足自己对奖励的诉求，实现自己内心的期望，于是强迫行为便产生了。但当这样的渴望真的得到满足时，人们所体验到的并不是通常意义上的幸福感，充其量只是一种解脱感，一种一切都没什么问题了的感觉。E 平调也不过如此。

大脑中究竟发生了什么？一项针对猴子的研究终于揭开了其神秘的面纱。为了验证动物大脑中的腹侧被盖区与人类大脑中的腹侧被盖区的运作机制是否相同，科学家们给猴子喂了一滴它们喜爱的甜糖浆，同时通过电极记录下它们的大脑活动。果然不出所料，当猴子喝到糖浆时，它们大脑中的多巴胺随即开始大量分泌，奖励 / 愉悦回路也开始活跃起来。它们大脑中的腹侧被盖区似乎确实会记录奖励的、愉快的经历，并且像人类大脑中的腹侧被盖区一样，也依靠多巴胺进行运作。接下来，科学家们在猴子的嘴边放置了一根管子，并让其观看视频屏幕。若绿光出现，几秒后就会有一滴甜糖浆从它们嘴边的管子中落下。若红光出现，则没有糖浆落下。简而言之，绿光等于奖励，红光等于失望。

于是就像做巴甫洛夫颜色测试一样，猴子把颜色与奖励联系起来。当只看到绿光时，它们大脑中的腹侧被盖区就变得活跃起来，多巴胺就会大量分泌。大脑中的腹侧被盖区并没有刻意等待糖浆的到来，得知奖励即将到来，似乎与奖励本身一样令猴子感到愉悦和满足。相信很多热爱星巴克咖啡的人会对此深有同感。在看到绿白相间的美人鱼时，甚至在品尝第一口冰香草玛奇朵之前，一种愉悦的感觉就会涌上心头。当猴子真正舔到糖浆时，其大脑中并没有出现第二次峰值。这表明，多巴胺所激发的“奖励”回路的活动让猴子产生对奖励的期望，而不是奖励本身所带来的满足感。假如多巴胺“奖励”回路的活动表明的是愉悦感，那么当猴子真的舔到糖浆时，多巴胺回路的活动就应该随之增强。然而事实却并非如此。

事实是，早在奖励到达之前，多巴胺就已经达到了峰值。想想看，这是否与你在看着老虎机从滚动着柠檬、樱桃和头奖标志，到突然停止的瞬间之间的感觉很吻合？获得奖励，甚至仅仅是预期奖励，无论是电子游戏中的能力升级，玩老虎机获胜，还是其他一些活动，每一种都会使大脑中的腹侧被盖区，即主要的多巴胺神经通道，活跃起来。当你终于品尝到了等待已久的愉悦的滋味，大脑中的奖励 – 期望回路就会被激活，你就会像在老虎机游戏中赢得头奖一样激动不已。于是你被迫继续玩下去。哦，这种差一点儿就赢了的感觉，几乎无异于真正获胜时的感觉，会让大脑中的腹侧被盖区达到相同的活跃状态。愤怒的小鸟差一点儿就打到绿色的小猪了，或者读了一段废话以后发现这封信并不是你心心念念的邀请函，这些情况丝毫不亚于愿望真的得以实现时的场景，大脑中的多巴胺回路也会变得异常活跃。一旦失望，多巴胺的活跃程度便会急剧下降，我们会感到失落、焦虑和挫败，于是会强迫性地再次发射小猪或继续等待邀请函，不实现期望绝不罢休。我们与其将多巴胺回路中的活动称为愉悦，不如将其称为对愉悦的期盼，当人们感受不到这种期盼时，便会拼命地、强迫性地去寻找。

1998 年，当时在瑞士弗里堡大学的神经生物学家伍富莱姆·苏尔兹（Wolfram Schultz）在《神经生理学杂志》(*Journal of Neurophysiology*)上发表的文章中提出，奖励的预测或期望与奖励的实际发生之间存在一些差异，多巴胺神经元会对这些差异做出反应。他认为可能表现为以下 3 种情况：

- 如果在没有预期的情况下得到了奖励，多巴胺回路就会被激发，神经元便开始运作。由于现实状况超出了预期，多巴胺神经元就会变得格外活跃。（教堂的野餐会上竟然会有玛格丽塔酒？太棒了！）你甚至无法抑制住内心的愉悦，这就是为什么前文提到的杰米·马迪根将《暗黑破坏神 3》中赢得意外战利品的效果描述为多巴胺异常反应。想想看，你原以为太太会送你一条领带作为生日礼物，结果却惊喜地收获了一辆保时捷汽车，这是不是比你日积月累地攒钱，又不知何时能买得起保时捷卡雷拉时更激动人心呢！
- 如果奖励如预期的那样发生了，多巴胺回路也会被激发，但程度会较轻。

- 如果预期的奖励没有出现，多巴胺神经元的活动就会急剧下降。帕金森病患者的大脑就是如此：在药物的刺激之下，其多巴胺神经元会被激发，但眼下的现实情况却没能满足他们对奖励的高期望。因此，他们会疯狂地（在旁观者看来很疯狂）去赌场赌博或制作陶器。药物的强制激活手段导致多巴胺回路中的活动水平上升，从而进一步激发了一种急需更多、更大的奖励的强迫动机，这种强迫性的欲望就像是对人类现状的评价，永远也无法达到大脑中的期望值。

那么人类是不是真的束手无策？既然我们不是多巴胺的奴隶，这就并不是故事的结局。大脑中的眶额皮层和其他前额区域可以抑制驱使我们实施这种行为的神经活动。纹状体中多巴胺所在区域的活动程度越高，前额区域的活动程度就越有可能不足。或者，反过来说，前额区域的活动程度越低，多巴胺回路驱动强迫行为所需的活动程度就越低。两者相互抗衡，最后的结果决定了我们是否会将强迫行为压制下来。

用强迫对抗焦虑，这就是大脑馈赠的礼物

如果本书真的能给你留下一些什么，我希望它能让你认识到，精神疾病与精神正常之间并没有明确的界限。正是因为这一事实，许多精神病学家指出精神障碍的确诊门槛过低，而很多真正应该被诊断为精神障碍的患者却又成了“漏网之鱼”。各种研究不断刷新抑郁症、创伤后应激障碍或注意缺陷多动障碍的预估患病率的新高，这不仅增加了科研界对这些特定疾病研究的资金投入的压力，还无形中增添了社会大众的疑虑，使之担心专家没有对其他精神疾病做出全面的诊断。各路媒体接收到了这一信号，于是便抓住每一个机会大肆宣传，列出一张又一张精神疾病“警告信号”的清单，很快越来越多的人都患上了精神障碍，但突然激增的患病率让人们不禁质疑，到底什么才算是精神正常呢？

关于这一点，专家们已提过无数次，这些专家一直否认持续增长的

精神疾病确诊率。本书的目的并不是再次论证这一点。[①] 但是，焦虑已经成为最普遍的精神障碍，这一事实为我们这些不相信每一个人都或多或少患有一定程度的精神疾病的人，提供了参考依据。更重要的是，它让我们意识到，强迫行为似乎无处不在，绝不仅仅局限于强迫症和囤积这样的极端方式。认识到焦虑是我们这个时代应有的疯癫（借用历史学家罗伊·波特在引言部分所引用的观点），我们所有的困惑和不安也就可以迎刃而解了。整理厨房厨柜直至符合我们最独特的规范，获取我们不需要的物品，从葬礼上收集一朵鲜花保存起来直至干枯凋谢，为了避免错失信息而拼命地刷手机，焦虑就是这样驱使着我们去完成一个又一个的强迫行为的，而这些行为的目的只有一个，那就是抑制焦虑。在为这本书的写作做调研以及整理相关资料的过程中，我终于明白，人类的许多行为之所以吸引我们沉迷其中，并不是因为它们给我们带来了愉悦，而是因为它们可以帮助我们缓解焦虑，这不免让人感到悲哀。但令人振奋的是，我意识到，强迫行为能够帮助我们缓解大大小小的焦虑，而这便是大脑赠予我们人类的最好的一个礼物。

---

① 若想更好地了解有关否认精神疾病确诊率增长的论证，请阅读精神病学家艾伦·弗朗西丝于 2013 年出版的著作《拯救正常人：失控的精神医学》（*Saving Normal: An Insider's Revolt Against Out-of-Control Psychiatric Diagnosis, DSM-S, Big Pharma, and the Medicalization of Ordinary Life*）。弗朗西丝所著的这本书的副标题就说明了一切。我补充一下，也许弗朗西丝在看过《精神障碍诊断与统计手册（第 4 版）》之后，觉得在道义上有义务对其进行修改。

致谢

首先，我衷心地感谢那些愿意向我讲述他们的强迫行为的人，无论他们是否透露了真实姓名，在此我都向他们表示最诚挚的谢意！他们愿意吐露自己的心声，目的是希望别人能够理解他们为什么会有强迫行为，为什么对他们说“停下来吧”不仅毫无意义，而且也过于冷漠无情。如果我没能做到让人们进一步理解他们的行为，我将备感遗憾。其次，我也非常感谢所有心理学家、精神病学家、神经学家和神经科学家对我的鼎力支持，他们耐心地向我解读他们领域的研究成果，为我指点迷津，特别是当我无数次地询问他们什么样的行为才算得上是强迫行为，而不是成瘾或冲动行为时，他们也都不厌其烦地为我解答，从未将我拒之门外。最后，我还要感谢那些在我撰写本书的整个过程中给予我很多帮助的人。非常感谢道格拉斯·梅恩（Douglas Main）在我动笔前帮我搜集了充足的科学研究资料，使我有信心撰写这本有关强迫行为的图书。因此，我能够将这些建议整合在一起，这为这本书的完成奠定了坚实的基础。我还要感谢我的编辑卡林·马库斯（Karyn Marcus），经你精心雕琢过的文字比我提交的初稿更易于读者阅读。

未来，属于终身学习者

我这辈子遇到的聪明人（来自各行各业的聪明人）没有不每天阅读的——没有，一个都没有。巴菲特读书之多，我读书之多，可能会让你感到吃惊。孩子们都笑话我。他们觉得我是一本长了两条腿的书。

——查理·芒格

互联网改变了信息连接的方式；指数型技术在迅速颠覆着现有的商业世界；人工智能已经开始抢占人类的工作岗位……

未来，到底需要什么样的人才？

改变命运唯一的策略是你要变成终身学习者。未来世界将不再需要单一的技能型人才，而是需要具备完善的知识结构、极强逻辑思考力和高感知力的复合型人才。优秀的人往往通过阅读建立足够强大的抽象思维能力，获得异于众人的思考和整合能力。未来，将属于终身学习者！而阅读必定和终身学习形影不离。

很多人读书，追求的是干货，寻求的是立刻行之有效的解决方案。其实这是一种留在舒适区的阅读方法。在这个充满不确定性的年代，答案不会简单地出现在书里，因为生活根本就没有标准确切的答案，你也不能期望过去的经验能解决未来的问题。

而真正的阅读，应该在书中与智者同行思考，借他们的视角看到世界的多元性，提出比答案更重要的好问题，在不确定的时代中领先起跑。

湛庐阅读 App：与最聪明的人共同进化

有人常常把成本支出的焦点放在书价上，把读完一本书当作阅读的终结。其实不然。

时间是读者付出的最大阅读成本

怎么读是读者面临的最大阅读障碍

“读书破万卷”不仅仅在“万”，更重要的是在“破”！

现在，我们构建了全新的“湛庐阅读”App。它将成为你“破万卷”的新居所。在这里：

- 不用考虑读什么，你可以便捷找到纸书、电子书、有声书和各种声音产品；
- 你可以学会怎么读，你将发现集泛读、通读、精读于一体的阅读解决方案；
- 你会与作者、译者、专家、推荐人和阅读教练相遇，他们是优质思想的发源地；
- 你会与优秀的读者和终身学习者为伍，他们对阅读和学习有着持久的热情和源源不绝的内驱力。

从单一到复合，从知道到精通，从理解到创造，湛庐希望建立一个“与最聪明的人共同进化”的社区，成为人类先进思想交汇的聚集地，与你共同迎接未来。

与此同时，我们希望能够重新定义你的学习场景，让你随时随地收获有内容、有价值的思想，通过阅读实现终身学习。这是我们的使命和价值。

著作权合同登记号：图字 01-2021-6701 号

图书在版编目（CIP）数据

对抗焦虑，接纳自己 /（加）莎伦・贝格利（Sharon Begley）著；胡珅译. --北京：中国纺织出版社有限公司，2021.12

书名原文：Can't just stop

ISBN 978-7-5180-9188-1

Ⅰ. ①对…　Ⅱ. ①莎…　②胡…　Ⅲ. ①焦虑-心理调节-通俗读物　Ⅳ. ①B842.6-49

中国版本图书馆CIP数据核字（2021）第255076号

责任编辑：刘桐妍　　责任校对：高　涵　　责任印制：储志伟

中国纺织出版社有限公司出版发行

地址：北京市朝阳区百子湾东里 A407 号楼　邮政编码：100124

销售电话：010—67004422　传真：010—87155801

http://www.c-textilep. com

中国纺织出版社天猫旗舰店

官方微博 http://weibo.com/2119887771

石家庄继文印刷有限公司印刷　各地新华书店经销

2021年12月第1版第1次印刷

开本：710 × 965　1/16　印张：21

字数：280千字　定价：109.90元

凡购本书，如有缺页、倒页、脱页，由本社图书营销中心调换